新工科人才培养系列丛书

网络协议与网络组建实训

李国良 ◎ 主编

電子工業出版社
Publishing House of Electronics Industry
北京·BEIJING

内 容 简 介

网络协议配置及网络组建直接关系到读者的计算机网络核心应用能力和实践能力的构建。本书以校园网的规划与组建为背景，通过基于 eNSP 的软件环境配置与管理、基于交换机的简单局域网构建、虚拟局域网的配置及管理、基于交换机的校园网构建、基于路由器的校园网构建、基于 DHCP 的 IP 地址配置与管理六个项目，全面培养读者的计算机网络核心应用能力和实践能力。每个项目均从实践应用的角度出发，并自成体系，任何一个项目的实践，均可以培养读者在企业特定岗位的网络实操能力。

本书充分引入相应的实训知识及技能，反映了应用型高校的特色，可作为相关专业的教材或教学参考用书。

本书配有 PPT 课件，读者可登录华信教育资源网（www.hxedu.com.cn）免费注册后下载。

图书在版编目（CIP）数据

网络协议与网络组建实训 / 李国良主编. —北京：电子工业出版社，2024.2

（新工科人才培养系列丛书）

ISBN 978-7-121-47443-9

Ⅰ. ①网… Ⅱ. ①李… Ⅲ. ①计算机网络－通信协议 Ⅳ. ①TN915.04

中国国家版本馆 CIP 数据核字（2024）第 050802 号

责任编辑：田宏峰
印　　刷：涿州市般润文化传播有限公司
装　　订：涿州市般润文化传播有限公司
出版发行：电子工业出版社
　　　　　北京市海淀区万寿路 173 信箱　邮编 100036
开　　本：787×1 092　1/16　印张：13.5　字数：342 千字
版　　次：2024 年 2 月第 1 版
印　　次：2025 年 3 月第 2 次印刷
定　　价：59.00 元

凡所购买电子工业出版社图书有缺损问题，请向购买书店调换。若书店售缺，请与本社发行部联系，联系及邮购电话：（010）88254888，88258888。

质量投诉请发邮件至 zlts@phei.com.cn，盗版侵权举报请发邮件至 dbqq@phei.com.cn。

本书咨询联系方式：tianhf@phei.com.cn。

前　言

党的二十大报告指出："教育、科技、人才是全面建设社会主义现代化国家的基础性、战略性支撑。必须坚持科技是第一生产力、人才是第一资源、创新是第一动力，深入实施科教兴国战略、人才强国战略、创新驱动发展战略，开辟发展新领域新赛道，不断塑造发展新动能新优势。"

大数据、物联网、云计算、人工智等新兴技术在开辟发展新领域新赛道的过程中发挥着越来越重要的作用，这些新兴技术作用的发挥，离不开计算机网络的有序、高效运行。我国对计算机网络相关人才的需求越来越高。

为了与国家信息安全的方针政策保持一致，本书的实训项目均在华为 eNSP 网络模拟器平台上完成，既保障了操作过程的工程化，又保障了实训内容的国产特色，符合平台操作未来趋势。本书以校园网的规划与组建为背景，以项目模块化的方式提高实践性和应用性，旨在全面培养读者的应用实践能力。

本书包括基于 eNSP 的软件环境配置与管理、基于交换机的简单局域网构建、虚拟局域网的配置及管理、基于交换机的校园网构建、基于路由器的校园网构建、基于 DHCP 的 IP 地址配置与管理六个项目。本书将校园网的整体规划与组建分解为实际工程中的各个典型子任务，使用项目化、模块化的组织方式，通过实践或应用过程中的真实场景引入各章实训内容，并明确实训目标，厘清实训过程。为了帮助读者理解和掌握网络协议配置及组网基础知识，本书在实训内容后对相关的基础知识展开了详细的介绍，以便读者能够建立完整的知识体系。

本书条理清晰，任务明确，重点知识突出，方便读者在学习过程中感受真实的操作过程。与此同时，为了便于对操作过程的指导，本书各个项目的实训过程均有完整的操作视频。本书采用新时代特征的新型教材视听方式全面指导读者，具有立体化新型教材的时代性、灵活性和高效性。为了帮助读者在实训过程中建构知识体系及实践能力，各个项目均有相关操作部分练习与基础知识部分练习，并配套有习题答案，从而打通从动手操作到知识理解再到巩固练习的全过程培养和训练，保障读者的整体学习效果。

计算机网络技术发展得很快，限于作者的知识结构和经验，本书难免会存在不足和错误之处，欢迎广大读者批评指正。

作　者

2024 年 1 月

目　录

项目 1
基于 eNSP 的软件环境配置与管理

1.1 典型应用场景

小 A 是刚从某大学网络工程专业毕业的学生，由于专业对口，现就职于某网络运维公司。小 A 进入公司的第一项工作就是规划和设计某高校的校园网。经过分析，小 A 认为要顺利完成这项工作，需要先熟悉网络规划与设计相关软件平台和工具的使用技能。本项目将相关软件平台和工具的使用技能分解为以下 3 个任务。

任务 1.1：eNSP 的安装及使用。

任务 1.2：在 eNSP 中部署网络设备。

任务 1.3：在 eNSP 中访问 Oracle VM VirtualBox 虚拟机。

1.2 本项目实训目标

（1）熟悉 eNSP 的安装过程。

（2）了解 eNSP 各组件的功能。

（3）掌握在 eNSP 中部署网络设备的方法及过程。

（4）掌握在 eNSP 中访问 Oracle VM VirtualBox 的方法及过程。

1.3 实训过程

1.3.1 任务 1.1：eNSP 的安装及使用

（任务 1.1）

步骤 1：安装 eNSP

（1）双击 eNSP 的安装软件，出现如图 1-1 所示对话框，选择“中文（简体）”。

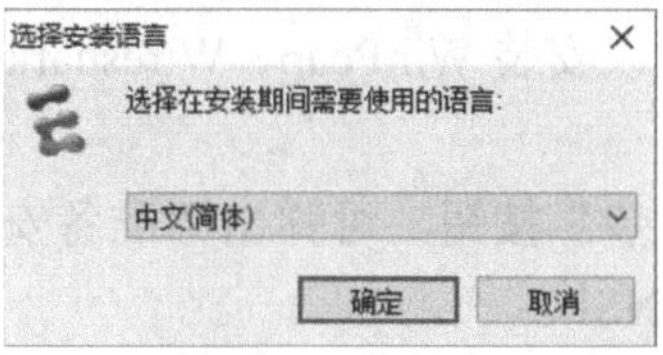

图 1-1　任务 1.1 步骤 1 的操作示意图（一）

（2）单击“确定”按钮后进入“许可协议”对话框，选中“我愿意接受此协议”，单击“下一步”按钮，如图 1-2 所示。

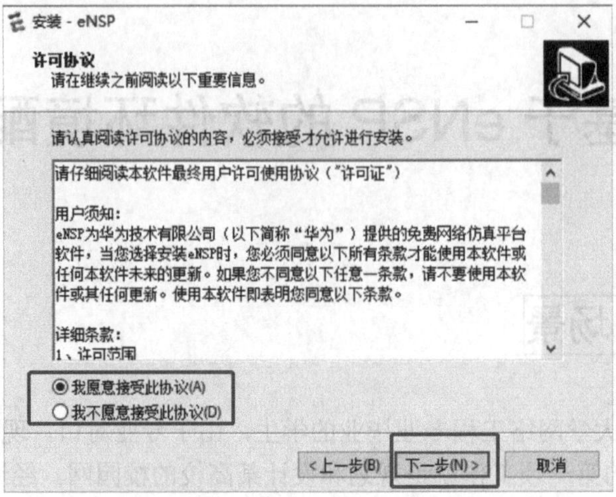

图 1-2　任务 1.1 步骤 1 的操作示意图（二）

（3）在“选择目标位置”对话框中单击“浏览”按钮，确认 eNSP 的安装路径后单击“下一步”按钮，如图 1-3 所示。

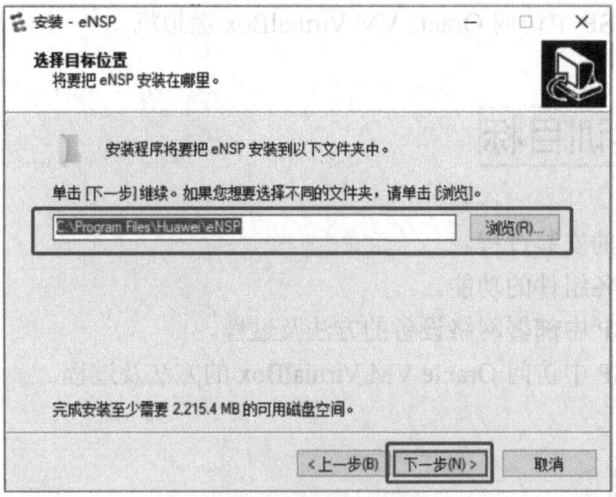

图 1-3　任务 1.1 步骤 1 的操作示意图（三）

（4）在“选择附加任务”对话框中选择是否创建桌面快捷图标（勾选相应的复选框即可），接着单击“下一步”按钮，如图 1-4 所示。若系统已经安装 WinPcap、Wireshark 和 VirtualBox（即 Oracle VM VirtualBox），则会出现图 1-5 所示的界面，否则会出现提示安装的界面。

WinPcap 和 Wireshark 用于搭建系统仿真环境，Oracle VM VirtualBox 用于创建虚拟网卡。为了确保安装过程的可靠性，建议安装 WinPcap、Wireshark 和 Oracle VM VirtualBox 后再安装 eNSP。

（5）单击图 1-5 中的“下一步”按钮，可弹出“准备安装”对话框，如图 1-6 所示，单击“安装”按钮即可自动安装 eNSP。

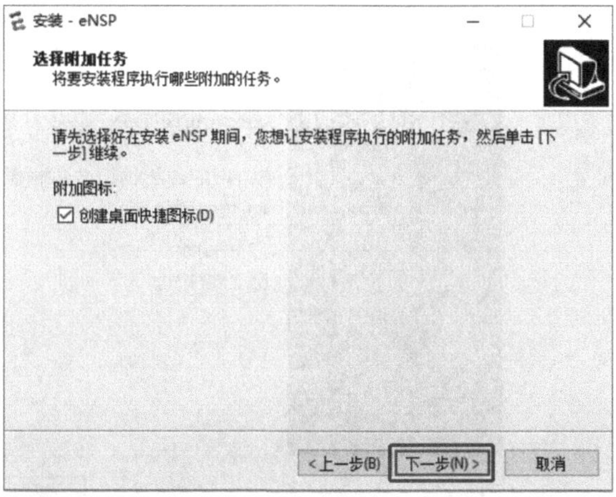

图 1-4　任务 1.1 步骤 1 的操作示意图（四）

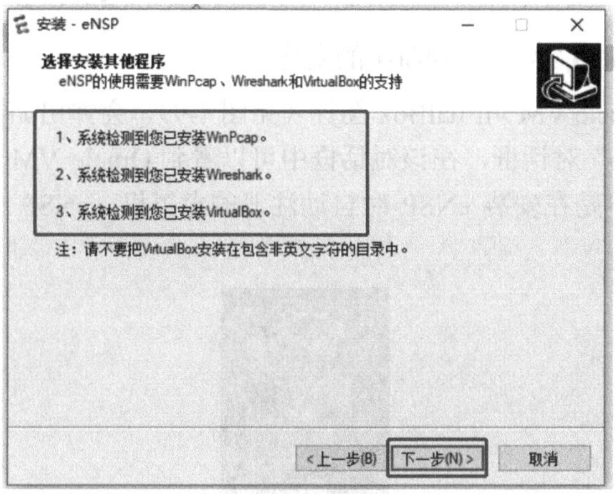

图 1-5　任务 1.1 步骤 1 的操作示意图（五）

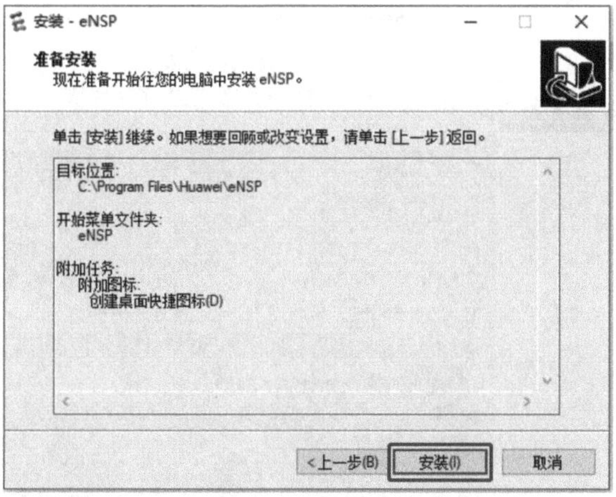

图 1-6　任务 1.1 步骤 1 的操作示意图（六）

（6）安装完成后，会在桌面自动生成如图 1-7 所示的 eNSP 快捷方式，并弹出“正在完成 eNSP 安装向导”对话框，如图 1-8 所示，用户可以通过复选框来选择是否运行 eNSP 和显示更新日志。

图 1-7　eNSP 快捷方式

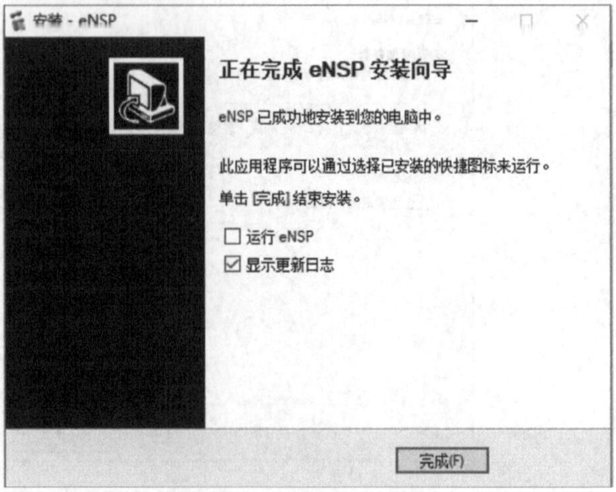

图 1-8　任务 1.1 步骤 1 的操作示意图（七）

步骤 2：查看 Oracle VM VirtualBox 的变化

双击桌面上的 Oracle VM VirtualBox 图标（见图 1-9），会弹出如图 1-10 所示的“Oracle VM VirtualBox 管理器”对话框，在该对话框中可以看到 Oracle VM VirtualBox 中新增了一组虚拟机。这组虚拟机是在安装 eNSP 时自动注册的虚拟机，eNSP 中的设备启动需要依赖这组虚拟机。

图 1-9　Oracle VM VirtualBox 图标

图 1-10　“Oracle VM VirtualBox 管理器”对话框

步骤 3：配置防火墙

（1）eNSP 安装完成后，需要对操作系统自带的防火墙进行配置，允许 eNSP 应用通过防火墙。打开控制面板，进入防火墙应用组件，打开“Windows Defender 防火墙”对话框，如图 1-11 所示。

图 1-11　任务 1.1 步骤 3 的操作示意图（一）

（2）单击“允许应用或功能通过 Windows Defender 防火墙”可打开“允许的应用”对户口，勾选 eNSP 的相关应用，单击“更改设置”按钮即可开启 eNSP 的相关应用，如图 1-12 所示。注意：需要在专用网络和来宾或公用网络中都开启 eNSP 的相关应用。

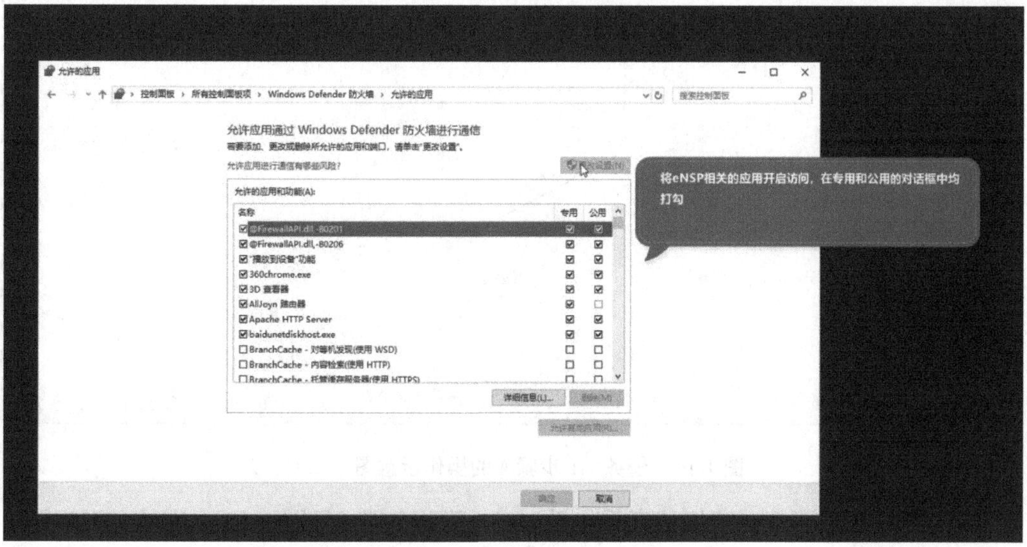

图 1-12　任务 1.1 步骤 3 的操作示意图（二）

步骤 4：eNSP 界面的设置

（1）双击桌面 eNSP 快捷方式（见图 1-7），启动并进入 eNSP 界面，如图 1-13 所示。

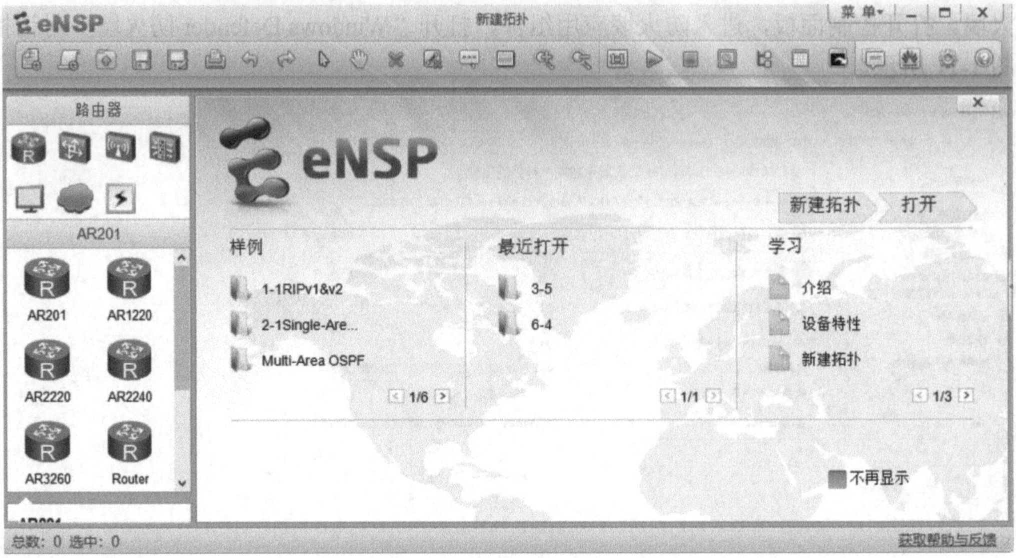

图 1-13　任务 1.1 步骤 4 的操作示意图（一）

（2）单击样例中“2-1SingleArea OSPF”，可在 eNSP 中打开“SingleArea OSPF”，如图 1-14 所示。

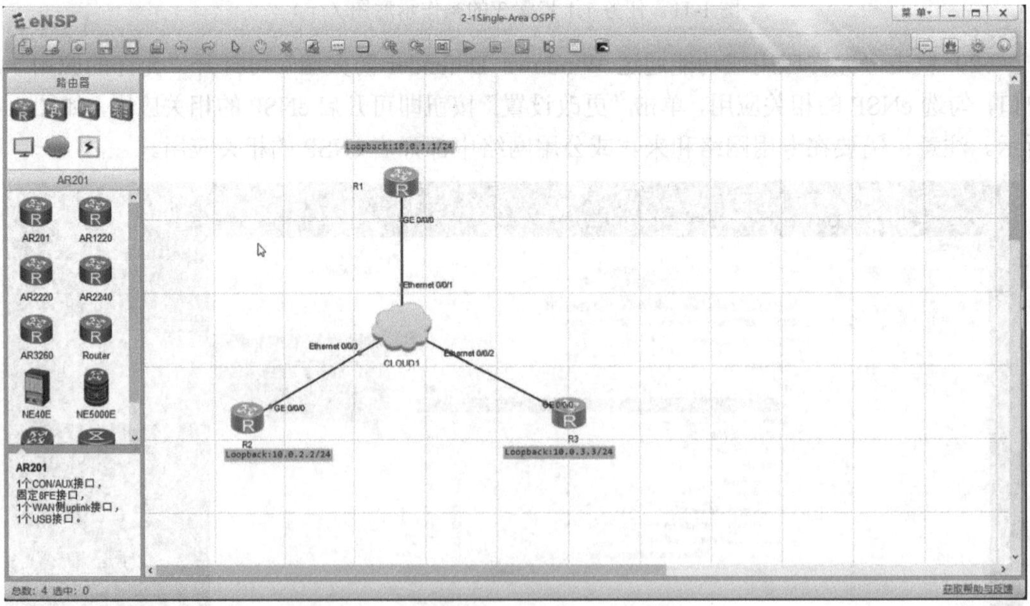

图 1-14　任务 1.1 步骤 4 的操作示意图（二）

对于 eNSP 的初学者，建议认真看一看 eNSP 帮助文档（见图 1-15）。单击 eNSP 界面中的“ ”按钮可打开 eNSP 帮助文档，该文档不仅介绍了 eNSP 的基本操作，还包括使用 eNSP 时的常见问题及解答。

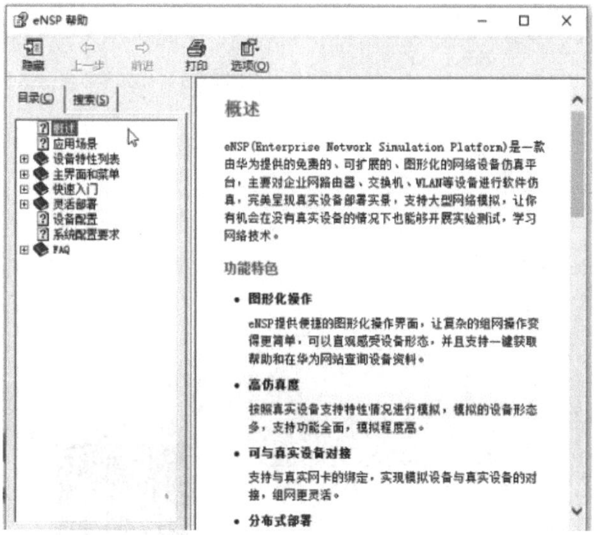

图 1-15　eNSP 帮助文档

（3）单击 eNSP 界面中的“”（设置）按钮，可打开“选项”对话框，在该对话框中可以设置 eNSP 的参数。

①“界面设置”选项卡（见图 1-16）用于设置界面的显示效果和内容，以及工作区域的大小。

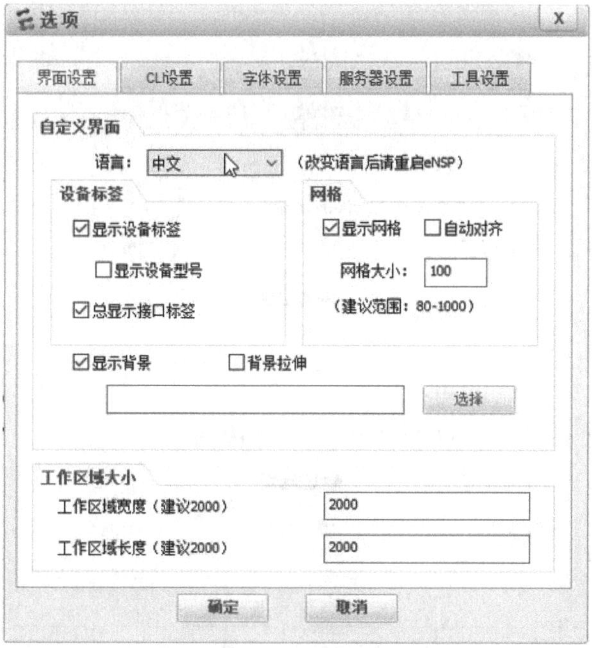

图 1-16 “界面设置”选项卡

②“CLI 设置”选项卡（见图 1-17）用于设置命令行界面（Command Line Interface，CLI）。例如，在选中“记录日志”并设置保存路径后，当命令行界面的内容行数超过设置的“显示行数”值时，系统就会自动将日志保存到指定的路径。

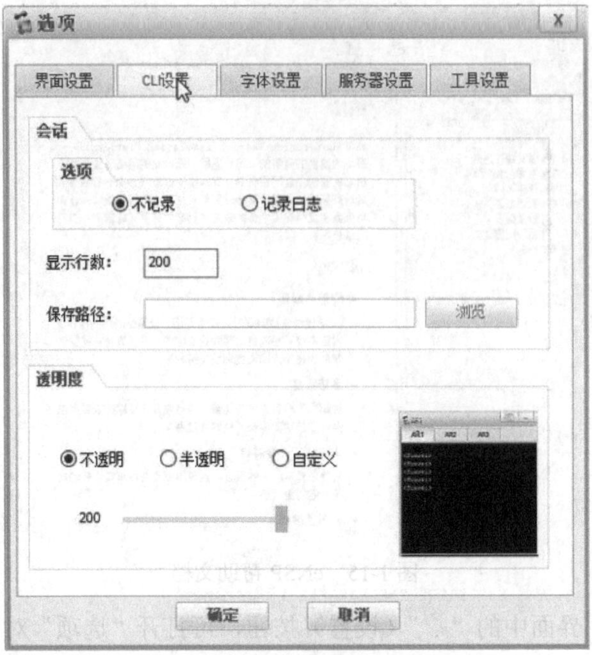

图 1-17 “CLI 设置”选项卡

③“字体设置”选项卡（见图 1-18）用于设置命令行界面中的字体、字号、字体颜色、背景颜色等参数。

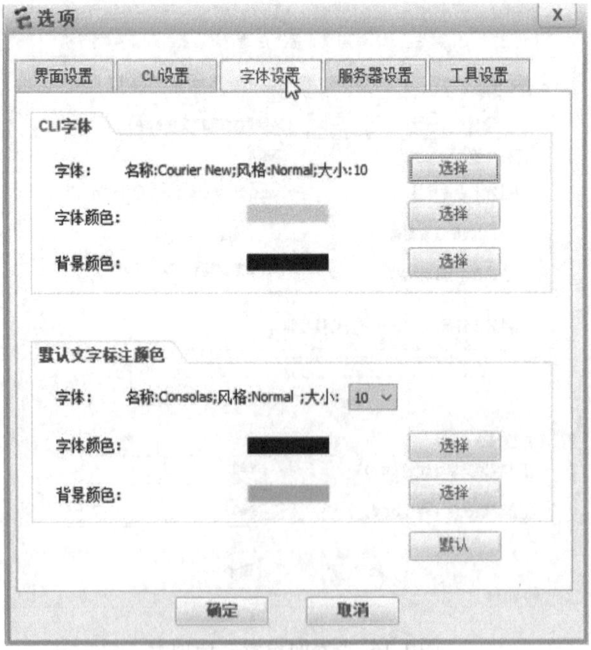

图 1-18 “字体设置”选项卡

④“服务器设置”选项卡（见图 1-19）用于设置本地服务器和远程服务器的相关参数。

图 1-19 “服务器设置”选项卡

⑤“工具设置”选项卡（见图 1-20）用于设置内存优化、自动更新和引用工具等的参数。

图 1-20 “工具设置”选项卡

（4）在 eNSP 界面中的设备区域选择设备类型和设备连线，如图 1-21 所示。设备区域提供了 eNSP 支持的设备类型（包括路由器、交换机、无线局域网、防火墙、终端、其他设备）和设备连线。

图 1-21　任务 1.1 步骤 4 的操作示意图（三）

（5）拓扑图的绘制主要是在工作区域进行的。选择并连接好设备后，单击工具栏中的“▶”（开启设备）按钮即可启动选中的设备，设备启动后才能工作，如图 1-22 所示。

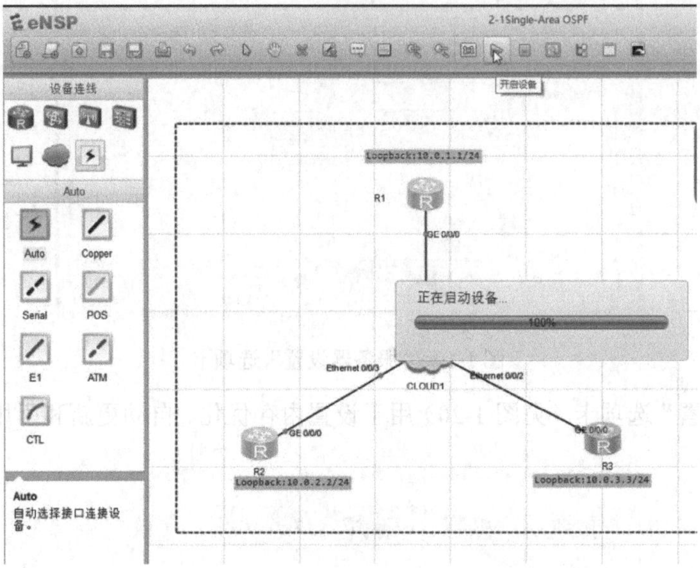

图 1-22　任务 1.1 步骤 4 的操作示意图（四）

1.3.2　任务 1.2：在 eNSP 中部署网络设备

（任务 1.2）

步骤 1：认识 eNSP 中的设备型号

（1）单击工具栏上的“”（新建拓扑）按钮，如图 1-23 所示。

图 1-23　任务 1.2 步骤 1 的操作示意图（一）

（2）在 eNSP 界面的设备区域选择不同的设备类别，在其下方可以看到该类设备包含的设备型号；单击具体的设备型号，在其下方会出现该设备的具体信息，如图 1-24 所示。

步骤 2：创建路由器 R-1（以 eNSP 自带路由器 AR2220 为例）

（1）在 eNSP 界面中的设备区域选择路由器，再选择路由器 AR2220，将路由器 AR2220 对应的图标拖到工作区域即可添加一台路由器，单击该路由器的名字将其命名为“R-1”。右键单击工作区域中的 R-1，在弹出的右键菜单中选择“设置”，可弹出“视图及设置”对话框，如图 1-25 所示。

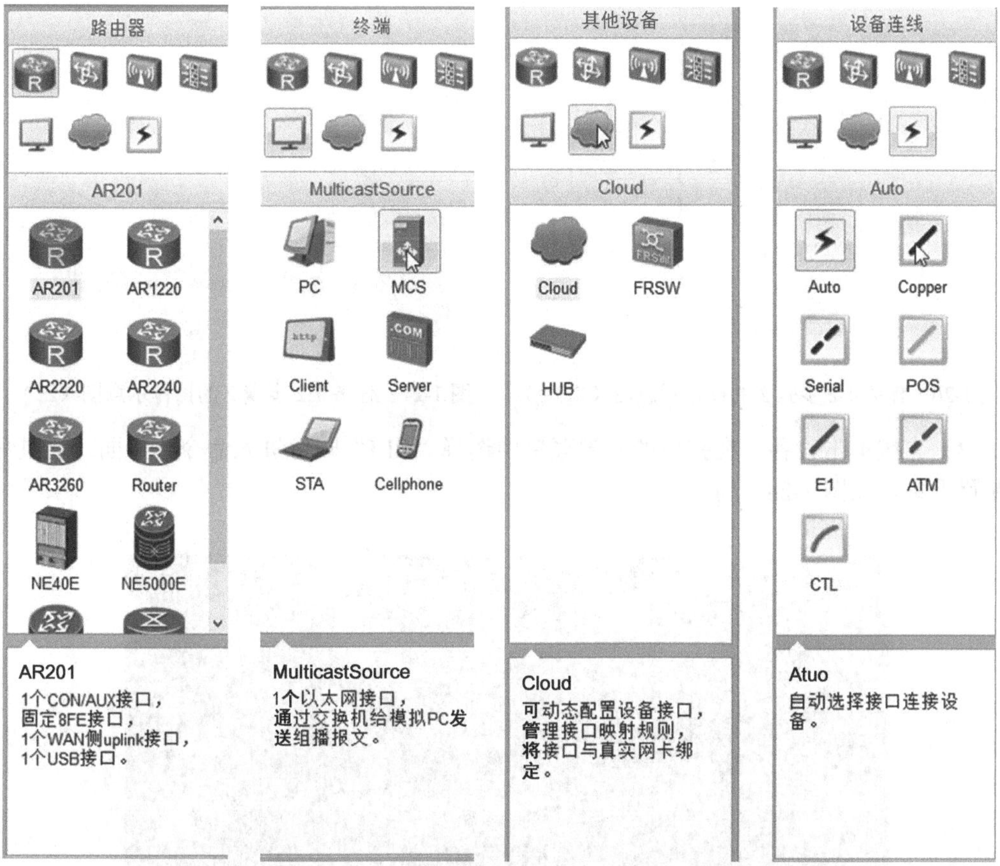

图 1-24　任务 1.2 步骤 1 的操作示意图（二）

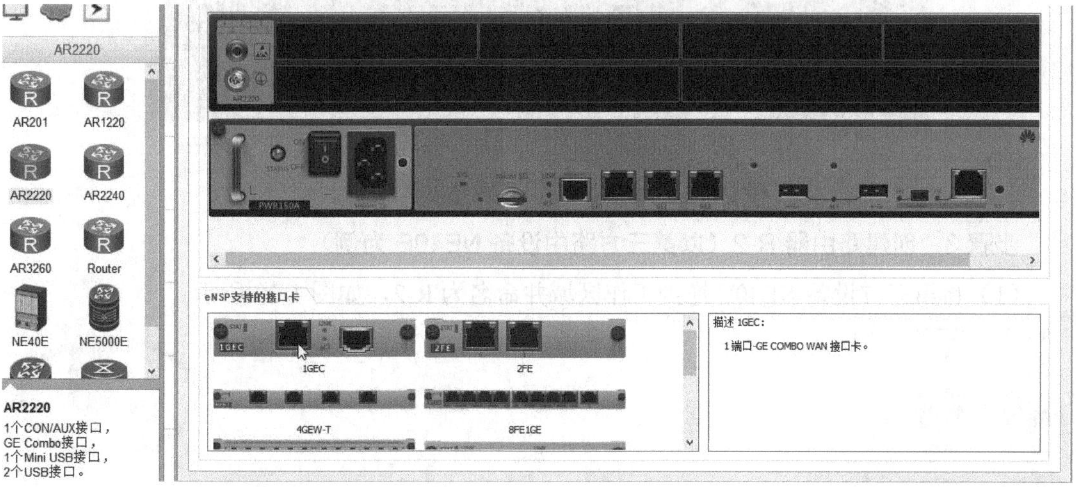

图 1-25　任务 1.2 步骤 2 的操作示意图（一）

在默认情况下，路由器的接口数量是有限的，eNSP 提供了一种为设备添加接口的便捷操作，不过需要在设备电源处于关闭的状态下才能添加或删除接口。

（2）右键单击设备，在弹出的右键菜单中选择“启动”（见图 1-26）即可开启设备（见图 1-27）。

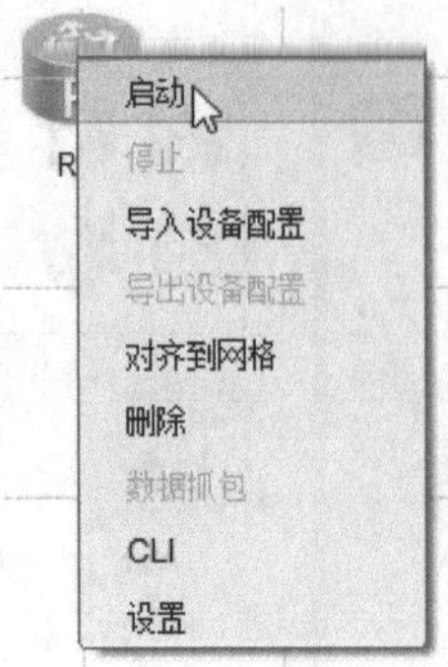

图 1-26　任务 1.2 步骤 2 的操作示意图（二）

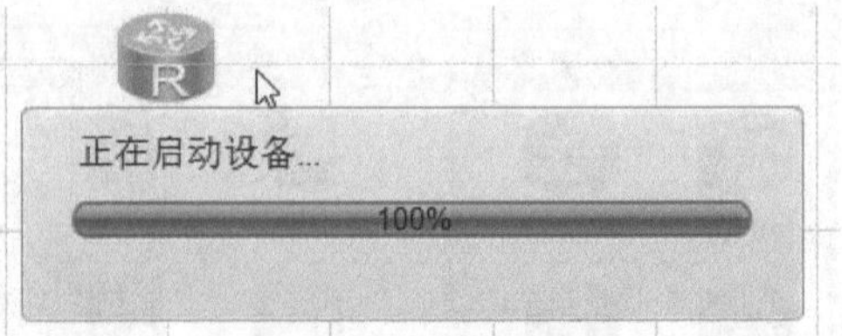

图 1-27　任务 1.2 步骤 2 的操作示意图（三）

（3）右键单击设备，在弹出的右键菜单中选择“CLI”即可进入命令行界面，通过命令来配置设备，如图 1-28 所示。

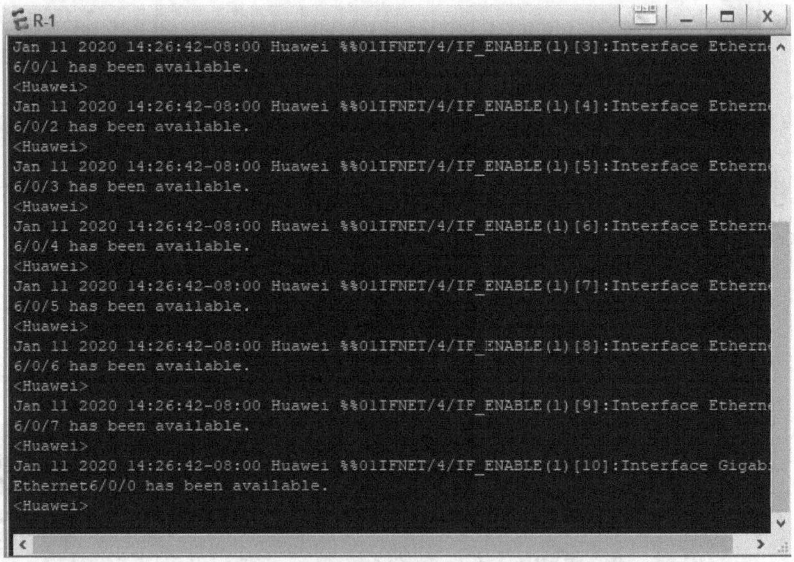

图 1-28　任务 1.2 步骤 2 的操作示意图（四）

步骤 3：创建路由器 R-2（以第三方路由设备 NE40E 为例）

（1）将第三方设备 NE40E 拖到工作区域并命名为 R-2，如图 1-29 所示。

图 1-29　任务 1.2 步骤 3 的操作示意图（一）

在 eNSP 界面的设备区域中，有些设备是第三方设备，在使用第三方设备时必须由用户手动导入设备包，然后才可以使用这些设备。NE40E 就属于第三方设备。

（2）右键单击 R-2，在弹出的右键菜单中选择“启动”（见图 1-30），可弹出“导入设备包”对话框（见图 1-31），在该对话框中单击“浏览”按钮后可弹出“打开”对话框（见图 1-32），选择设备包后单击图 1-31 中的“导入”按钮即可导入设备包。第三方设备的设备包需要从网络下载，设备在导入设备包后需要重启一次才能使用。

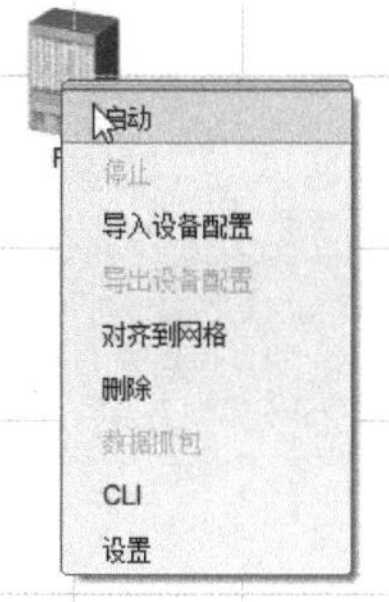

图 1-30　任务 1.2 步骤 3 的操作示意图（二）

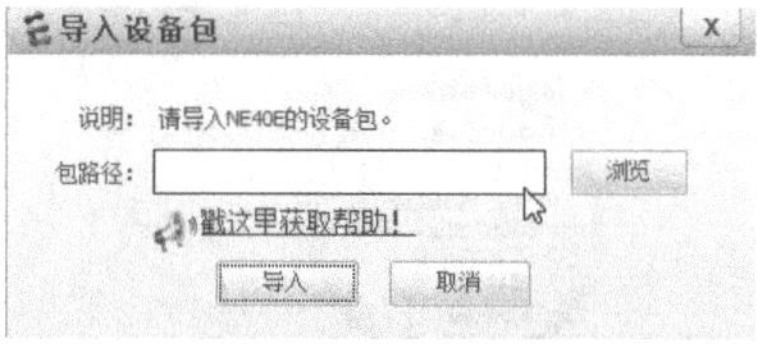

图 1-31　任务 1.2 步骤 3 的操作示意图（三）

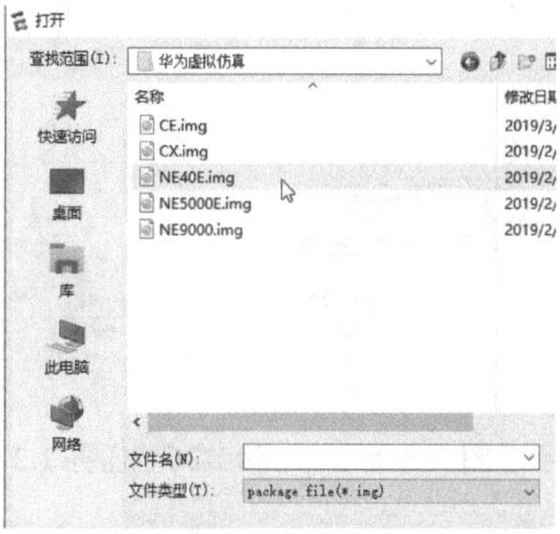

图 1-32　任务 1.2 步骤 3 的操作示意图（四）

步骤 4：创建交换机 SW-1 和 SW-2

在 eNSP 界面的设备区域选择交换机图标后，设备区域下方会显示可选择的交换机，如图 1-33 所示，其中的 S3700、S5700 是 eNSP 内置的设备，可以直接使用；CE6800、CE12800 是第三方设备，需要导入设备包才能使用。这里选择 S3700 交换机，将其拖入工作区域中即可添加交换机，此处添加两台交换机，分别命名为 SW-1 和 SW-2 后启动这两台交换机，如图 1-34 所示。

步骤 5：创建用户主机

（1）在 eNSP 界面的设备区域选择终端，并将下方显示的 PC 图标拖入工作区域，即可创建用户主机，如图 1-35 所示。这里创建 4 台用户主机，分别命名为 Host-1、Host-2、Host-3、Host-4，如图 1-36 所示。

（2）在 eNSP 界面的工作区域中双击设备图标，或者右键单击设备图标，在弹出的右键菜单中选择“设置”，可打开配置用户主机的对话框，在该对话框中可配置用户主机的 IP 地址，如图 1-37 所示。

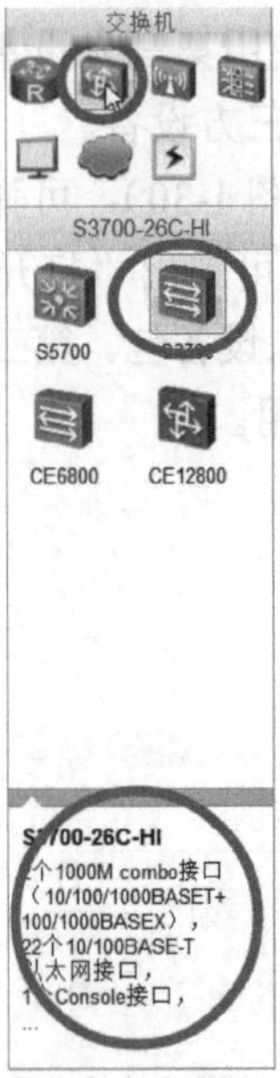

图 1-33　任务 1.2 步骤 4 的操作示意图（一）

图 1-34　任务 1.2 步骤 4 的操作示意图（二）

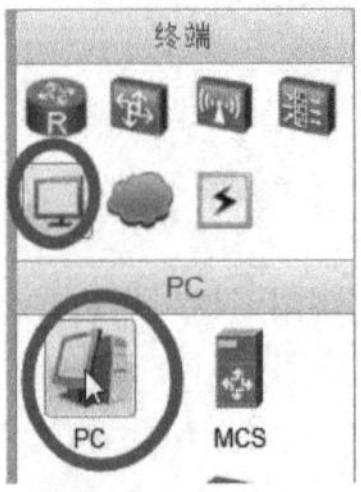

图 1-35　任务 1.2 步骤 5 的操作示意图（一）

图 1-36　任务 1.2 步骤 5 的操作示意图（二）

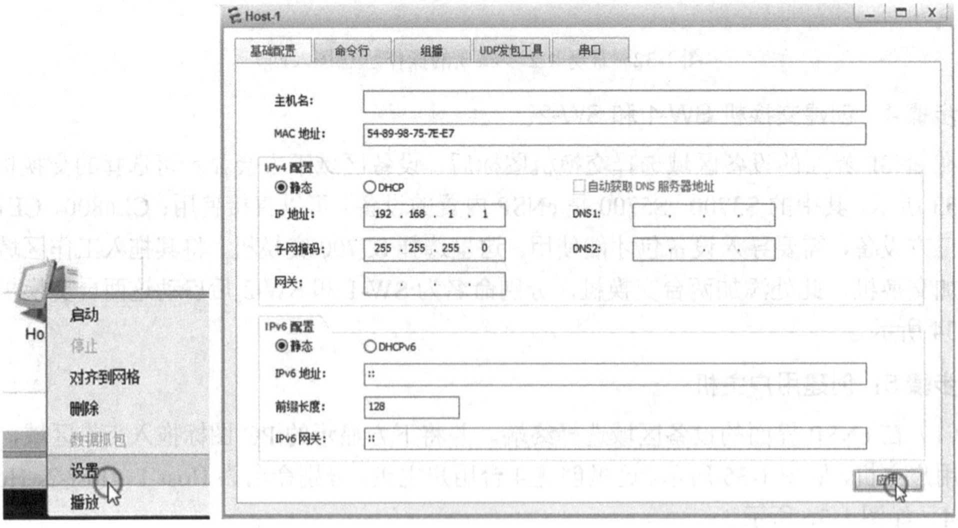

图 1-37　任务 1.2 步骤 5 的操作示意图（三）

步骤 6：连接设备

（1）在 eNSP 界面的设备区域中，单击设备连线图标可选择连线的类型。选择不同的连线类型，下方就会列出该连线的信息，如图 1-38 所示。

（2）这里以 Copper 连线为例进行介绍。选择 Copper 连线后单击用户主机 Host-1，选择接口 Ethernet 0/0/1，如图 1-39 所示；连线的另一端连接交换机 SW-1 的 Ethernet 0/0/1 接口，如图 1-40 所示。

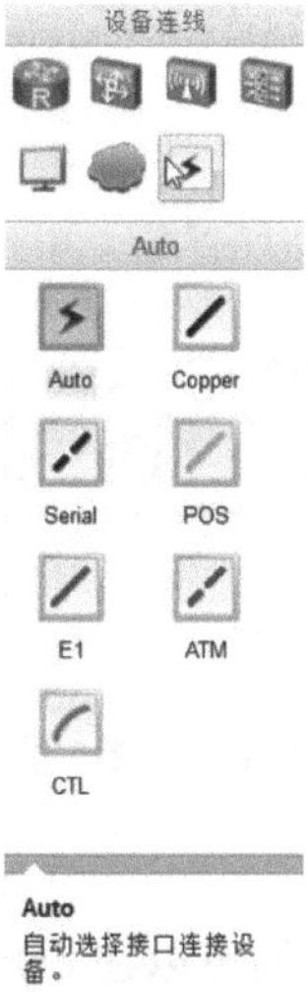

图 1-38　任务 1.2 步骤 6 的操作示意图（一）

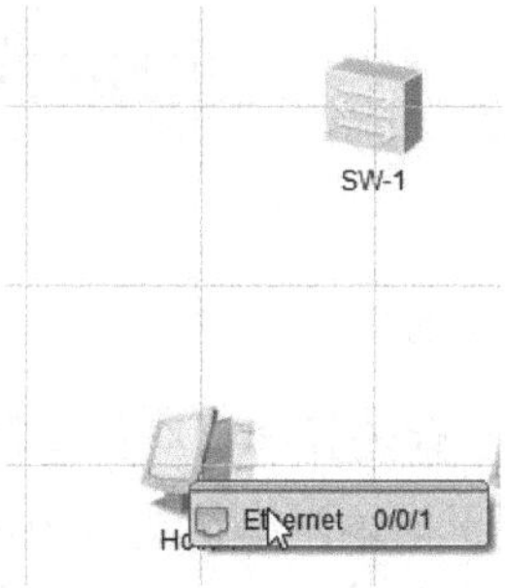

图 1-39　任务 1.2 步骤 6 的操作示意图（二）

设备连接效果如图 1-41 所示。

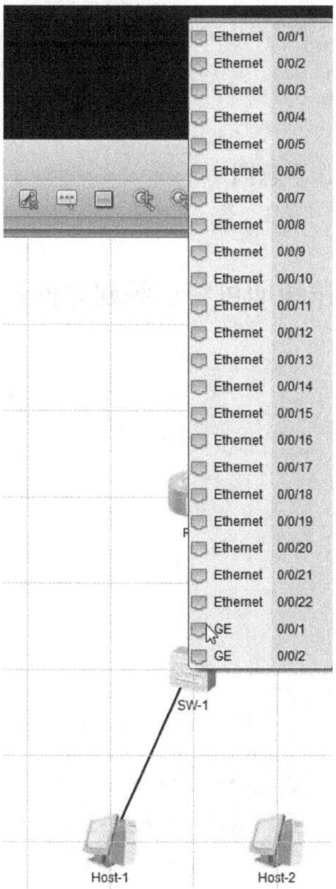

图 1-40　任务 1.2 步骤 6 的操作示意图（三）

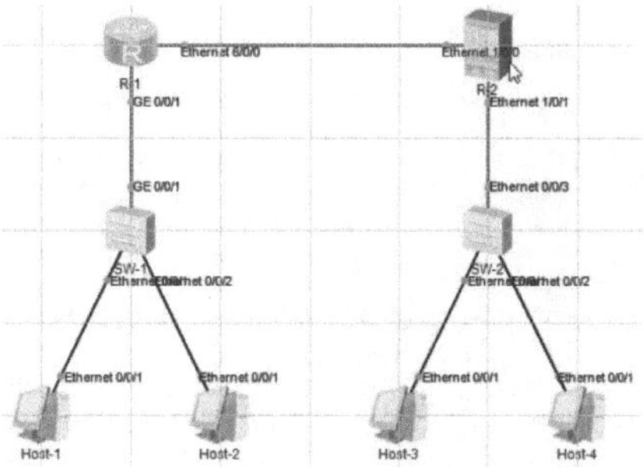

图 1-41　任务 1.2 步骤 6 的操作示意图（四）

步骤 7：查看设备接口信息

单击 eNSP 界面工具栏中的“”（显示所有接口）按钮，如图 1-42 所示，此时 eNSP 将显示整个网络中各个设备的接口，如图 1-43 所示。

图 1-42 任务 1.2 步骤 7 的操作示意图（一）

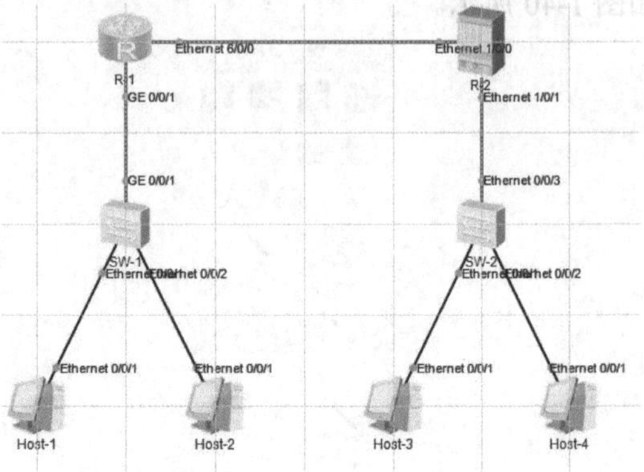

图 1-43 任务 1.2 步骤 7 的操作示意图（二）

步骤 8：在拓扑图中添加注释文本

为了便于描述网络结构或说明网络设备的配置信息，我们可以在 eNSP 界面的工作区域中添加注释说明的文本。单击工具栏中的“”（文本）按钮，选择需要添加注释的位置后就可以添加注释了，如图 1-44 所示。

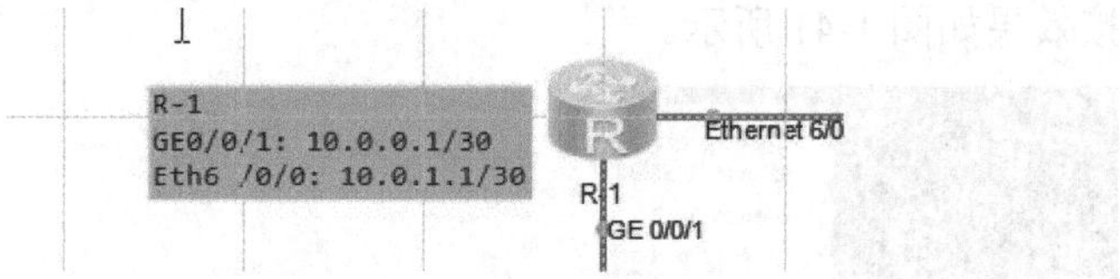

图 1-44 任务 1.2 步骤 8 的操作示意图

步骤 9：保存网络项目

（1）完成配置后，单击工具栏中的“”（保存）按钮即可将已经建好的网络项目保存在计算机指定位置，如图 1-45 与图 1-46 所示。

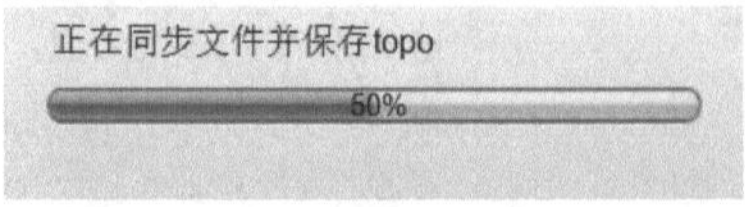

图 1-45 任务 1.2 步骤 9 的操作示意图（一）

图 1-46 任务 1.2 步骤 9 的操作示意图（二）

（2）启动设备后右击设备图标，在弹出的右击菜单中选择“CLI”（见图 1-47），可弹出命令行界面；在命令行界面中通过 save 命令保存配置信息，如图 1-48 所示；右键单击设备，在弹出的右击菜单中选择“导出设备配置”（见图 1-49），可弹出“另存为”对话框，在该对话框中输入设备配置文件名后单击“保存”按钮，即可将设备配置信息导出为.cfg 文件，如图 1-50 所示。

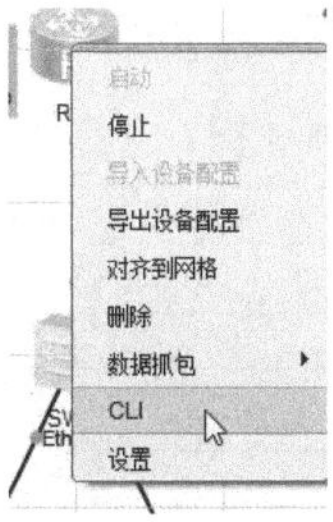

图 1-47　任务 1.2 步骤 9 的操作示意图（三）

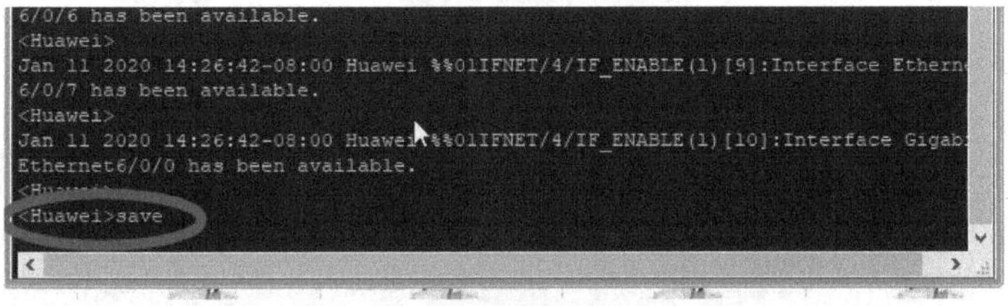

图 1-48　任务 1.2 步骤 9 的操作示意图（四）

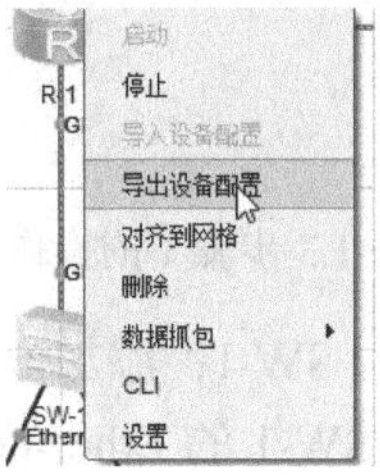

图 1-49　任务 1.2 步骤 9 的操作示意图（五）

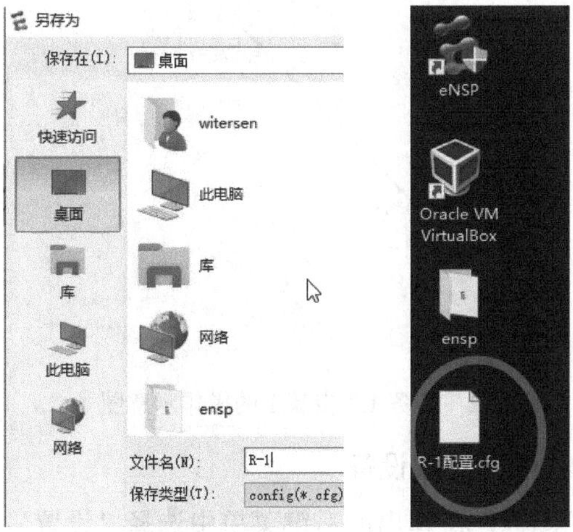

图 1-50　任务 1.2 步骤 9 的操作示意图（六）

1.3.3 任务 1.3：在 eNSP 中访问 Oracle VM VirtualBox 虚拟机

（任务 1.3）

步骤 1：在 eNSP 中部署网络

（1）新建网络拓扑，添加 1 台 PC 并将其命名为 Host-1，将 Host-1 的 IP 地址设置为 192.168.64.10，将 Host-1 的子网掩码设置为 255.255.255.0，如图 1-51 所示。

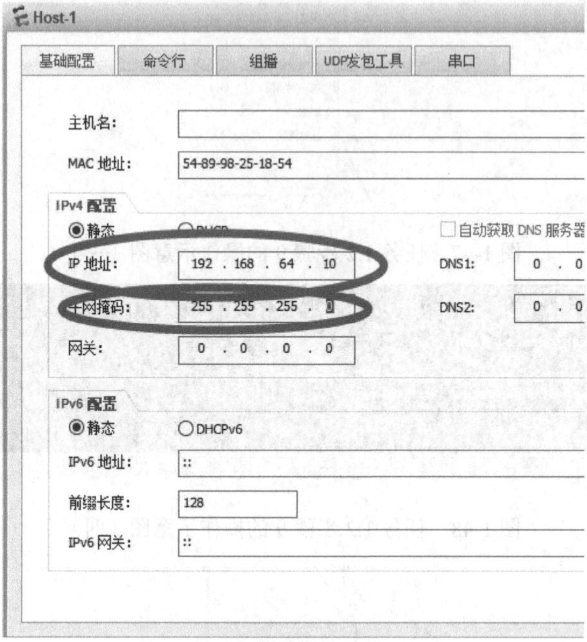

图 1-51　任务 1.3 步骤 1 的操作示意图（一）

（2）添加 1 台交换机，将其命名为 SW-1；添加一个云设备，将其命名为 Cloud-1。连接 Host-1 的 Ethernet 0/0/1 接口与交换机 SW-1 的 Ether-net 0/0/1 接口，如图 1-52 所示。

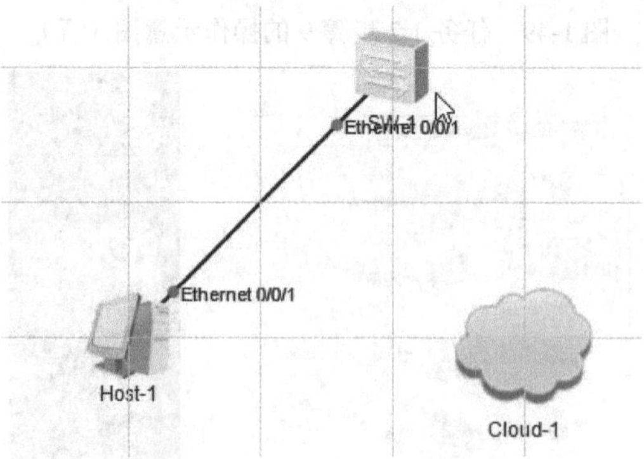

图 1-52　任务 1.3 步骤 1 的操作示意图（二）

步骤 2：配置 eNSP 中的 cloud 设备

（1）右键单击云设备图标，在弹出的右键菜单中选择“设置”，如图 1-53 所示，可打开配置云设备 IO 的对话框。

图 1-53　任务 1.3 步骤 2 的操作示意图（一）

（2）添加一个 UDP 端口。在“绑定信息”下拉框中选择“UDP”，在“端口类型”下拉框中选择“Ethernet”，然后单击“增加”按钮，如图 1-54 所示，即可在端口列表中显示第一个端口信息。

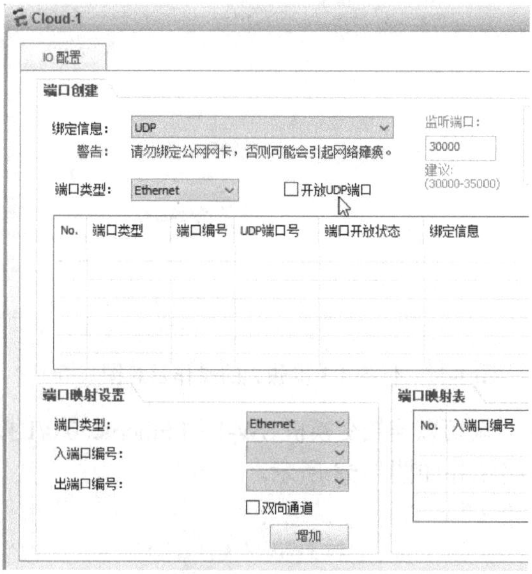

图 1-54　任务 1.3 步骤 2 的操作示意图（二）

（3）添加一个网卡端口。在“绑定信息”下拉框中选择“VirtualBox Host-Only Network -- IP: 192.168.56.1”，如图 1-55 所示，在“端口类型”下拉框中选择“Ethernet”，然后单击右侧“增加”按钮，即可在端口列表中显示第二个端口信息，如图 1-56 所示。在下方的“端口映射设置”中，将“入端口编号”和“出端口编号”分别设置为“1”和“2”，“端口类型”保持不变，勾选“双向通道”复选框，单击“增加”按钮，则右侧的“端口映射表”中会显示端口映射信息，如图 1-57 所示。

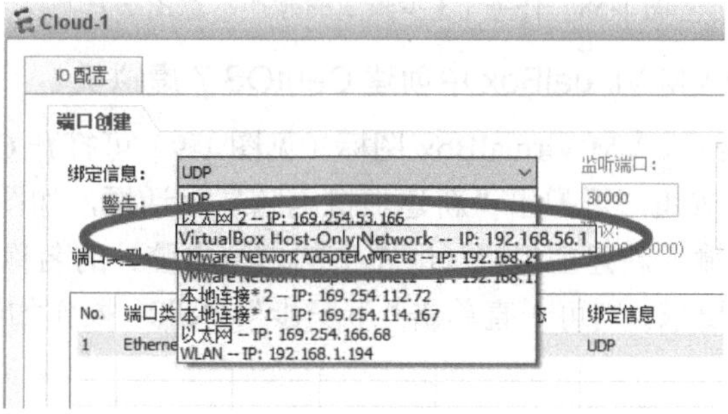

图 1-55　任务 1.3 步骤 2 的操作示意图（三）

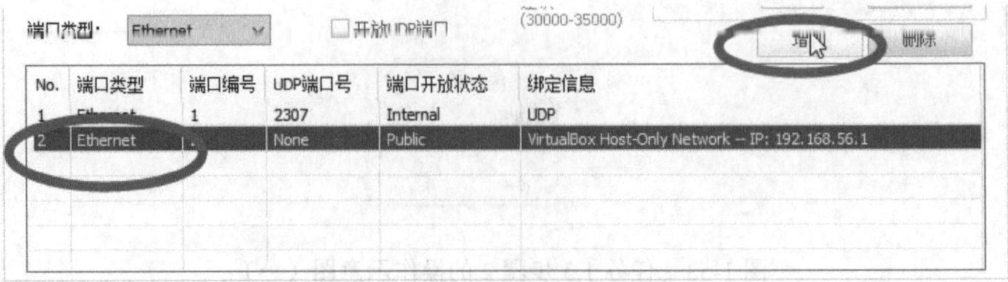

图 1-56 任务 1.3 步骤 2 的操作示意图（四）

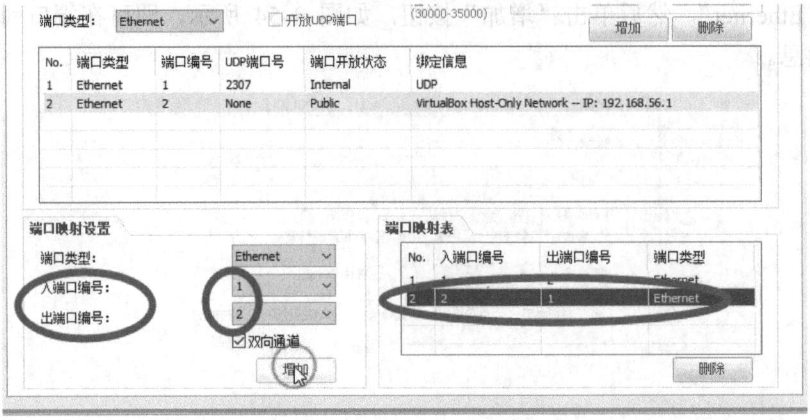

图 1-57 任务 1.3 步骤 2 的操作示意图（五）

（4）配置完云设备后，就可以连接交换机 SW-1 的 Ethernet 0/0/1 接口与 Cloud-1 的 Ethernet 0/0/1 接口。完成后的网络拓扑如图 1-58 所示。

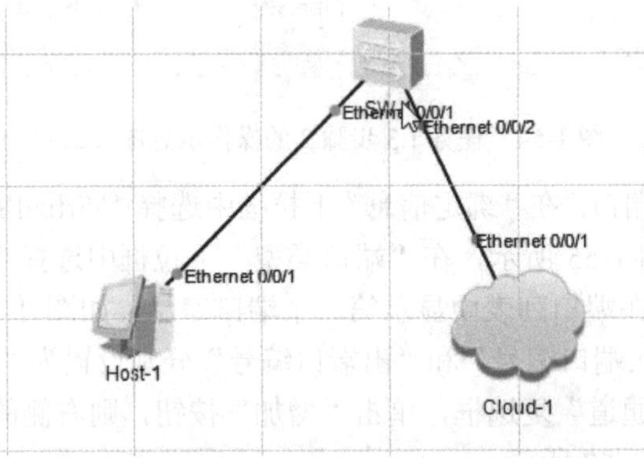

图 1-58 任务 1.3 步骤 2 的操作示意图（六）

步骤 3：在 Oracle VM VirtualBox 中创建 CentOS 7 虚拟机

（1）双击桌面上 Oracle VM VirtualBox 图标（见图 1-9）可打开 Oracle VM VirtualBox 软件，单击左上方“”按钮，可弹出“新建虚拟电脑”对话框，如图 1-59 所示。

（2）在“名称”中输入新建虚拟机（即图中的虚拟电脑）的名称后，需要对新建的虚拟机进行配置（如无特殊要求，则可一直单击“下一步”按钮），操作如图 1-60 到图 1-66 所示。

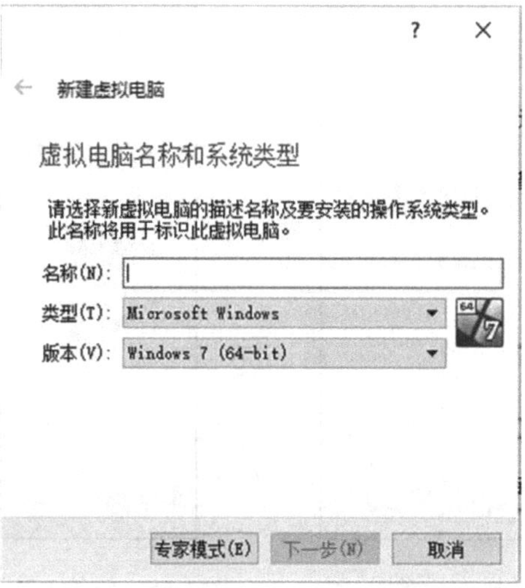

图 1-59　任务 1.3 步骤 3 的操作示意图（一）

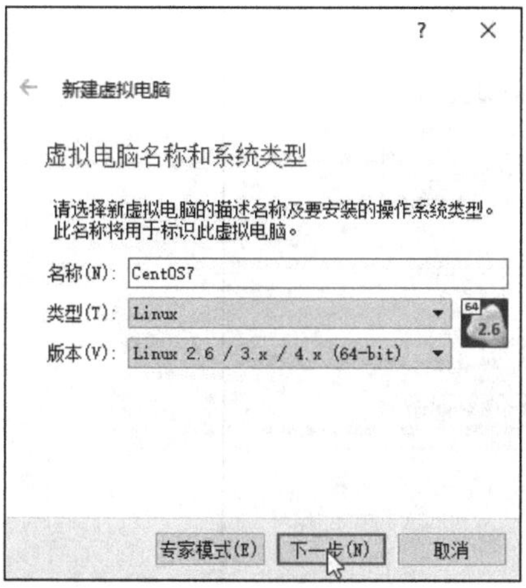

图 1-60　任务 1.3 步骤 3 的操作示意图（二）

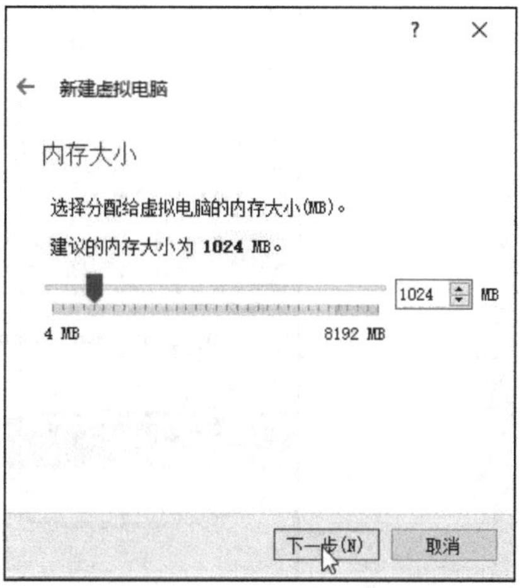

图 1-61　任务 1.3 步骤 3 的操作示意图（三）

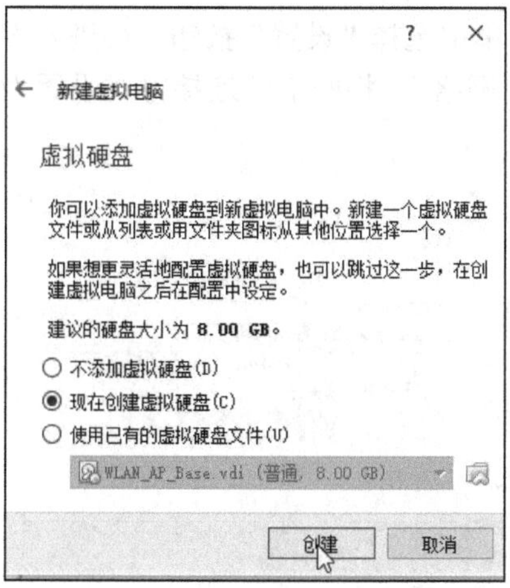

图 1-62　任务 1.3 步骤 3 的操作示意图（四）

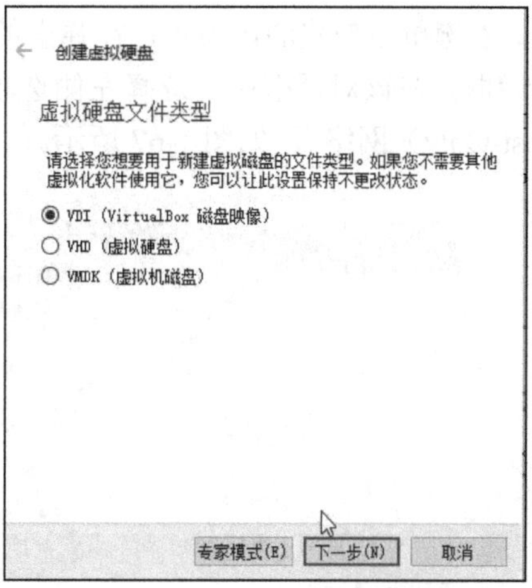

图 1-63　任务 1.3 步骤 3 的操作示意图（五）

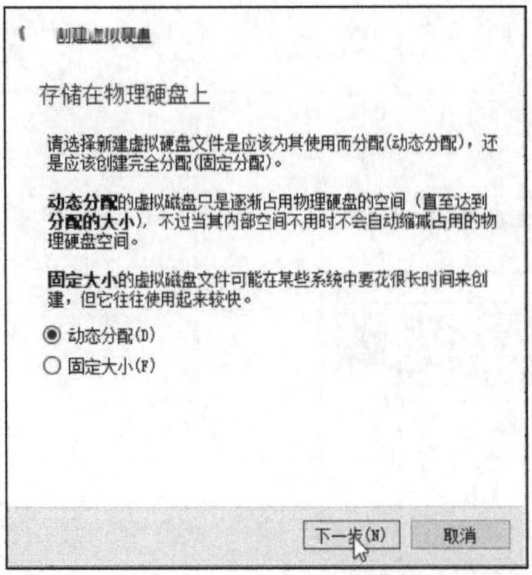

图 1-64　任务 1.3 步骤 3 的操作示意图（六）

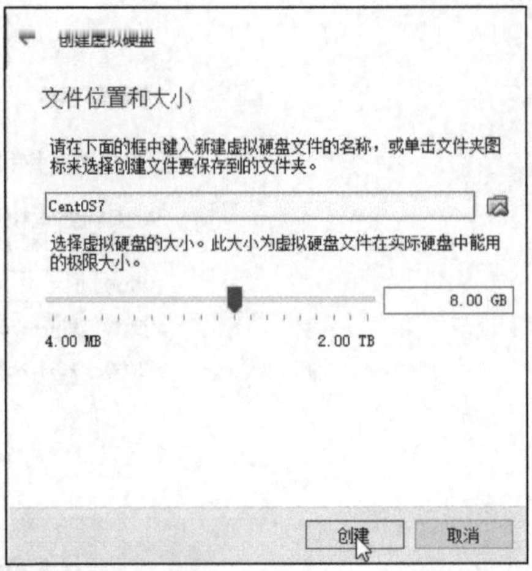

图 1-65　任务 1.3 步骤 3 的操作示意图（七）

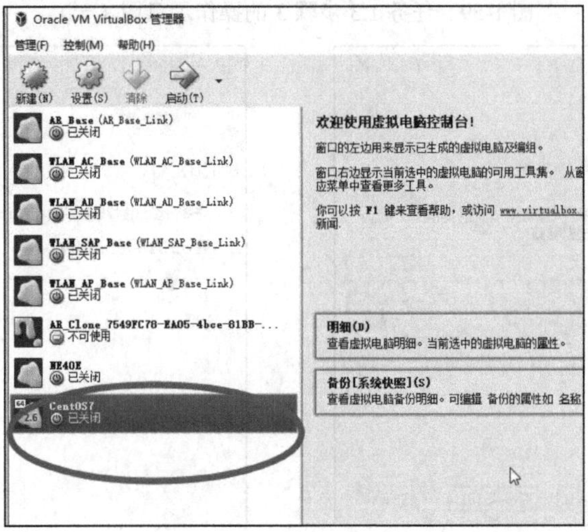

图 1-66　任务 1.3 步骤 3 的操作示意图（八）

（3）右键单击新建的虚拟机，在弹出的右键菜单中选择“设置”按钮，可进入设置虚拟机的对话框。在该对话框中，选择左侧选项中的“网络”，将网卡的连接方式设置为“仅主机（Host-Only）网络”，如图 1-67 所示。

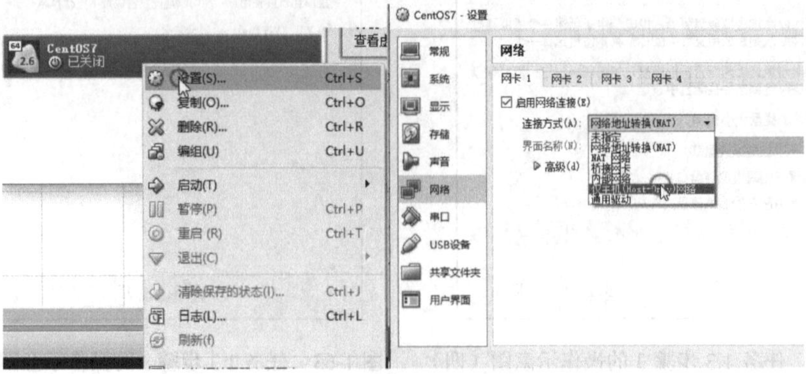

图 1-67　任务 1.3 步骤 3 的操作示意图（九）

（4）在虚拟机设置对话框左侧选择“存储”，然后单击右侧的光盘图标，并选择“CentOS-7-x86_64-Minimal-1810.iso”，将硬盘上 CentOS 7 的镜像文件导入虚拟机（可自行从 CentOS 官网下载 CentOS 7 的镜像文件），操作如图 1-68 到图 1-70 所示。

图 1-68　任务 1.3 步骤 3 的操作示意图（十）

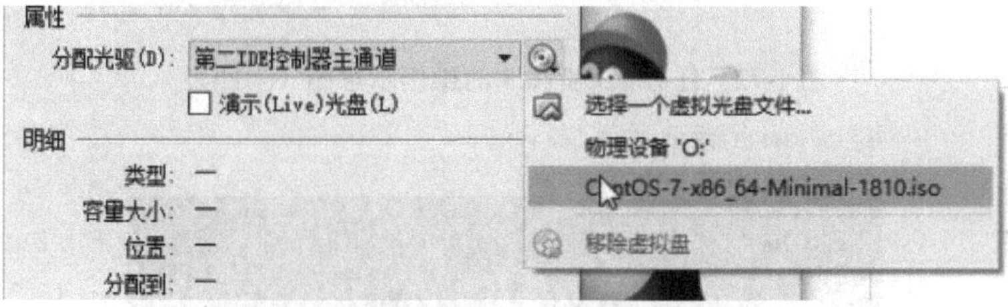

图 1-69　任务 1.3 步骤 3 的操作示意图（十一）

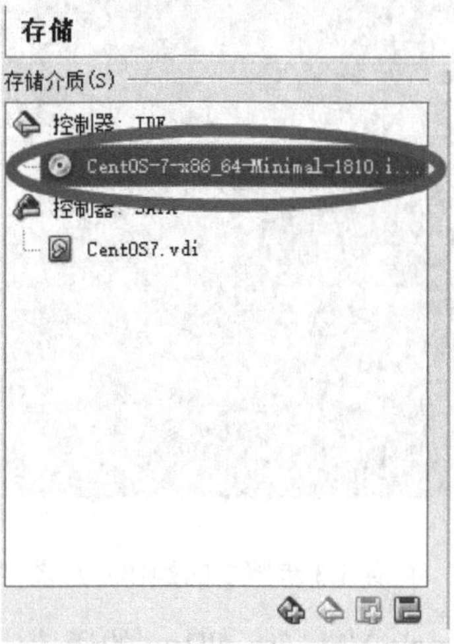

图 1-70　任务 1.3 步骤 3 的操作示意图（十二）

（5）单击 Oracle VM VirtualBox 界面上的启动按钮（见图 1-71），可启动虚拟机并安装操作系统，操作如图 1-72 和图 1-73 所示。

图 1-71　任务 1.3 步骤 3 的操作示意图（十三）

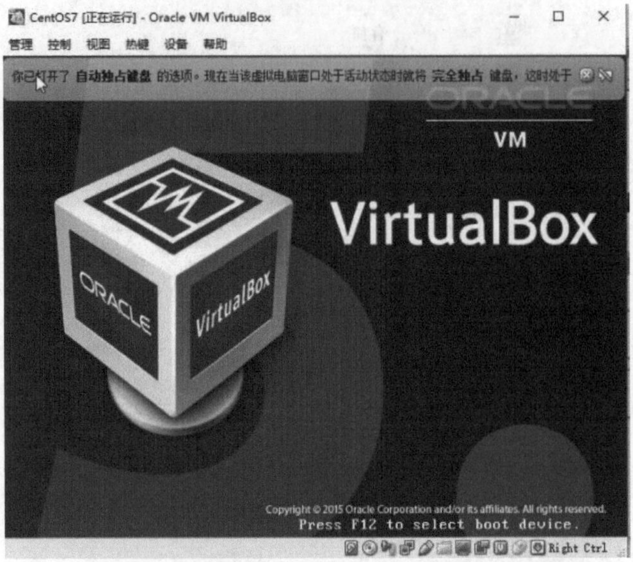

图 1-72　任务 1.3 步骤 3 的操作示意图（十四）

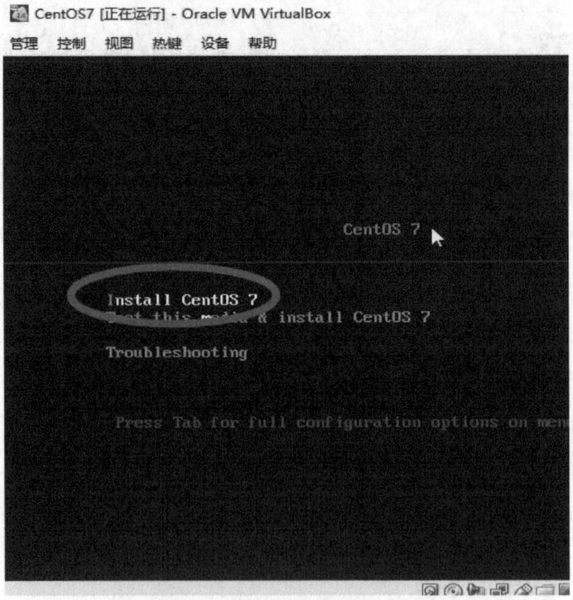

图 1-73　任务 1.3 步骤 3 的操作示意图（十五）

步骤 4：测试 Host-1 与 Oracle VM VirtualBox 的通信

（1）在 CentOS 7 系统中的 IP 地址配置文件中，配置并保存 IP 地址、子网掩码、网关等网络信息，如图 1-74 所示。配置完成后，使用“systemctl restart network”命令重启网络服务，使刚才的配置生效。

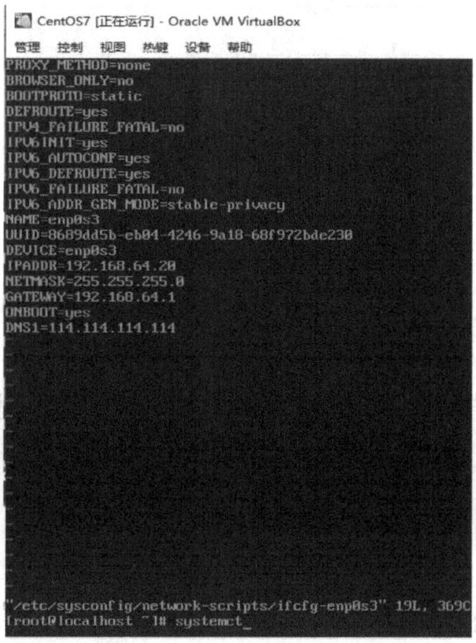

图 1-74　任务 1.3 步骤 4 的操作示意图（一）

（2）使用 ping 命令测试 Host-1（IP 地址为 192.168.64.10/24）和 Oracle VM VirtualBox 中的 CentOS 7 虚拟机（IP 地址为 192.168.64.20/24）之间的通信，操作如图 1-75 和图 1-76 所示。

图 1-75　任务 1.3 步骤 4 的操作示意图（二）

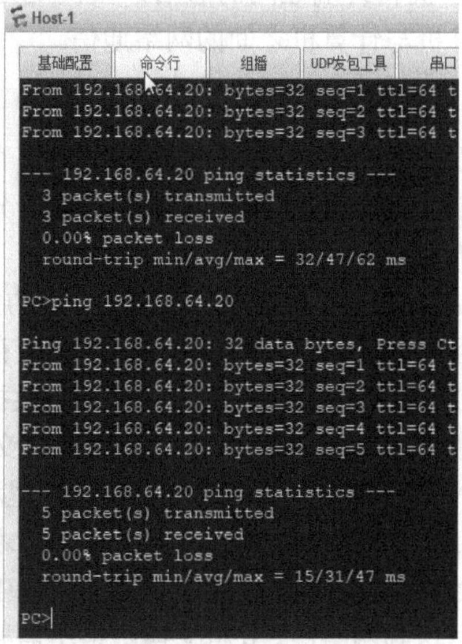

图 1-76　任务 1.3 步骤 4 的操作示意图（三）

1.4 基础知识拓展：网络基础

1.4.1 网络的发展

尽管电子计算机在 20 世纪 40 年代就已研制成功，但到了 20 世纪 80 年代初期，计算机网络仍然被认为是一项“昂贵而奢侈”的技术。近 40 多年来，计算机网络技术取得了长足的发展，今天，计算机网络技术已经和计算机技术一样精彩纷呈，普及到了生产和生活的方方面面，对社会各领域产生了广泛而深远的影响。

1. 早期的计算机通信

在微型计算机出现之前，计算机的体系架构是一台具有计算能力的计算机主机挂接多个终端设备。终端设备没有数据处理能力，只有键盘和显示器，用于将程序和数据输入计算机主机、显示从主机获得计算结果。计算机主机分时、轮流地为各个终端提供计算任务。

这种计算机主机与终端之间的数据传输就是最早的计算机通信（见图 1-77）。

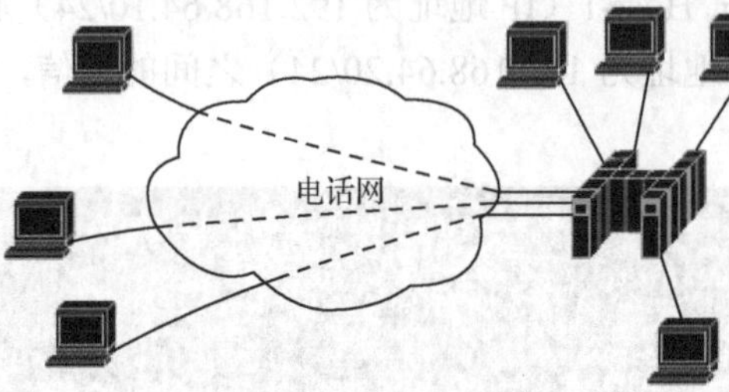

图 1-77 最早的计算机通信

在有的应用中，尽管计算机主机与终端之间采用电话网连接，距离可以达到数百千米，但这种体系架构下的计算机主机和终端之间的通信，仅仅是为了实现人与计算机之间的对话，并不是真正意义上的计算机与计算机之间的网络通信。

2. 分组交换网络

美国兰德公司的保罗·巴兰（P. Baran）于 1964 年提出“存储转发”的概念，英国国家物理实验室的唐纳德·戴维斯（D. Davies）于 1966 年提出“分组交换”的概念，此后，独立于电话网的、实用的计算机网络才开始得到真正的发展。

分组交换的概念是将整块待发送数据划分为一个个更小的数据段，在每个数据段前面添加报头，构成一个个数据分组（Packet）。每个数据分组报头中存储了目标主机的地址和数据分组的序号，网络交换设备可根据数据分组报头中的地址将数据分组转发到目标主机。由通信链路、网络交换设备和计算机搭建起来的网络被称为分组交换网络，如图 1-78 所示。

分组交换概念的提出是计算机网络脱离电路交换模式的里程碑。在电路交换模式下，当计算机通信时，需要先通过用户的呼叫（拨号），由电话网为本次通信建立链路。这种通信方式不适合计算机数据通信的突发性、密集性特点。分组交换网络则不需要建立通信链路，数据可以随时以分组的形式发送到网络中。分组交换网络不需要通过呼叫建立通信链路的关键是数据包（分组）的报头中有目标主机的地址，网络交换设备可以根据这个地址随时为单个数据包提供转发服务，将其沿正确的路径发送到目标主机。

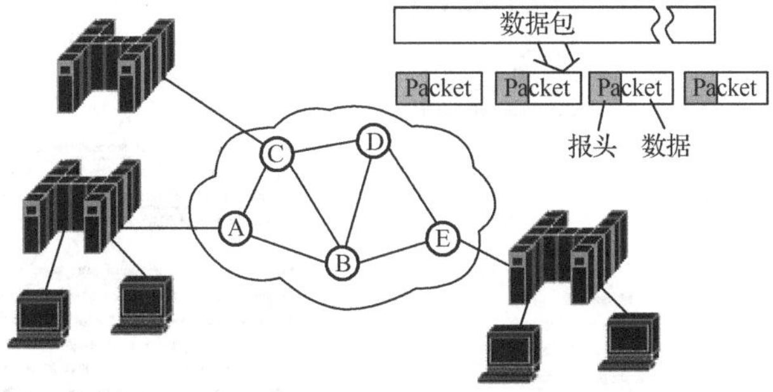

图 1-78　分组交换网络

阿帕网（ARPANET）于 1969 年 12 月投入运行，被公认为最早的分组交换网络。法国和英国于 1973 年开通了分组交换网络，绝大多数的现代计算机网络（如以太网、互联网）都是分组交换网络。

3. 以太网

以太网是一种目前在全球的局域网中占有支配地位的技术。以太网的研究始于夏威夷大学在 1970 年的一个研究项目，该项目是为了解决多台计算机同时使用同一传输媒介而相互之间干扰问题。夏威夷大学的研究结果奠定了以太网共享传输媒介的技术基础，形成了著名的带冲突检测的载波监听多路访问（Carrier Sense Multiple Access with Collision Detection，CSMA/CD）方法。

CSMA/CD 方法是指在多台计算机使用共享的传输媒介通信时，先监听该传输媒介是否已经被占用，当传输媒介空闲时，计算机就可以抢用该媒介进行通信，所以 CSMA/CD 方法又称为总线争用方法。

以太网是由施乐公司帕洛阿尔托（Palo Alto）研究中心（PARC）的罗伯特·梅特卡夫（Robert Metcalfe）发明的。1973 年 5 月 22 日，梅特卡夫发布了备忘录 *Alto Ethernet*（其部分内容见图 1-79），正式提出了以太网（Ethernet）设想。

1976 年 7 月，梅特卡夫和大卫·博格斯（David R. Boggs）共同发表了论文《以太网：本地计算机网络的分布式包交换》，标志 Ethernet I 协议的诞生。1980 年，由数字设备公司、英特尔公司和施乐公司联合发布了以太网标准——X Ethernet II。这种将同轴电缆（线缆）作为传输媒介的简单网络技术立即受到了欢迎，在 20 世纪 80 年代，用 10 Mbps 以太网技术构造的局域网迅速遍布全球。

1985 年，电气与电子工程师学会（Institute of Electrical and Electronics Engineers，IEEE）发布了局域网和城域网的标准 IEEE 802，其中的 IEEE 802.3 是以太网技术标准。IEEE 802.3 标准与 DIX Ethernet II 的差异非常小，以至于同一块以太网卡可以同时发送和接收 IEEE 802.3 和 DIX Ethernet II 的数据帧。

20 世纪 80 年代，PC 的大量出现和以太网的低成本，使计算机网络不再是一个“奢侈”的技术。10 Mbps 的网络传输速率很好地满足了当时的需求。进入 90 年代后，计算机的速度越来越高、需要传输的数据量越来越多，100 Mbps 的以太网技术随之出现。IEEE 的 100 Mbps 以太网标准被称为快速以太网标准。1999 年，IEEE 又发布了 1000 Mbps 以太网标准。

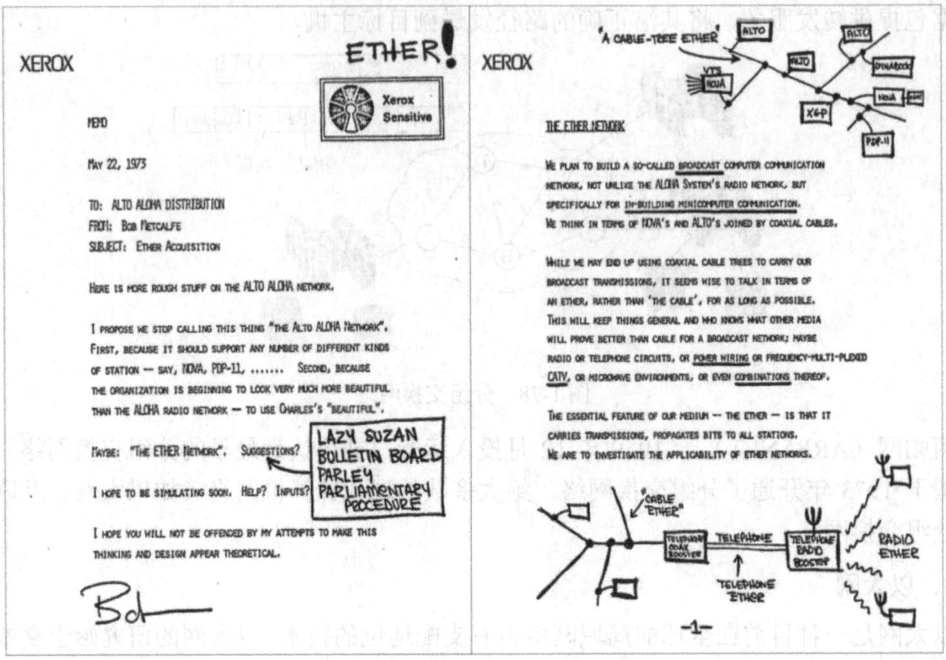

XEROX

ETHER!

Xerox Sensitive

MEMO

May 22, 1973

TO: ALTO ALOHA DISTRIBUTION
FROM: Bob Metcalfe
SUBJECT: Ether Acquisition

Here is more rough stuff on the ALTO ALOHA network.

I propose we stop calling this thing "The Alto ALOHA Network". First, because it should support any number of different kinds of station — say, NOVA, PDP-11, ... Second, because the organization is beginning to look very much more beautiful than the ALOHA radio network — to use Charles's "beautiful".

Maybe: "The ETHER Network". Suggestions?

LAZY SUZAN
BOLLETIN BOARD
PARLEY
PARLIAMENTARY PROCEDURE

I hope to be simulating soon. Help? Inputs?

I hope you will not be offended by my attempts to make this thinking and design appear theoretical.

Bob

XEROX

"A CABLE-TREE ETHER"

THE ETHER NETWORK

We plan to build a so-called broadcast computer communication network, not unlike the ALOHA System's radio network, but specifically for in-building minicomputer communication. We think in terms of NOVA's and ALTO's joined by coaxial cables.

While we may end up using coaxial cable trees to carry our broadcast transmissions, it seems wise to talk in terms of an ether, rather than 'the cable', for as long as possible. This will keep things general and who knows what other media will prove better than cable for a broadcast network; maybe radio or telephone circuits, or power wiring or frequency-multi-plexed CATV, or microwave environments, or even combinations thereof.

The essential feature of our medium -- the ether — is that it carries transmissions, propagates bits to all stations. We are to investigate the applicability of ether networks.

-1-

图 1-79 备忘录 *Alto Ethernet* 的部分内容

以太网以其简单易行、价格低廉、可扩展性和可靠性，最终淘汰了或正在淘汰令牌网、光纤分布式数据接口（Fiber Distributed Data Interface，FDDI）网，甚至异步传输模式（Asynchronous Transfer Mode，ATM）技术，成为计算机局域网、城域网，甚至广域网的主流技术。

互联网是全球规模最大、应用最广的计算机网络，它是由院校、企业、政府的局域网自发地加入而发展壮大起来的超级网络，连接了众多计算机、服务器。通过在互联网上发布商业、学术、政府、企业的信息，以及新闻和娱乐的内容和节目，极大地改变了人们的工作和生活方式。

互联网的前身是 1969 年问世的 ARPANET。到了 1983 年，ARPANET 已连接了 300 多台计算机。1984 年 ARPANET 被分解为两个网络，一个是民用的，仍然称 ARPANET；另一个是军用的，称为 MILNET。美国国家科学基金会（National Science Foundation，NSF）在 1985 年到 1990 年期间建设了由主干网、地区网和校园网组成的三级网络，称为 NSFNET，并与 ARPANET 相连。到了 1990 年，NSFNET 和 ARPANET 合在一起改名为 Internet（互联网）。随后，互联网上接入的计算机数目与日俱增，进一步扩大了互联网的规模。

1989 年 11 月，中国科学院联合北京大学和清华大学组建了中国国家计算机与网络设施（National Computing and Networking Facility of China，NCFC）。1994 年 4 月 20 日，中国开通 64K 国际专线，与国际互联网接轨，从此中国被国际上正式承认为真正拥有全功能互联网的国家。随后，NCFC 通过光纤将中国科学院中关村地区的三十多家研究所及清华大学、北京大学连接起来，到 1994 年 5 月 NCFC 已连接了 150 多个以太网，3000 多台计算机。

中国公用计算机互联网——ChinaNet 由原中国邮电电信总局负责建设。ChinaNet 通过美国世界通信（WorldCom，现改为 MCI）公司、新加坡 Telecom 公司、日本 KDD 公司与国际互联网连接。目前，ChinaNet 的骨干网已经遍布全国，干线速率达到数十吉比特每秒（Gbps），成为国际互联网的重要组成部分。

互联网已经成为世界上规模最大和增长速度最快的计算机网络，没有人能够准确说出互联网具体有多大。到现在，互联网的概念，已经不仅指所提供的计算机通信链路，还指参与其中的服务器所提供的信息和服务资源。计算机通信链路、信息和服务资源，这些概念一起组成了现代互联网的体系结构。

1.4.2 网络的组成

网络是由网络传输媒介、网络交换设备、网络互联设备、网络终端、服务器和网络操作系统组成的。网络的组成如图 1-80 所示。

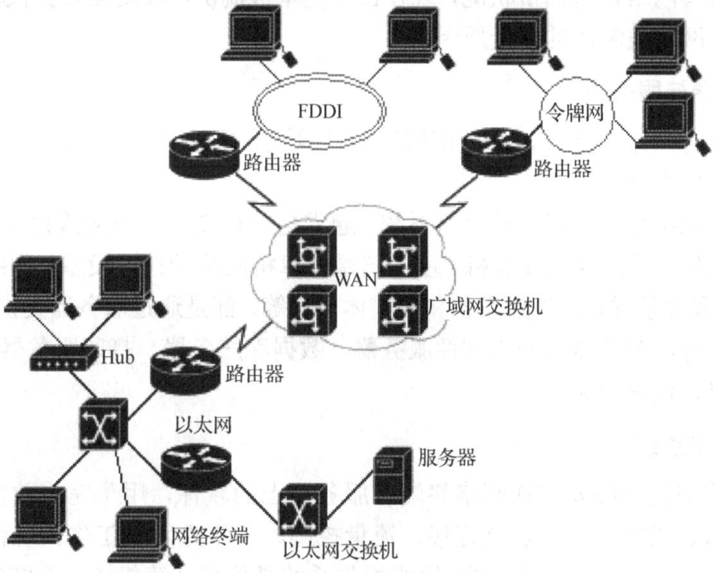

图 1-80　网络的组成

1. 网络传输媒介

常用的网络传输媒介是双绞线、光纤、微波、同轴电缆。

局域网的主要传输媒介是双绞线（通常是一种不同于电话线的 8 芯电缆），具有 1000 Mbps 的传输能力。光纤在局域网中大多用来承担干线部分的数据传输。由于使用微波的无线局域网具有灵活性，因而逐渐得到了普及。在早期的局域网中，同轴电缆得到了广泛的应用；但从 1995 年开始，同轴电缆逐渐被淘汰，局域网已经基本上不再使用同轴电缆了。由于 Cable Modem 的使用，电视同轴电缆还在充当连接互联网的一种传输媒介。

2. 网络交换设备

网络交换设备是指把计算机连接在一起的网络设备。计算机之间的数据包是通过交换机转发的，因此计算机要连接到局域网络，必须先连接到交换机上。不同种类的网络使用不同的交换机，常用的交换机包括以太网交换机、ATM 交换机、帧中继网的帧中继交换机、令牌网交换机、FDDI 交换机等。

交换机可以用称为 Hub 的网络集线器替代。Hub 的价格低廉，但会消耗大量的网络带宽。由于局域网交换机的价格已经低于PC，所以局域网已经基本不再使用Hub。

3．网络互联设备

网络互联设备主要是指路由器。路由器是连接网络的必需设备，用于在网络之间转发数据包。路由器不仅可以实现同类网络之间的相互连接，如局域网与广域网的连接、以太网与帧中继网络的连接等；还可以实现不同网络之间的通信。

在广域网与局域网的连接中，调制解调器也是一个重要的设备。调制解调器用于将数字信号调制成频率带宽更窄的信号，以便适合在广域网中传输。调制解调器的最常见的用途是使用电话网或有线电视网接入互联网。

中继器是一个延长信号传输距离的设备，可对衰减的信号起再生作用。

网桥用来改善网络带宽拥挤状况，现在已经基本被淘汰，其功能被交换机取代了。交换机的普及使用是网桥被淘汰的直接原因。

4．网络终端与服务器

网络终端也称网络工作站，如使用网络的计算机、网络打印机等。在客户端/服务器网络中，客户端是指网络终端。

服务器是被网络终端访问的计算机系统，通常是一台安装了服务器软件（如网络操作系统和应用系统软件）的高性能计算机。服务器是计算机网络的核心设备，网络中的可共享资源，如数据库、大容量磁盘、外部设备和多媒体节目等，都是通过服务器提供给网络终端的。按照可提供的服务，服务器可分为文件服务器、数据库服务器、打印服务器、Web 服务器、电子邮件服务器、代理服务器等。

5．网络操作系统

网络操作系统是一种安装在网络终端和服务器上的软件，用于完成数据发送和接收所需要的数据分组、报文封装、建立连接、流量控制、出错重发等工作。现代的网络操作系统都是随计算机操作系统一同开发的，网络操作系统是现代计算机操作系统的一个重要组成部分。

1.4.3 网络的分类

从不同的角度对网络进行分类，有助于我们更好地理解网络。

1．根据网络覆盖的地理范围分类

按照网络覆盖的地理范围大小进行分类，可将网络分为局域网、城域网和广域网。了解一个网络覆盖的地理范围，可以使人们能一目了然地了解该网络的规模和主要技术。

局域网（LAN）的覆盖范围一般在方圆几十米到几千米，典型的局域网是一个办公室、一个办公楼、一个园区范围内的网络。

当网络的覆盖范围达到一个城市时，该网络称为城域网。网络覆盖到多个城市甚至全球时，该网络就属于广域网。我国著名的公共广域网是 ChinaNet、ChinaPAC、ChinaFrame、ChinaDDN 等。大型企业、院校、政府机关通过租用公共广域网的通信链路，可以构成自己的广域网。

2. 根据链路传输控制技术分类

链路传输控制技术是指如何分配网络通信链路、网络交换设备，以避免网络通信链路资源冲突，同时为所有的网络终端和服务器提供数据传输服务。

典型的链路传输控制技术包括总线争用技术、令牌技术、FDDI 技术、ATM 技术、帧中继技术和综合业务数字网（Integrated Services Digital Network，ISDN）技术。对应上述技术的网络分别是以太网、令牌网、FDDI 网、ATM 网、帧中继网和 ISDN。

总线争用技术是以太网的标志。顾名思义，总线争用是指使用网络通信的计算机需要抢占通信链路。如果争用链路失败，就需要等待下一次争用，直到占用通信链路为止。总线争用技术的实现简单，传输媒介的使用效率非常高。进入 21 世纪以来，使用总线争用技术的以太网成为计算机网络中占主导地位的网络。

令牌网和 FDDI 网曾经是以太网的挑战者，它们分配网络通信链路和网络交换设备的方法是在网络中下发一个令牌数据包，轮流交给网络中的计算机使用。需要通信的计算机只有在得到令牌后才能发送数据。令牌网和 FDDI 网的思路是计算机轮流使用网络资源，避免冲突。但是，令牌技术相对以太网技术而言过于复杂，在千兆以太网出现后，令牌网和 FDDI 网不再具有竞争力。

ATM 称为异步传输模式，ATM 采用光纤作为传输媒介，传输的最小数据单元（称为信元）的大小为 53 B。ATM 网络的最大优点是灵活性很高，用户只要通过 ATM 交换机建立交换虚电路，就可以提供突发性的宽带传输服务，适合传输包括多媒体在内的各种数据，传输速率高达 622 Mbps。

我国的 ChinaFrame 是一个使用帧中继技术的公共广域网，是由帧中继交换机组建的、使用虚电路模式的网络。所谓虚电路，是指在通信之前需要在通信所途经的各个交换机中根据通信地址建立数据输入端口到转发端口之间的对应关系。这样，当带有报头的数据帧到达帧中继网的交换机时，交换机就可以按照报头中的地址正确地依虚电路的方向转发数据帧。帧中继网可以提供较高的传输速率，由于其可靠的带宽保证和相对 Internet 的安全性，成为银行、大型企业和政府机关局域网互联的主要网络。

ISDN 是综合业务数字网的缩写，其建设的宗旨是在传统的电话线上传输数字信号。ISDN 通过时分多路复用技术，可以在一条电话线上同时传输多路信号。ISDN 可以提供 144 kbps～30Mbps 的传输带宽，但由于其仍然属于电路交换，租用价格较高，并没有成为计算机网络的主要通信网络。

3. 根据网络拓扑结构分类

网络拓扑可分为物理拓扑和逻辑拓扑。物理拓扑描述的是网络中由网络终端、网络设备组成的网络节点之间的几何关系，反映的是网络设备与网络终端是如何连接的。

网络拓扑结构包括总线拓扑结构、环状拓扑结构、星状拓扑结构、树状拓扑结构和网状拓扑结构，如图 1-81 所示。

总线拓扑结构是指网络中的各个节点挂接在一条总线上。在以太网中，这种网络拓扑结构已经被淘汰了。

星状拓扑结构是现代以太网的物理连接方式。这种结构以中心网络设备（中心节点）为核心，其他网络设备以星状方式连接在中心网络设备上。星状拓扑结构的优势是连接路径短、易连接、易管理、传输效率高，其缺点是中心节点需要具有很高的可靠性和冗余度。

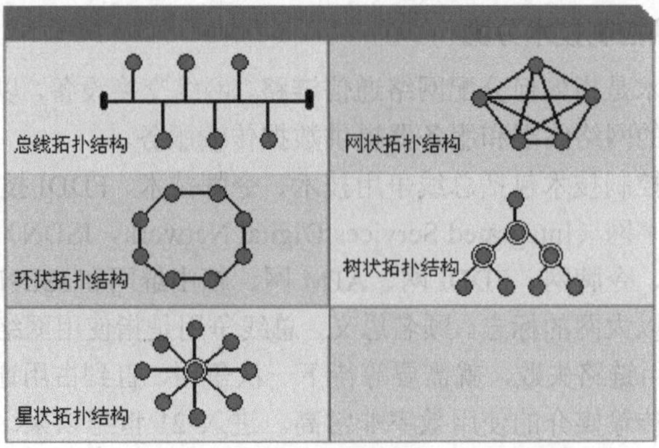

图 1-81 网络拓扑结构

树状拓扑结构的层次清晰、易扩展，目前大多数校园网和企业网都使用这种网络拓扑结构。树状拓扑结构的缺点是对根节点可靠性的要求很高。

在环状拓扑结构中，通信链路沿各个节点连接成一个闭环，数据传输经过中间节点的转发，最终到达目标节点。环状拓扑结构的最大缺点是通信效率低。

网状拓扑结构的可靠性较高，在这种结构下，每个节点都可通过多条通信链路与目标节点相连，具有高密度的冗余通信链路，即使一条，甚至几条通信链路出现故障，网络也能正常工作。网状拓扑结构的缺点是成本高、结构复杂、管理维护相对困难。

1.5 课后练习

1．操作部分练习

（1）在 eNSP 软件的安装过程中，________与________用于在计算机中搭建系统仿真环境，________用于创建虚拟网卡。

（2）在 eNSP 安装完成后配置防火墙时，需要单击________将 eNSP 相关的应用开启。

（3）在 eNSP 界面中，________选项卡用于可设置命令行界面中的内容保存方式，如选中“记录日志”时可以设置保存路径。

（4）在 eNSP 界面中，________选项卡用于设置本地服务器和远程服务器的相关配置。

（5）在 eNSP 界面中，________选项卡用于进行内存优化、自动更新和引用工具路径的设置。

（6）在默认情况下，路由器的接口数量有限，eNSP 提供了一种为设备添加接口的便捷操作方法。只有设备电源处于________状态下，才能添加或删除接口。

（7）在 eNSP 界面的工作区域中，双击设备图标或者右键单击设备图标，在弹出的右键菜单中选择________，可打开________对话框，从而为主机配置 IP 地址。

（8）在 eNSP 界面中，单击工具栏中的________按钮，可以显示整个网络的设备接口。

（9）在保存配置时，选择________，输入设备配置文件的文件名，可将设备配置信息导出成.cfg 文件。

（10）右键单击新建的虚拟机，选择________，可进入设置虚拟机的对话框。

2．基础知识部分练习

（1）________的概念是计算机通信脱离电路交换模式的里程碑。

（2）以太网的________方法是指在多台计算机使用共享的传输媒介时，先监听该共享传输媒介是否已经被占用。

（3）________、信息和服务资源，这些概念一起组成了现代互联网的体系结构。

（4）计算机网络是由网络传输媒介、网络交换设备、网络互联设备、网络终端、服务器和________组成的。

（5）常用的传输媒介包括双绞线、________、微波、同轴电缆。

（6）________在局域网中用于承担干线部分的数据传输。

（7）________不仅提供同类网络之间的互相连接，如局域网与广域网、以太网与帧中继网络的连接等，还提供不同网络之间的通信。

（8）________是一个延长传输距离的设备，可对衰减的信号起再生作用。

（9）________技术是指如何分配网络通信链路、网络交换设备，以避免网络通信链路资源冲突，同时为所有的网络终端和服务器提供数据传输服务。

（10）网络拓扑结构包括________、环状拓扑结构、星状拓扑结构、树状拓扑结构和网状拓扑结构。

项目 2
基于交换机的简单局域网构建

2.1 典型应用场景

小 A 在熟悉网络规划与设计相关软件平台和工具的使用技能后，接下来就要为某高校的某个二级学院教学楼构建简单的局域网。经过分析，构建简单的局域网需要使用交换机进行网络数据的分组和规划。本项目将基于交换机的简单局域网构建分解为以下 4 个任务。

任务 2.1：交换机的基本命令。

任务 2.2：构建局域网。

任务 2.3：交换机的接口管理。

任务 2.4：交换机的高级管理。

2.2 本项目实训目标

（1）熟悉交换机的基本命令。

（2）掌握交换机接口管理的方法及步骤。

（3）掌握交换机高级管理的方法及步骤。

（4）理解构建局域网的常规技术和过程。

2.3 实训过程

2.3.1 任务 2.1：交换机的基本命令

（任务 2.1）

步骤 1：创建交换机

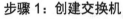

双击桌面的 eNSP 图标，打开 eNSP。单击工具栏中的“”按钮，按照项目 1 的方法添加一台型号为 S3700 的交换机，将其命名为“LSW1”后单击“”按钮启动该设备，如图 2-1 所示。

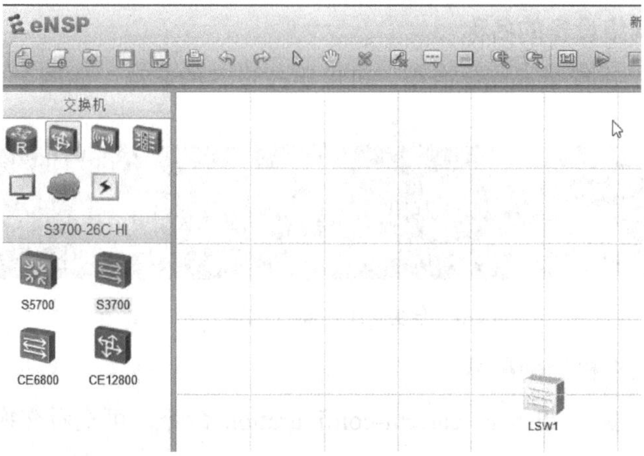

图 2-1　任务 2.1 步骤 1 的操作示意图

步骤 2：查看用户视图

双击 LSW1，打开命令行界面，该界面默认显示的是用户视图，屏幕上显示<Huawei>，如图 2-2 所示。

图 2-2　任务 2.1 步骤 2 的操作示意图

步骤 3：进入系统视图

在用户视图中，执行 system-view 命令可进入系统视图，如图 2-3 所示。

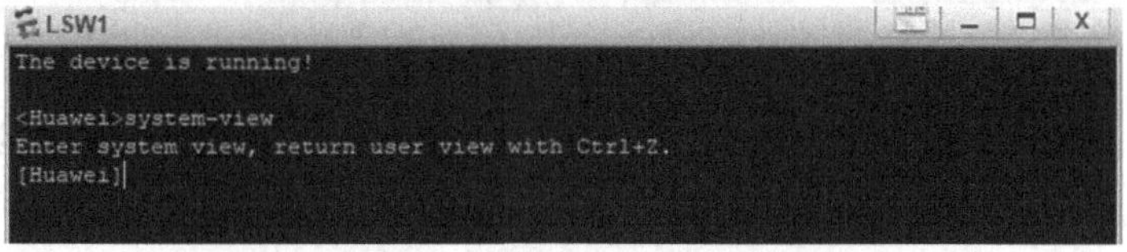

图 2-3　任务 2.1 步骤 3 的操作示意图

步骤 4：关闭交换机的信息中心

在默认情况下，交换机的信息中心是未关闭的，当执行命令时，会给出一些反馈信息，如图 2-4 所示。使用 undo 关键字可以关闭交换机的信息中心。

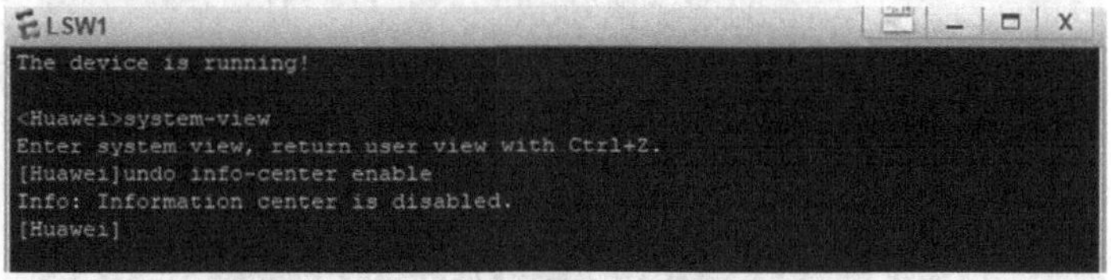

图 2-4　任务 2.1 步骤 4 的操作示意图

在相应操作命令前面加上 undo 关键字，可以禁用某个功能或者删除某项配置。几乎每条配置命令都有对应的 undo 操作。

步骤 5：更改网络设备的名称

在系统视图中，执行 sysname 命令，可以更改设备的名称，如图 2-5 所示。

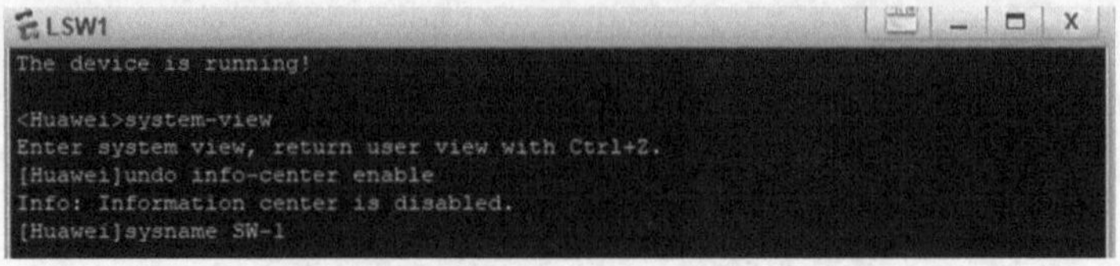

图 2-5　任务 2.1 步骤 5 的操作示意图

步骤 6：查看交换机当前配置

在系统视图中，执行 display current-configuration 命令，可查看交换机的当前配置，如图 2-6 所示。

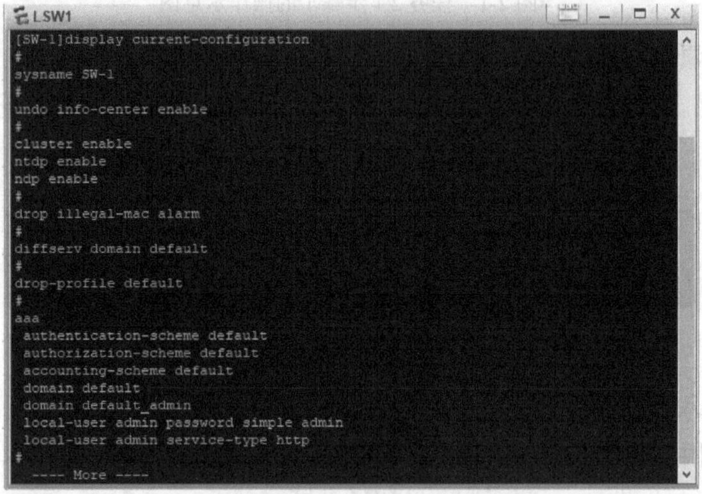

图 2-6　任务 2.1 步骤 6 的操作示意图（一）

在输入命令时，可以只输入某命令关键字的前几个字母，然后直接执行该命令。例如，此处只输入 dis cur，然后直接回车，也可以执行 display current-configuration 命令，如图 2-7 所示。

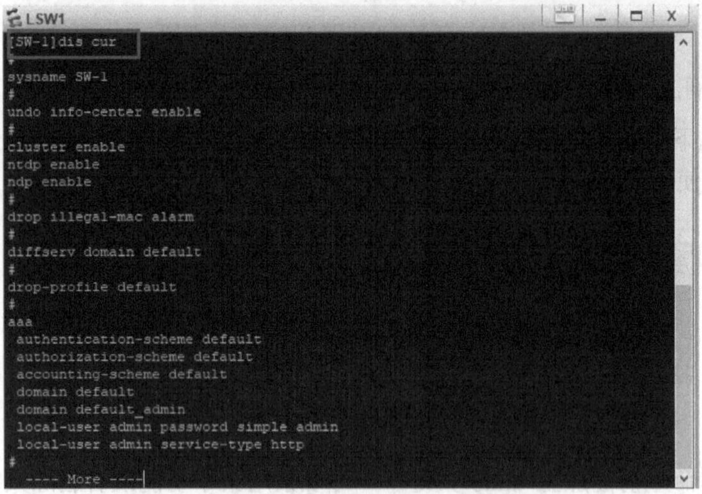

图 2-7　任务 2.1 步骤 6 的操作示意图（二）

步骤 7：查看 VLAN 配置

执行 display vlan 命令可以查看与交换机相关的虚拟局域网（Virtual Local Area Network，VLAN）的信息，如果不指定参数，则显示所有 VLAN 信息，如图 2-8 所示。

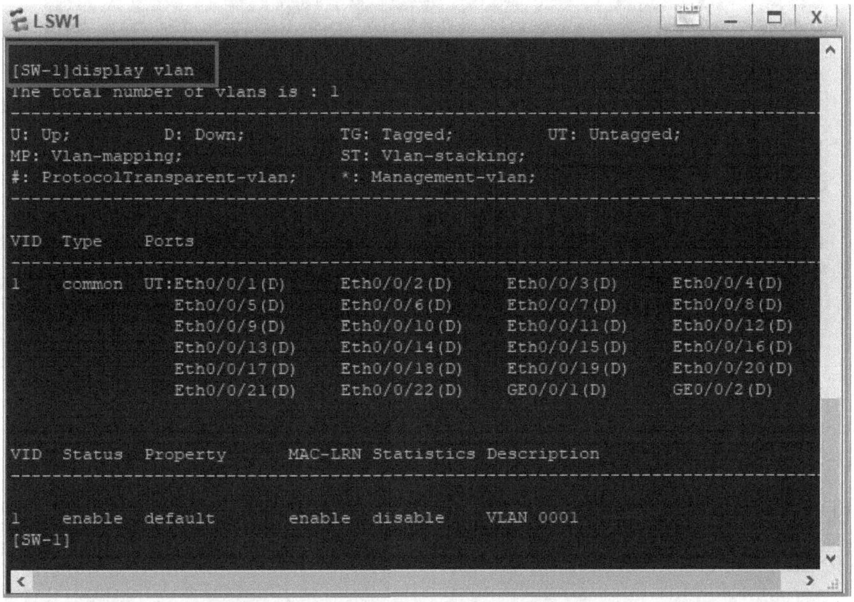

图 2-8 任务 2.1 步骤 7 的操作示意图

步骤 8：查看交换机接口信息

（1）执行 display interface 命令可以查看交换机上所有接口的信息，如图 2-9 和图 2-10 所示。

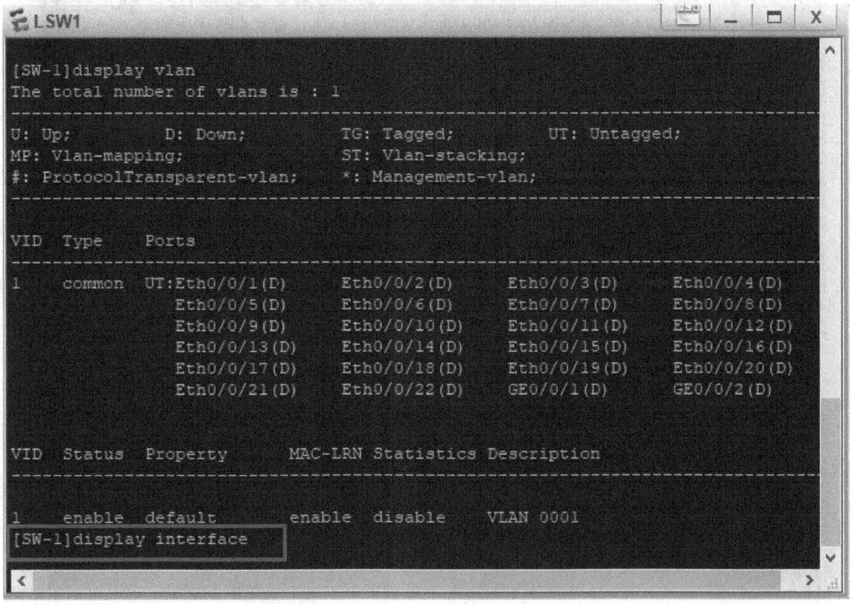

图 2-9 任务 2.1 步骤 8 的操作示意图（一）

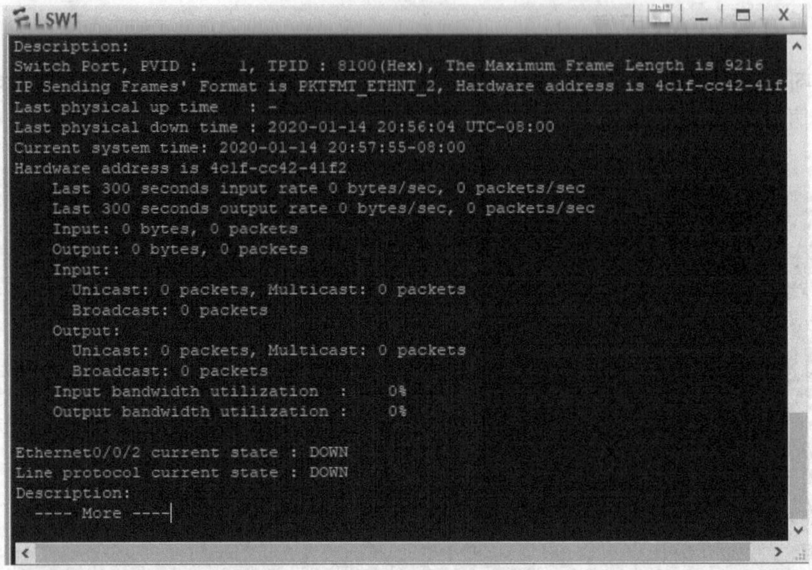

```
LSW1
Description:
Switch Port, PVID :    1, TPID : 8100(Hex), The Maximum Frame Length is 9216
IP Sending Frames' Format is PKTFMT_ETHNT_2, Hardware address is 4clf-cc42-41f
Last physical up time   : -
Last physical down time : 2020-01-14 20:56:04 UTC-08:00
Current system time: 2020-01-14 20:57:55-08:00
Hardware address is 4clf-cc42-41f2
    Last 300 seconds input rate 0 bytes/sec, 0 packets/sec
    Last 300 seconds output rate 0 bytes/sec, 0 packets/sec
    Input: 0 bytes, 0 packets
    Output: 0 bytes, 0 packets
    Input:
      Unicast: 0 packets, Multicast: 0 packets
      Broadcast: 0 packets
    Output:
      Unicast: 0 packets, Multicast: 0 packets
      Broadcast: 0 packets
    Input bandwidth utilization  :    0%
    Output bandwidth utilization :    0%

Ethernet0/0/2 current state : DOWN
Line protocol current state : DOWN
Description:
  ---- More ----
```

图 2-10 任务 2.1 步骤 8 的操作示意图（二）

（2）执行 display interface Ethernet0/0/1 命令可以查看指定接口的信息，如图 2-11 和图 2-12 所示。

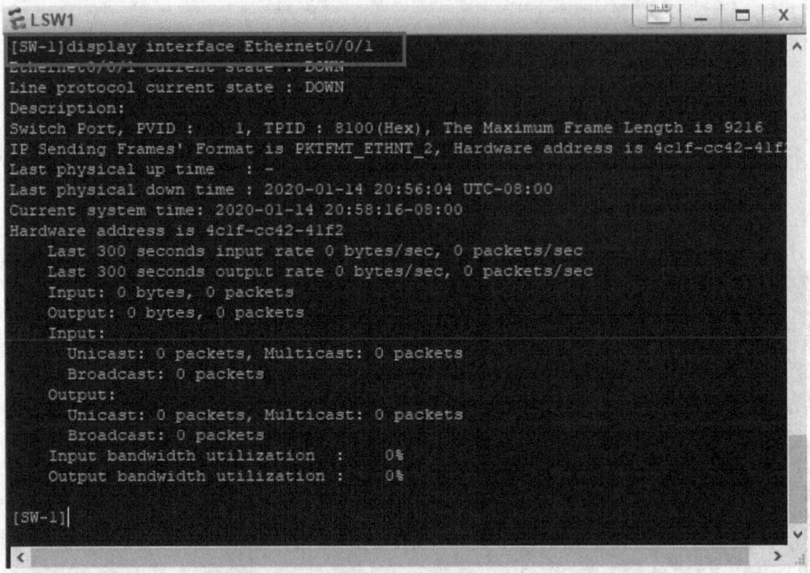

```
LSW1
[SW-1]display interface Ethernet0/0/1
Ethernet0/0/1 current state : DOWN
Line protocol current state : DOWN
Description:
Switch Port, PVID :    1, TPID : 8100(Hex), The Maximum Frame Length is 9216
IP Sending Frames' Format is PKTFMT_ETHNT_2, Hardware address is 4clf-cc42-41f
Last physical up time   : -
Last physical down time : 2020-01-14 20:56:04 UTC-08:00
Current system time: 2020-01-14 20:58:16-08:00
Hardware address is 4clf-cc42-41f2
    Last 300 seconds input rate 0 bytes/sec, 0 packets/sec
    Last 300 seconds output rate 0 bytes/sec, 0 packets/sec
    Input: 0 bytes, 0 packets
    Output: 0 bytes, 0 packets
    Input:
      Unicast: 0 packets, Multicast: 0 packets
      Broadcast: 0 packets
    Output:
      Unicast: 0 packets, Multicast: 0 packets
      Broadcast: 0 packets
    Input bandwidth utilization  :    0%
    Output bandwidth utilization :    0%

[SW-1]
```

图 2-11 任务 2.1 步骤 8 的操作示意图（三）

```
[SW-1]interface Ethernet0/0/1
[SW-1-Ethernet0/0/1]display this
#
interface Ethernet0/0/1
#
return
[SW-1-Ethernet0/0/1]
```

图 2-12 任务 2.1 步骤 8 的操作示意图（四）

步骤 9：退出当前视图

在当前视图中执行 quit 命令，可以从当前视图回退到低一级的视图，如图 2-13 所示。如果当前在用户视图中，则退出系统，按 Enter 键可重新进入用户视图。

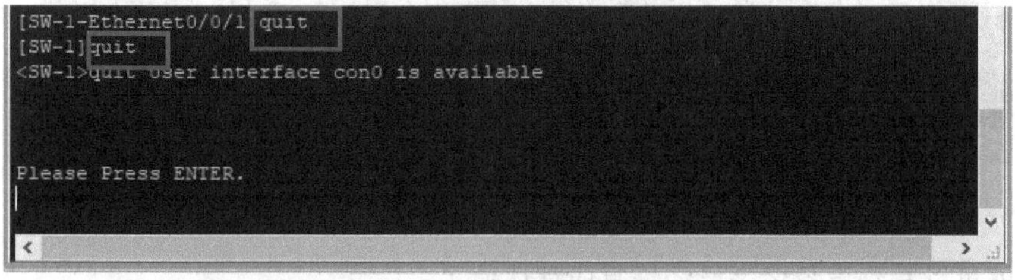
[SW-1-Ethernet0/0/1]quit
[SW-1]quit
<SW-1>quit User interface con0 is available
Please Press ENTER.

图 2-13　任务 2.1 步骤 9 的操作示意图

步骤 10：保存配置

在用户视图中，执行 save 命令可保存当前配置，如图 2-14 所示。

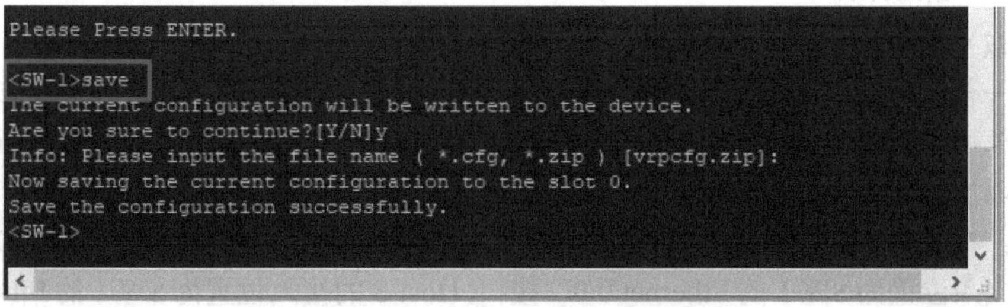
Please Press ENTER.
<SW-1>save
The current configuration will be written to the device.
Are you sure to continue?[Y/N]y
Info: Please input the file name (*.cfg, *.zip) [vrpcfg.zip]:
Now saving the current configuration to the slot 0.
Save the configuration successfully.
<SW-1>

图 2-14　任务 2.1 步骤 10 的操作示意图

步骤 11：重启交换机

在用户视图中，执行 reboot 命令可以重启交换机。当出现提示信息时，系统将重新启动。当系统提问是否继续时，输入 y 后按 Enter 键即可重启交换机，如图 2-15 所示。

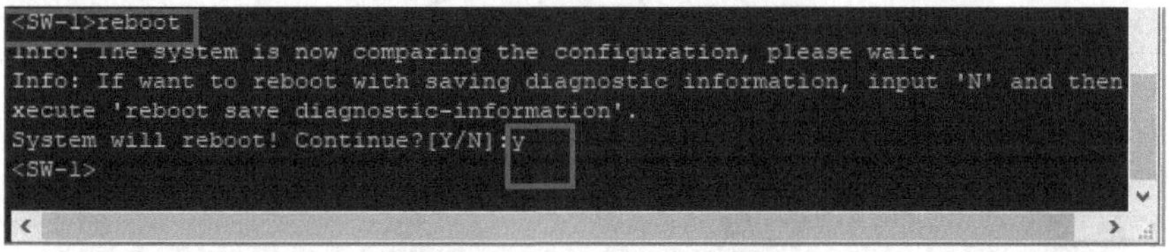
<SW-1>reboot
Info: The system is now comparing the configuration, please wait.
Info: If want to reboot with saving diagnostic information, input 'N' and then
xecute 'reboot save diagnostic-information'.
System will reboot! Continue?[Y/N]:y
<SW-1>

图 2-15　任务 2.1 步骤 11 的操作示意图

步骤 12：重置交换机

（1）在用户视图中，执行 reset saved-configuration 命令可清空设备下次启动使用的配置文件内容，并取消指定系统下次启动时使用的配置文件，如图 2-16 所示。

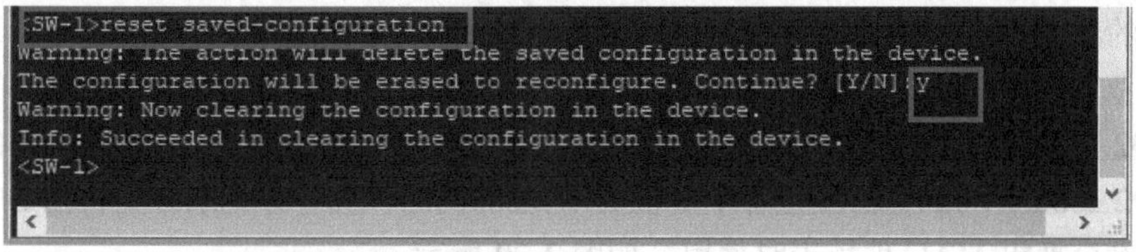
<SW-1>reset saved-configuration
Warning: The action will delete the saved configuration in the device.
The configuration will be erased to reconfigure. Continue? [Y/N]:y
Warning: Now clearing the configuration in the device.
Info: Succeeded in clearing the configuration in the device.
<SW-1>

图 2-16　任务 2.1 步骤 12 的操作示意图（一）

（2）执行 reboot 命令可重启交换机，如图 2-17 所示。

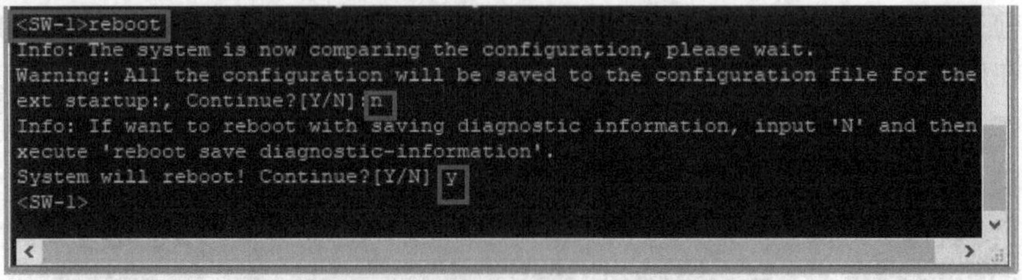
<SW-1>reboot
Info: The system is now comparing the configuration, please wait.
Warning: All the configuration will be saved to the configuration file for the
ext startup:, Continue?[Y/N]:n
Info: If want to reboot with saving diagnostic information, input 'N' and then
xecute 'reboot save diagnostic-information'.
System will reboot! Continue?[Y/N] y
<SW-1>

图 2-17　任务 2.1 步骤 12 的操作示意图（二）

这时就可以看到设备名字已经恢复成默认值了。

2.3.2　任务 2.2：构建局域网

（任务 2.2）

步骤 1：新建拓扑

（1）双击桌面的 eNSP 图标，打开 eNSP。双击工具栏中的“”按钮，按照项目 1 的方法添加一台型号为 S3700 的交换机，将其命名为“LSW1”后单击“”按钮启动该设备。

（2）单击工具栏中的“”按钮，先添加 1 台交换机，这里选择选型号为 S3700 的交换机，将新添加的交换机命名为 SW-1；再添加 4 台主机，分别命名为 Host-1、Host-2、Host-3 和 Host-4；接着将 4 台主机接入 SW-1，Host-1 的接入位置为 SW-1 的 Ethernet 0/0/1 接口，Host-2 的接入位置为 SW-1 的 Ethernet 0/0/2 接口，Host-3 的接入位置为 SW-1 的 Ethernet 0/0/3 接口，Host-4 的接入位置为 SW-1 的 Ethernet0/0/4 接口，如图 2-18 所示。

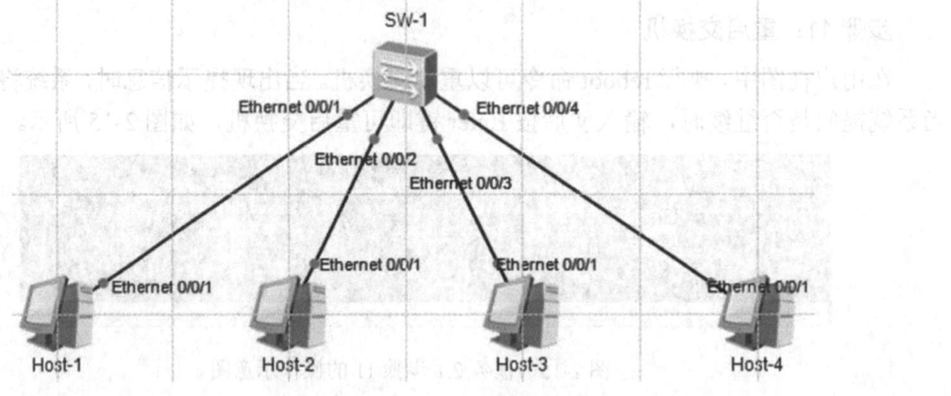
SW-1
Ethernet 0/0/1
Ethernet 0/0/4
Ethernet 0/0/2
Ethernet 0/0/3
Ethernet 0/0/1
Ethernet 0/0/1
Ethernet 0/0/1
Ethernet 0/0/1
Host-1
Host-2
Host-3
Host-4

图 2-18　任务 2.2 步骤 1 的操作示意图

步骤 2：配置主机

（1）在 eNSP 界面的拓扑图中选择并启动各个设备，如图 2-19 所示。当拓扑图中的各接口连接点的颜色由红色变为绿色时，表示设备启动成功。

（2）双击各个主机，将 Host-1 的 IP 地址设置为 192.168.64.11/24，将 Host-2 的 IP 地址设置为 192.168.64.12/24，将 Host-3 的 IP 地址设置为 192.168.64.13/24，将 Host-4 的 IP 地址设置为 192.168.64.14/24。在配置各个主机 IP 地址的同时，查看并记录各主机的 MAC 地址，以便在查看交换机 MAC 地址表时使用，如图 2-20 所示。

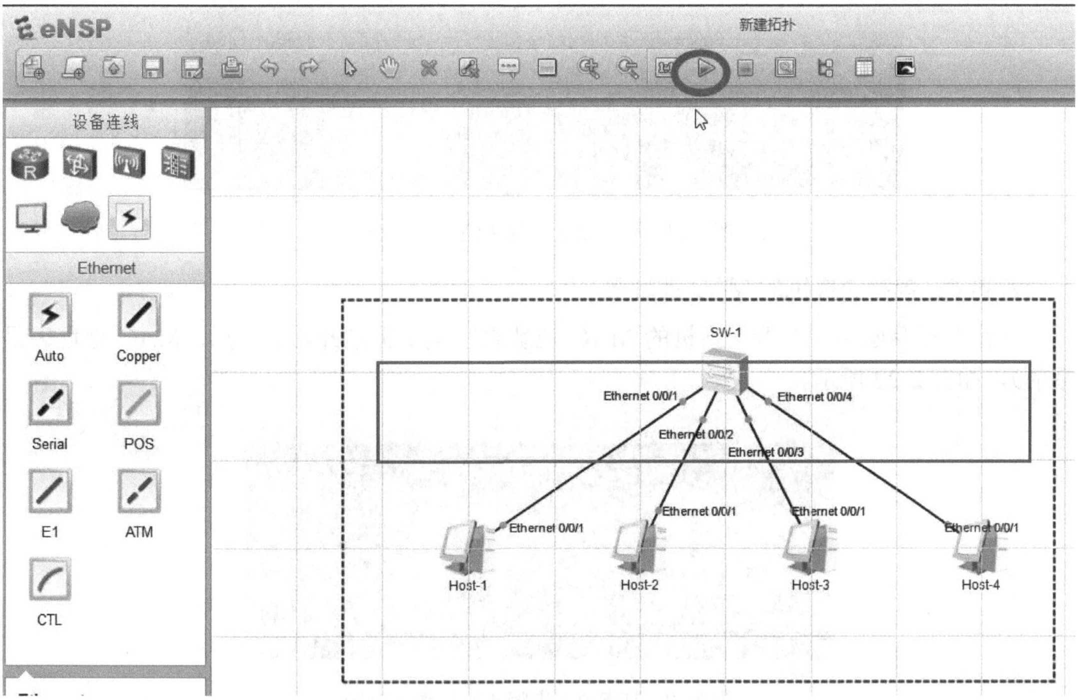

图 2-19　任务 2.2 步骤 2 的操作示意图（一）

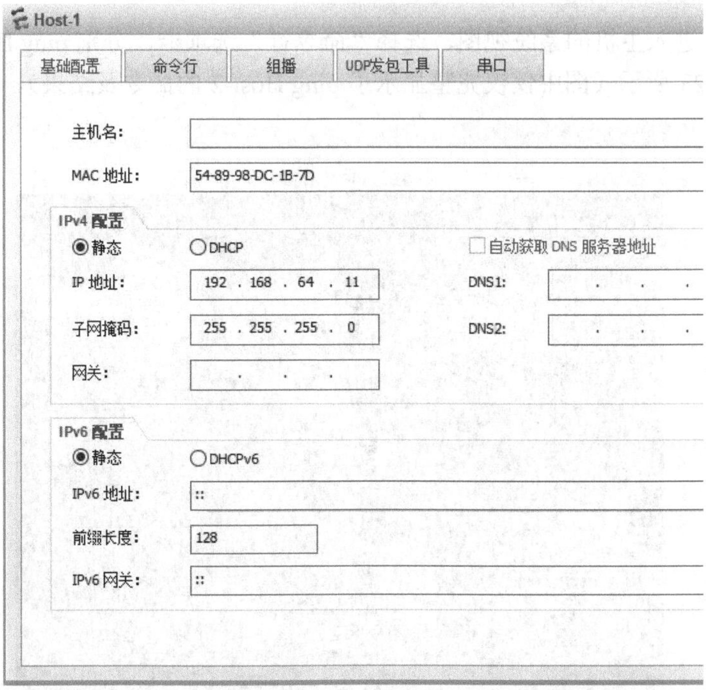

图 2-20　任务 2.2 步骤 2 的操作示意图（二）

步骤 3：更改交换机名称

双击交换机，进入命令行界面后更改交换机的名称，操作如图 2-21 所示。

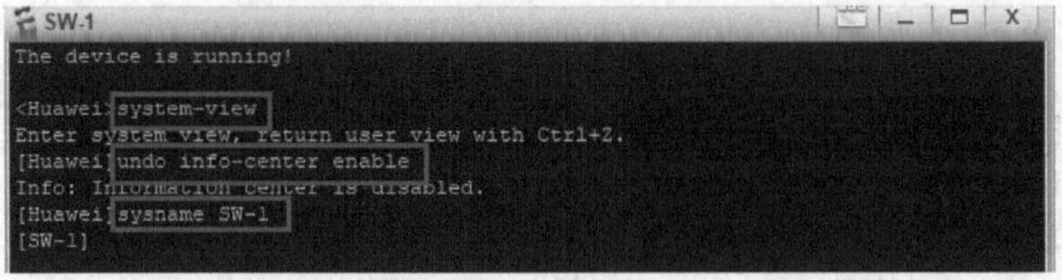

图 2-21　任务 2.2 步骤 3 的操作示意图

步骤 4：查看交换机的 MAC 地址表

在命令行界面中，查看交换机的 MAC 地址表（交换机刚开始启动后，MAC 地址表是空的），如图 2-22 所示。

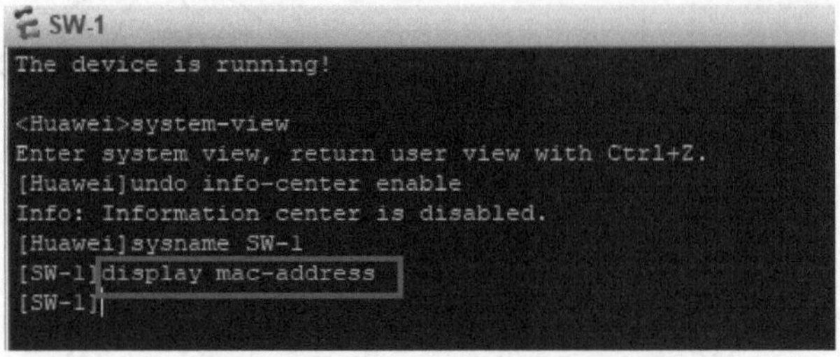

图 2-22　任务 2.2 步骤 4 的操作示意图

步骤 5：主机通信测试

双击主机，进入主机的系统视图，选择“命令行”选项卡，分别 ping Host-2、Host-3、Host-4，如图 2-23 所示（图中仅仅完整显示了 ping Host-2 的命令及结果）。

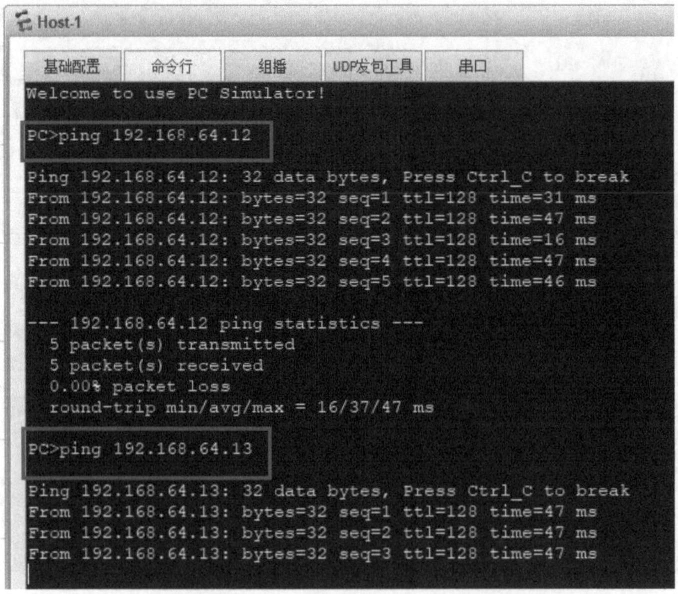

图 2-23　任务 2.2 步骤 5 的操作示意图

步骤 6：查看交换机的 MAC 地址表，验证 MAC 地址学习功能

双击交换机进入其命令行界面，执行 display mac-address 命令可查看交换机的 MAC 地址表，并验证 MAC 地址学习功能，如图 2-24 所示。

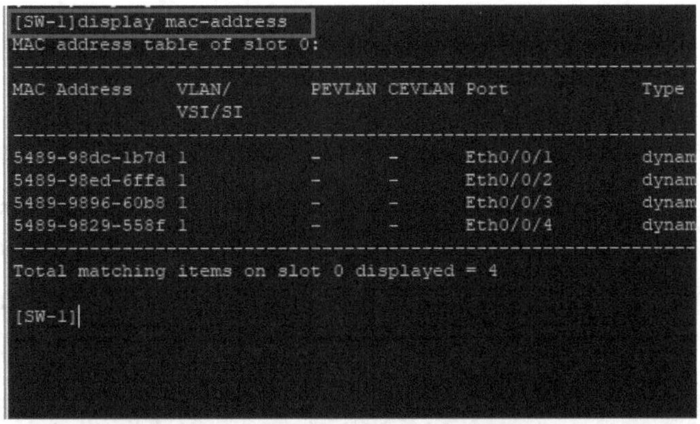

```
[SW-1]display mac-address
MAC address table of slot 0:
-------------------------------------------------------------------------------
MAC Address    VLAN/       PEVLAN CEVLAN Port            Type
               VSI/SI
-------------------------------------------------------------------------------
5489-98dc-1b7d 1           -      -      Eth0/0/1        dynam
5489-98ed-6ffa 1           -      -      Eth0/0/2        dynam
5489-9896-60b8 1           -      -      Eth0/0/3        dynam
5489-9829-558f 1           -      -      Eth0/0/4        dynam
-------------------------------------------------------------------------------
Total matching items on slot 0 displayed = 4

[SW-1]
```

图 2-24　任务 2.2 步骤 6 的操作示意图

步骤 7：保存拓扑

（1）执行 quit 命令退出配置视图，执行 save 命令保存配置，如图 2-25 所示。

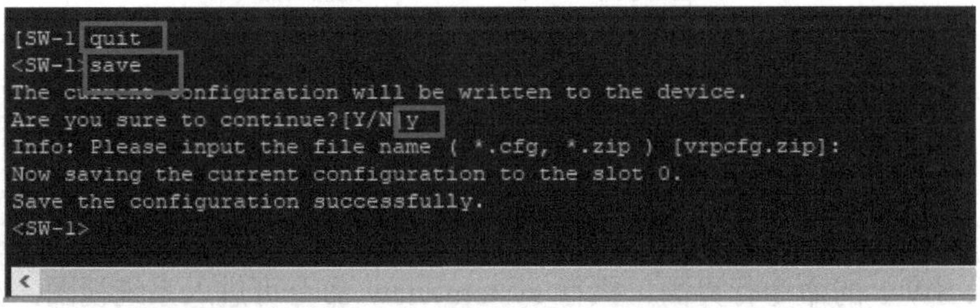

```
[SW-1]quit
<SW-1>save
The current configuration will be written to the device.
Are you sure to continue?[Y/N]y
Info: Please input the file name ( *.cfg, *.zip ) [vrpcfg.zip]:
Now saving the current configuration to the slot 0.
Save the configuration successfully.
<SW-1>
```

图 2-25　任务 2.2 步骤 7 的操作示意图（一）

（2）单击 eNSP 界面工具栏中的“■”（保存）按钮可保存拓扑，如图 2-26 所示。

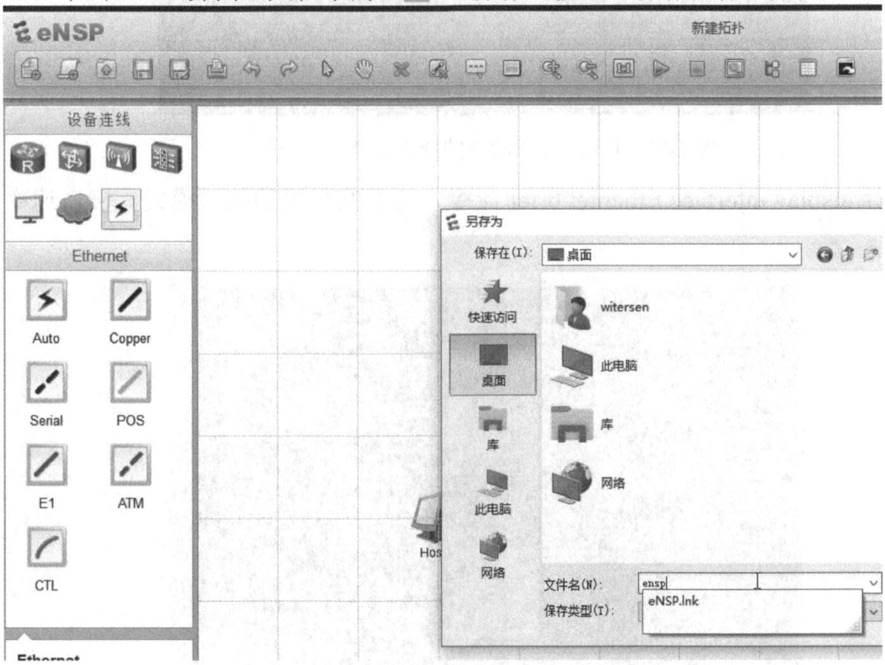

图 2-26　任务 2.2 步骤 7 的操作示意图（二）

2.3.3 任务 2.3：交换机的接口管理

（任务 2.3）

步骤 1：新建拓扑

双击桌面的 eNSP 图标，打开 eNSP。单击工具栏中的“ ”按钮，先添加 2 台主机，并命名为 Host-1 和 Host-2，再添加 2 台型号为 S3700 的交换机，并命名为 SW-1 和 SW-2。单击工具条中的“ ”按钮启动各个设备后，将 Host-1 接入 SW-1 的 Ethernet 0/0/1 接口，将 Host-2 接入 SW-2 的 Ethernet 0/0/1 接口，将 SW-1 的 GE 0/0/1 接入 SW-2 的 GE 0/0/1 接口，如图 2-27 所示。

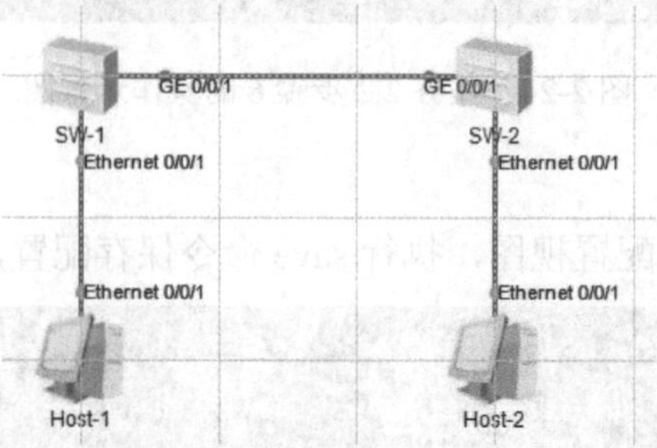

图 2-27 任务 2.3 步骤 1 的操作示意图

步骤 2：查看交换机 SW-1 的接口模式、接口速率

（1）进入 SW-1 的命令行界面，执行 system-view 命令可进入系统视图，在系统视图中关闭交换机的信息中心、修改交换机的名称，如图 2-28 所示。

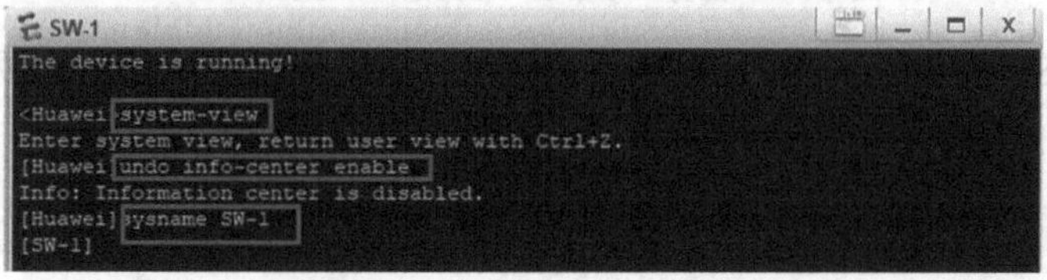

图 2-28 任务 2.3 步骤 2 的操作示意图（一）

（2）执行 display interface Ethernet brief 命令，查看交换机的接口模式、接口速率，如图 2-29 所示。

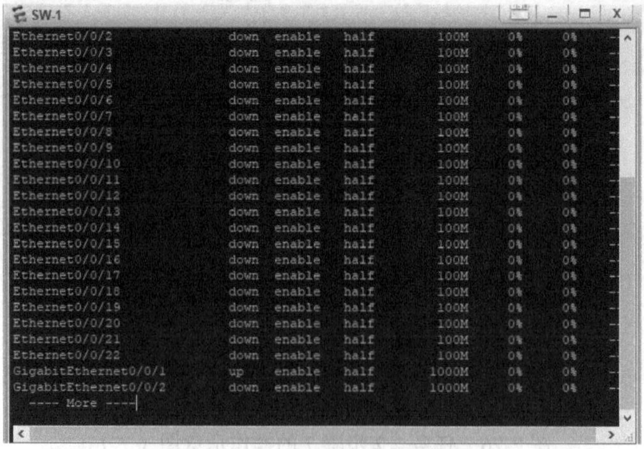

图 2-29 任务 2.3 步骤 2 的操作示意图（二）

步骤 3：配置交换机 SW-1 的 GigabitEthernet 0/0/1 接口（即 GE 0/0/1 接口）

（1）通过图 2-30 所示的命令，可以进入 GigabitEthernet 0/0/1 接口的配置视图。

```
[SW-1]interface GigabitEthernet 0/0/1
```

图 2-30　任务 2.3 步骤 3 的操作示意图（一）

（2）通过图 2-31 所示的命令，可以配置接口描述。

```
[SW-1]interface GigabitEthernet 0/0/1
[SW-1-GigabitEthernet0/0/1]description To SW-2
[SW-1-GigabitEthernet0/0/1]
```

图 2-31　任务 2.3 步骤 3 的操作示意图（二）

（3）通过图 2-32 所示的命令，可以将当前接口配置为非自协商模式和全双工模式。

```
[SW-1]interface GigabitEthernet 0/0/1
[SW-1-GigabitEthernet0/0/1]description To SW-2
[SW-1-GigabitEthernet0/0/1]undo negotiation auto
[SW-1-GigabitEthernet0/0/1]duplex full
```

图 2-32　任务 2.3 步骤 3 的操作示意图（三）

（4）通过图 2-33 所示的命令，可以将当前接口速率配置为 100 Mbps。

```
[SW-1-GigabitEthernet0/0/1]speed 100
```

图 2-33　任务 2.3 步骤 3 的操作示意图（四）

（5）通过图 2-34 所示的命令，可以查看当前接口的配置信息。

```
[SW-1-GigabitEthernet0/0/1]display this
#
interface GigabitEthernet0/0/1
 port media type copper
 description To_SW-2
#
return
```

图 2-34　任务 2.3 步骤 3 的操作示意图（五）

（6）通过图 2-35 所示的命令，可以退出接口视图。

```
[SW-1-GigabitEthernet0/0/1]quit
[SW-1]
```

图 2-35　任务 2.3 步骤 3 的操作示意图（六）

步骤 4：配置 Ethernet 0/0/1 接口

（1）通过图 2-36 所示的命令，可以进入接口视图。

```
[SW-1]interface Ethernet 0/0/1
[SW-1-Ethernet0/0/1]
```

图 2-36　任务 2.3 步骤 4 的操作示意图（一）

（2）通过图 2-37 所示的命令，可以配置接口描述。

```
[SW-1-Ethernet0/0/1]description To_Host-1
[SW-1-Ethernet0/0/1]
```

图 2-37 任务 2.3 步骤 4 的操作示意图（二）

（3）通过图 2-38 所示的命令，可以将当前接口配置为非自协商模式和全双工模式，并将当前接口速率配置为 100 Mbps。

```
[SW-1-Ethernet0/0/1]undo negotiation auto
[SW-1-Ethernet0/0/1]duplex full
[SW-1-Ethernet0/0/1]speed 100
[SW-1-Ethernet0/0/1]
```

图 2-38 任务 2.3 步骤 4 的操作示意图（三）

（4）通过图 2-39 所示的命令，可以查看接口配置信息，并退出接口视图。

```
[SW-1-Ethernet0/0/1]flow-control
[SW-1-Ethernet0/0/1]display this
#
interface Ethernet0/0/1
 undo negotiation auto
 flow-control
 description To_Host-1
#
return
[SW-1-Ethernet0/0/1]quit
[SW-1]
```

图 2-39 任务 2.3 步骤 4 的操作示意图（四）

2.3.4 任务 2.4：交换机的高级管理

（任务 2.4）

步骤 1：新建拓扑

双击桌面的 eNSP 图标，打开 eNSP。单击工具栏中的“ ”按钮，先添加 4 台主机，并命名为 Host-1、Host-2、Host-3、Host-4，再添加 2 台型号为 S3700 的交换机，并命名为 SW-1 和 SW-2。单击工具条中的“ ”按钮启动各个设备后，将 Host-1 接入 SW-1 的 Ethernet 0/0/1 接口，将 Host-2 接入 SW-1 的 Ethernet 0/0/2 接口，将 Host-3 接入 SW-2 的 Ethernet 0/0/1 接口，将 Host-4 接入 SW-2 的 Ethernet 0/0/2 接口，连接 SW-1 的 GE 0/0/1 接口和 SW-2 的 GE 0/0/1 接口，如图 2-40 所示。单击 Copper 连线图标，用 Copper 连线按要求将各设备连接在一起。

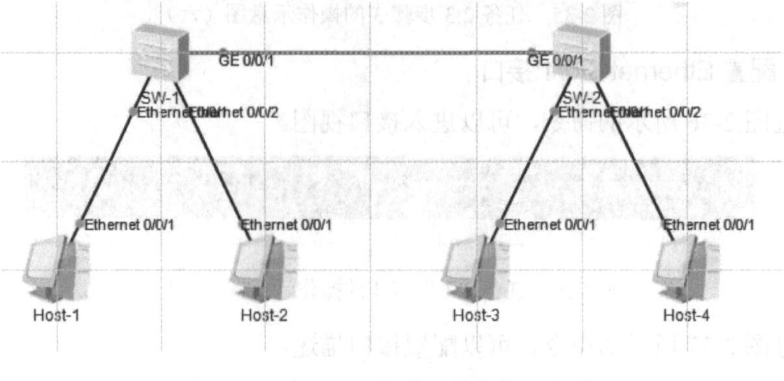

图 2-40 任务 2.4 步骤 1 的操作示意图

步骤 2：主机与交换机之间接口的绑定

（1）配置各个主机的 IP 地址、子网掩码及网关，如图 2-41 所示（该图给出的是 Host-1 的配置，其他主机的配置与此类似）。

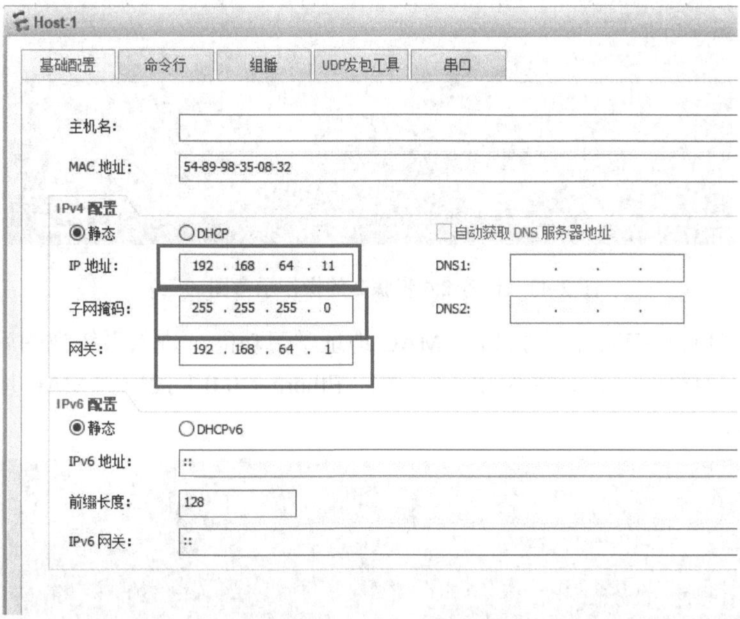

图 2-41　任务 2.4 步骤 2 的操作示意图（一）

（2）启动所有的交换机和主机，测试当前（即 MAC 地址与主机绑定之前）的通信情况，此时 Host-1 与 Host-3、Host-4 的通信正常，Host-2 与 Host-3、Host-4 的通信正常，如图 2-42 所示。

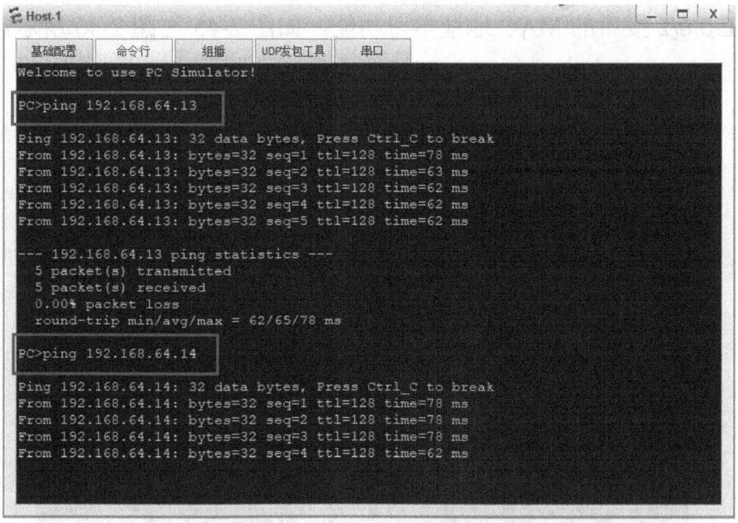

Host-1
基础配置
命令行
组播
UDP发包工具
串口
Welcome to use PC Simulator!
PC>ping 192.168.64.13
Ping 192.168.64.13: 32 data bytes, Press Ctrl_C to break
From 192.168.64.13: bytes=32 seq=1 ttl=128 time=78 ms
From 192.168.64.13: bytes=32 seq=2 ttl=128 time=63 ms
From 192.168.64.13: bytes=32 seq=3 ttl=128 time=62 ms
From 192.168.64.13: bytes=32 seq=4 ttl=128 time=62 ms
From 192.168.64.13: bytes=32 seq=5 ttl=128 time=62 ms
--- 192.168.64.13 ping statistics ---
5 packet(s) transmitted
5 packet(s) received
0.00% packet loss
round-trip min/avg/max = 62/65/78 ms
PC>ping 192.168.64.14
Ping 192.168.64.14: 32 data bytes, Press Ctrl_C to break
From 192.168.64.14: bytes=32 seq=1 ttl=128 time=78 ms
From 192.168.64.14: bytes=32 seq=2 ttl=128 time=78 ms
From 192.168.64.14: bytes=32 seq=3 ttl=128 time=78 ms
From 192.168.64.14: bytes=32 seq=4 ttl=128 time=62 ms

图 2-42　任务 2.4 步骤 2 的操作示意图（二）

（3）查看交换机 SW-1 的 MAC 地址表，如图 2-43 所示。

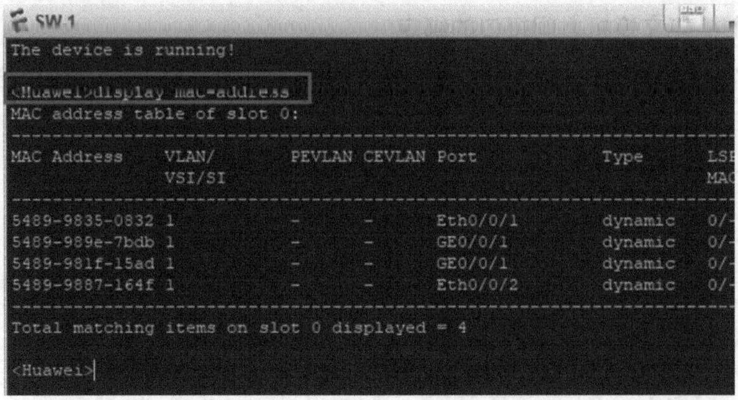

```
SW-1
The device is running!

<Huawei>display mac-address
MAC address table of slot 0:
-------------------------------------------------------------------------------
MAC Address    VLAN/       PEVLAN CEVLAN Port            Type      LSP
               VSI/SI                                              MAC
-------------------------------------------------------------------------------
5489-9835-0832 1           -      -      Eth0/0/1        dynamic   0/-
5489-989e-7bdb 1           -      -      GE0/0/1         dynamic   0/-
5489-981f-15ad 1           -      -      GE0/0/1         dynamic   0/-
5489-9887-164f 1           -      -      Eth0/0/2        dynamic   0/-
-------------------------------------------------------------------------------
Total matching items on slot 0 displayed = 4

<Huawei>
```

图 2-43　任务 2.4 步骤 2 的操作示意图（三）

（4）关闭交换机 SW-1 指定接口的 MAC 地址学习功能，进入系统视图后关闭交换机的信息中心，将交换机的名称设置为 SW-1，关闭 Ethernet 0/0/1 接口的 MAC 地址学习功能，如图 2-44 所示。

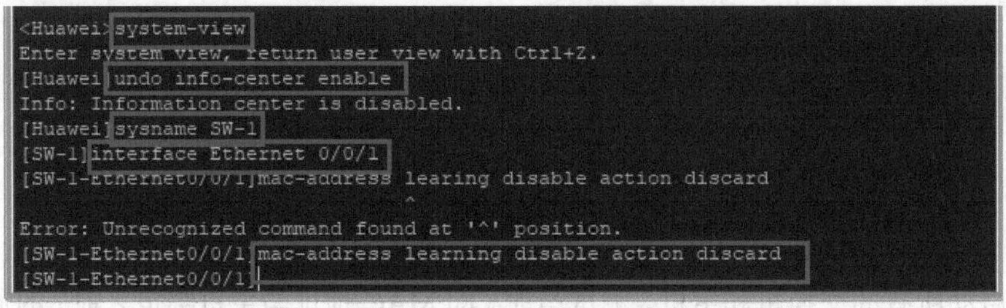

```
<Huawei>system-view
Enter system view, return user view with Ctrl+Z.
[Huawei]undo info-center enable
Info: Information center is disabled.
[Huawei]sysname SW-1
[SW-1]interface Ethernet 0/0/1
[SW-1-Ethernet0/0/1]mac-address learing disable action discard
                                ^
Error: Unrecognized command found at '^' position.
[SW-1-Ethernet0/0/1]mac-address learning disable action discard
[SW-1-Ethernet0/0/1]
```

图 2-44　任务 2.4 步骤 2 的操作示意图（四）

（5）关闭 Ethernet 0/0/2 接口到 Ethernet 0/0/22 接口的 MAC 地址学习功能，不要关闭 GE 0/0/1 接口和 GE 0/0/2 接口的 MAC 地址学习功能，如图 2-45 与图 2-46 所示。

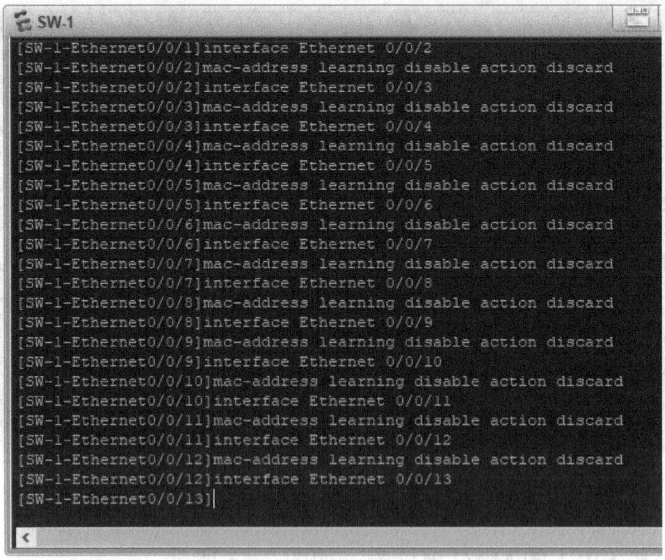

```
SW-1
[SW-1-Ethernet0/0/1]interface Ethernet 0/0/2
[SW-1-Ethernet0/0/2]mac-address learning disable action discard
[SW-1-Ethernet0/0/2]interface Ethernet 0/0/3
[SW-1-Ethernet0/0/3]mac-address learning disable action discard
[SW-1-Ethernet0/0/3]interface Ethernet 0/0/4
[SW-1-Ethernet0/0/4]mac-address learning disable action discard
[SW-1-Ethernet0/0/4]interface Ethernet 0/0/5
[SW-1-Ethernet0/0/5]mac-address learning disable action discard
[SW-1-Ethernet0/0/5]interface Ethernet 0/0/6
[SW-1-Ethernet0/0/6]mac-address learning disable action discard
[SW-1-Ethernet0/0/6]interface Ethernet 0/0/7
[SW-1-Ethernet0/0/7]mac-address learning disable action discard
[SW-1-Ethernet0/0/7]interface Ethernet 0/0/8
[SW-1-Ethernet0/0/8]mac-address learning disable action discard
[SW-1-Ethernet0/0/8]interface Ethernet 0/0/9
[SW-1-Ethernet0/0/9]mac-address learning disable action discard
[SW-1-Ethernet0/0/9]interface Ethernet 0/0/10
[SW-1-Ethernet0/0/10]mac-address learning disable action discard
[SW-1-Ethernet0/0/10]interface Ethernet 0/0/11
[SW-1-Ethernet0/0/11]mac-address learning disable action discard
[SW-1-Ethernet0/0/11]interface Ethernet 0/0/12
[SW-1-Ethernet0/0/12]mac-address learning disable action discard
[SW-1-Ethernet0/0/12]interface Ethernet 0/0/13
[SW-1-Ethernet0/0/13]
```

图 2-45　任务 2.4 步骤 2 的操作示意图（五）

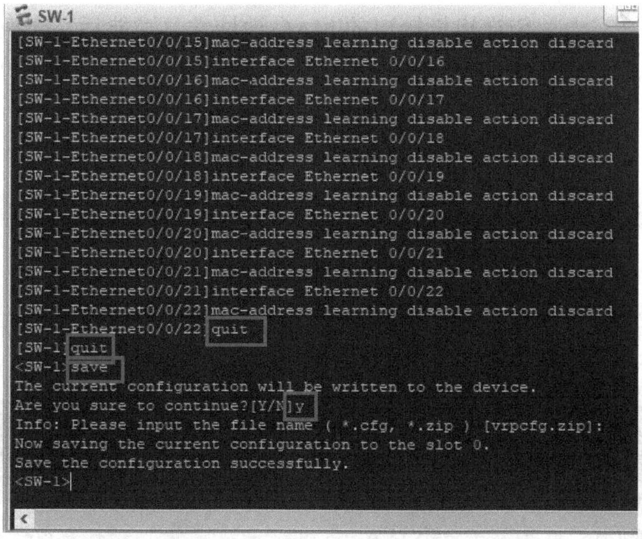

SW-1
[SW-1-Ethernet0/0/15]mac-address learning disable action discard
[SW-1-Ethernet0/0/15]interface Ethernet 0/0/16
[SW-1-Ethernet0/0/16]mac-address learning disable action discard
[SW-1-Ethernet0/0/16]interface Ethernet 0/0/17
[SW-1-Ethernet0/0/17]mac-address learning disable action discard
[SW-1-Ethernet0/0/17]interface Ethernet 0/0/18
[SW-1-Ethernet0/0/18]mac-address learning disable action discard
[SW-1-Ethernet0/0/18]interface Ethernet 0/0/19
[SW-1-Ethernet0/0/19]mac-address learning disable action discard
[SW-1-Ethernet0/0/19]interface Ethernet 0/0/20
[SW-1-Ethernet0/0/20]mac-address learning disable action discard
[SW-1-Ethernet0/0/20]interface Ethernet 0/0/21
[SW-1-Ethernet0/0/21]mac-address learning disable action discard
[SW-1-Ethernet0/0/21]interface Ethernet 0/0/22
[SW-1-Ethernet0/0/22]mac-address learning disable action discard
[SW-1-Ethernet0/0/22]quit
[SW-1]quit
<SW-1>save
The current configuration will be written to the device.
Are you sure to continue?[Y/N]y
Info: Please input the file name (*.cfg, *.zip) [vrpcfg.zip]:
Now saving the current configuration to the slot 0.
Save the configuration successfully.
<SW-1>

图 2-46　任务 2.4 步骤 2 的操作示意图（六）

（6）重启交换机 SW-1，清除该交换机 MAC 地址表中的动态表项内容，如图 2-47 所示。

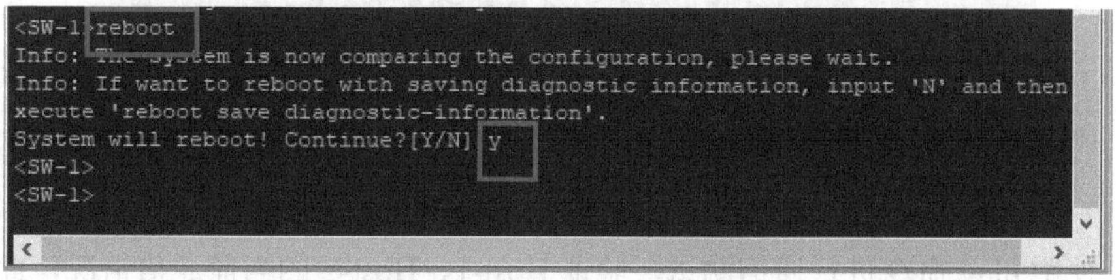

<SW-1>reboot
Info: The system is now comparing the configuration, please wait.
Info: If want to reboot with saving diagnostic information, input 'N' and then
xecute 'reboot save diagnostic-information'.
System will reboot! Continue?[Y/N] y
<SW-1>
<SW-1>

图 2-47　任务 2.4 步骤 2 的操作示意图（七）

（7）使用 ping 命令进行通信测试，验证 Host-1、Host-2 的当前通信情况。Host-1、Host-2 均不能与 Host-3、Host-4 通信，如图 2-48 所示。

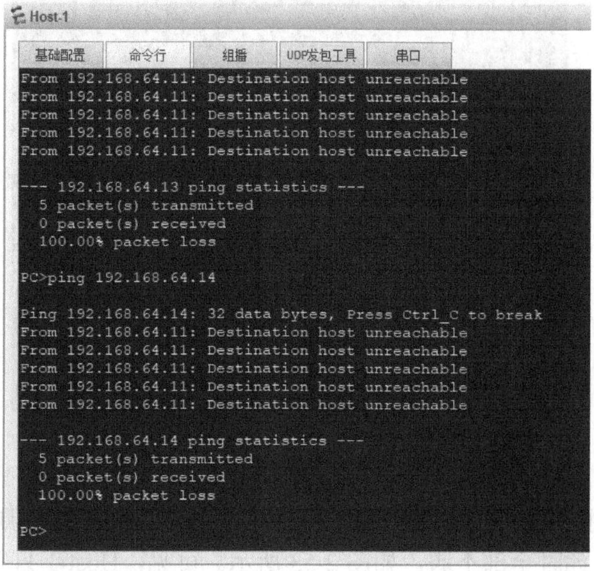

图 2-48　任务 2.4 步骤 2 的操作示意图（八）

由上述操作可知，当关闭交换机接口的 MAC 地址学习功能后，交换机无法学习到接入主机的 MAC 地址，此时对源 MAC 地址不在 MAC 地址表的数据帧采用丢弃操作，从而拒绝设备的接入。

（8）将 Host-1 的 MAC 地址与 Ethernet 0/0/1 接口绑定，如图 2-49 所示。

[SW-1]mac-address static 5489-9835-0832 Ethernet 0/0/1 vlan 1

图 2-49　任务 2.4 步骤 2 的操作示意图（九）

（9）显示当前的 MAC 地址表，可以看到静态 MAC 地址表，退出并保存配置，如图 2-50 所示。

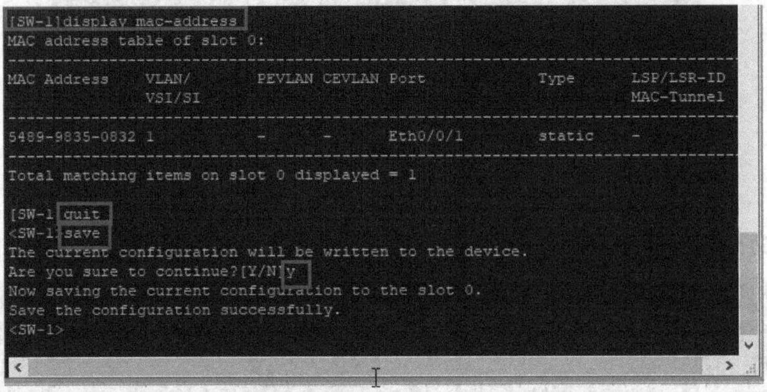
[SW-1]display mac-address
MAC address table of slot 0:
MAC Address VLAN/ VSI/SI PEVLAN CEVLAN Port Type LSP/LSR-ID MAC-Tunnel
5489-9835-0832 1 - - Eth0/0/1 static -
Total matching items on slot 0 displayed = 1
[SW-1]quit
<SW-1>save
The current configuration will be written to the device.
Are you sure to continue?[Y/N]y
Now saving the current configuration to the slot 0.
Save the configuration successfully.
<SW-1>

图 2-50　任务 2.4 步骤 2 的操作示意图（十）

（10）使用 ping 命令进行通信测试，验证 Host-1、Host-2 的当前通信情况，此时 Host-1 可以与 Host-3、Host-4 通信，而 Host-2 不可以，如图 2-51 与图 2-52 所示。

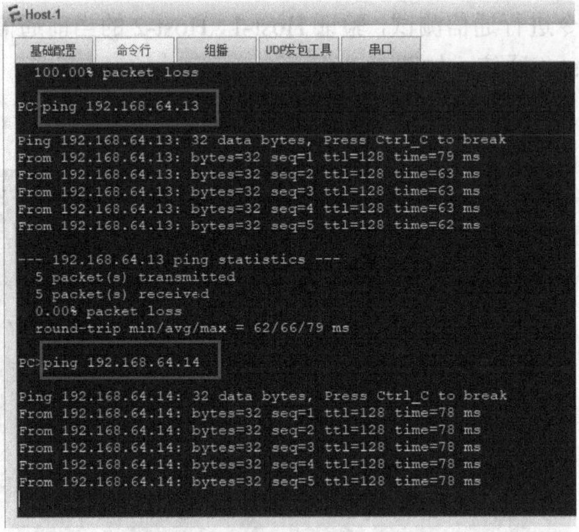
Host-1
基础配置
命令行
组播
UDP发包工具
串口
100.00% packet loss
PC>ping 192.168.64.13
Ping 192.168.64.13: 32 data bytes, Press Ctrl_C to break
From 192.168.64.13: bytes=32 seq=1 ttl=128 time=79 ms
From 192.168.64.13: bytes=32 seq=2 ttl=128 time=63 ms
From 192.168.64.13: bytes=32 seq=3 ttl=128 time=63 ms
From 192.168.64.13: bytes=32 seq=4 ttl=128 time=63 ms
From 192.168.64.13: bytes=32 seq=5 ttl=128 time=62 ms
--- 192.168.64.13 ping statistics ---
5 packet(s) transmitted
5 packet(s) received
0.00% packet loss
round-trip min/avg/max = 62/66/79 ms
PC>ping 192.168.64.14
Ping 192.168.64.14: 32 data bytes, Press Ctrl_C to break
From 192.168.64.14: bytes=32 seq=1 ttl=128 time=78 ms
From 192.168.64.14: bytes=32 seq=2 ttl=128 time=78 ms
From 192.168.64.14: bytes=32 seq=3 ttl=128 time=78 ms
From 192.168.64.14: bytes=32 seq=4 ttl=128 time=78 ms
From 192.168.64.14: bytes=32 seq=5 ttl=128 time=78 ms

图 2-51　任务 2.4 步骤 2 的操作示意图（十一）

（11）将 Host-1 接入 SW-1 的 GE 0/0/8 接口，再次使用 ping 命令测试 Host-1 与 Host-3、Host-4 的通信情况，此时全部不通，如图 2-53 所示。可见，Host-1 只能在 Ethernet 0/0/1 接口进行通信。

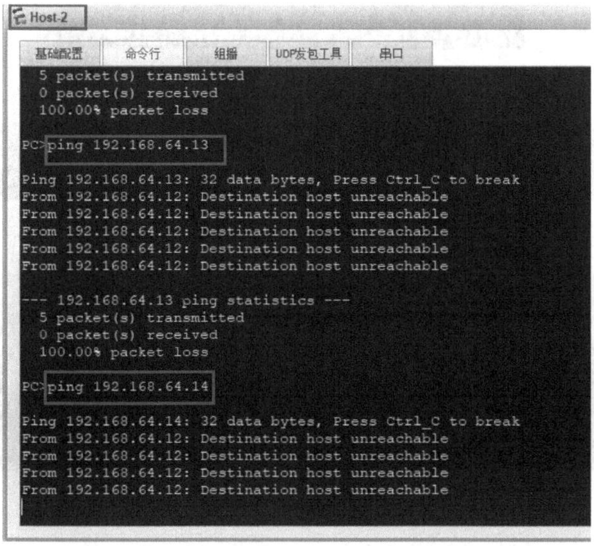

图 2-52　任务 2.4 步骤 2 的操作示意图（十二）

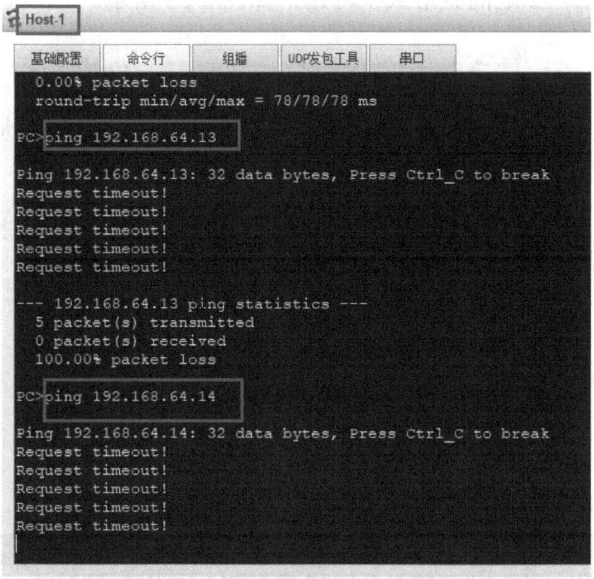

图 2-53　任务 2.4 步骤 2 的操作示意图（十三）

步骤 3：在交换机上配置生成树协议

（1）在交换机 SW-1 的用户视图下，执行 reset saved-configuration 命令，重置 SW-1 的配置文件，重启 SW-1 后恢复到初始设置，以便进行后续的配置，如图 2-54 到图 2-57 所示。

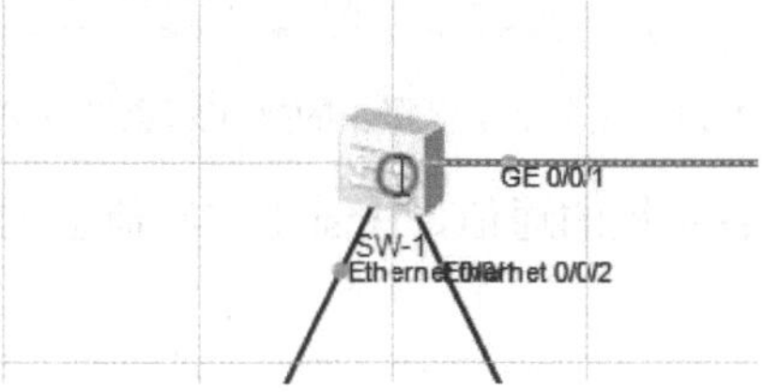

图 2-54　任务 2.4 步骤 3 的操作示意图（一）

```
<SW 1>reset saved configuration
```

图 2-55　任务 2.4 步骤 3 的操作示意图（二）

```
Warning: The action will delete the saved configuration in the device.
The configuration will be erased to reconfigure. Continue? [Y/N]:y
Warning: Now clearing the configuration in the device.
Info: Succeeded in clearing the configuration in the device.
```

图 2-56　任务 2.4 步骤 3 的操作示意图（三）

```
<SW-1>reboot
Info: The system is now comparing the configuration, please wait.
Warning: All the configuration will be saved to the configuration file for the
ext startup:, Continue?[Y/N]:n
Info: If want to reboot with saving diagnostic information, input 'N' and then
xecute 'reboot save diagnostic-information'.
System will reboot! Continue?[Y/N]:y
<SW-1>
```

图 2-57　任务 2.4 步骤 3 的操作示意图（四）

（2）在 SW-1 的 GE 0/0/2 接口和 SW-2 的 GE 0/0/2 接口之间增加一条链路后启动交换机，此时交换机 SW-1 和 SW-2 之间就形成了环路，如图 2-58 所示。

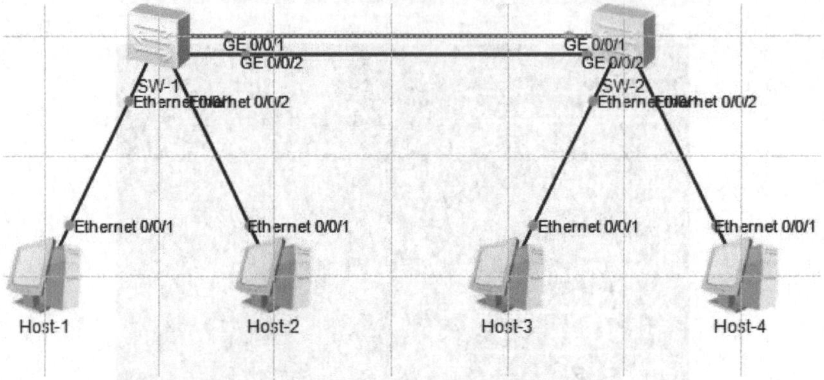

图 2-58　任务 2.4 步骤 3 的操作示意图（五）

（3）关闭 SW-1 的生成树协议，如图 2-59 所示。

```
<SW-1>
<Huawei>system-view
Enter system view, return user view with Ctrl+Z.
[Huawei]undo info-center enable
Info: Information center is disabled.
[Huawei]sysname SW-1
[SW-1]stp disable
Warning: The global STP state will be changed. Continue? [Y/N]y
Info: This operation may take a few seconds. Please wait for a moment...done.
[SW-1]
```

图 2-59　任务 2.4 步骤 3 的操作示意图（六）

（4）使用 ping 命令测试各主机的通信，Host-1 与其他主机不能通信，如图 2-60 所示。

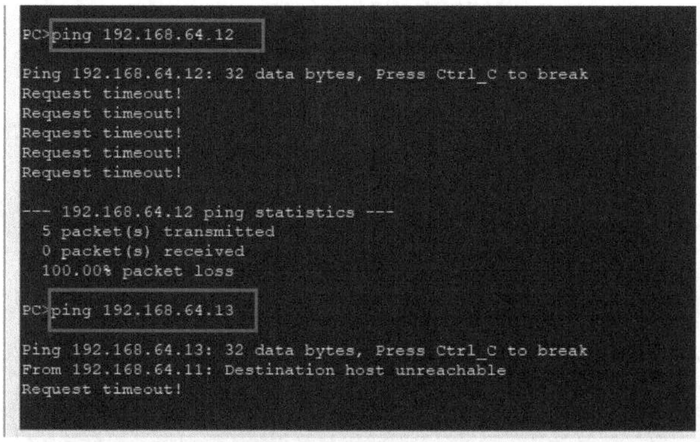

PC>ping 192.168.64.12
Ping 192.168.64.12: 32 data bytes, Press Ctrl_C to break
Request timeout!
Request timeout!
Request timeout!
Request timeout!
Request timeout!
--- 192.168.64.12 ping statistics ---
5 packet(s) transmitted
0 packet(s) received
100.00% packet loss
PC>ping 192.168.64.13
Ping 192.168.64.13: 32 data bytes, Press Ctrl_C to break
From 192.168.64.11: Destination host unreachable
Request timeout!

图 2-60　任务 2.4 步骤 3 的操作示意图（七）

（5）查看 SW-1 的 GE 0/0/1 接口信息，可以看到，在交换机 SW-1 的 GE 0/0/1 接口上出现了大量的数据流，同时在执行命令时有明显的卡顿现象，如图 2-61 所示。

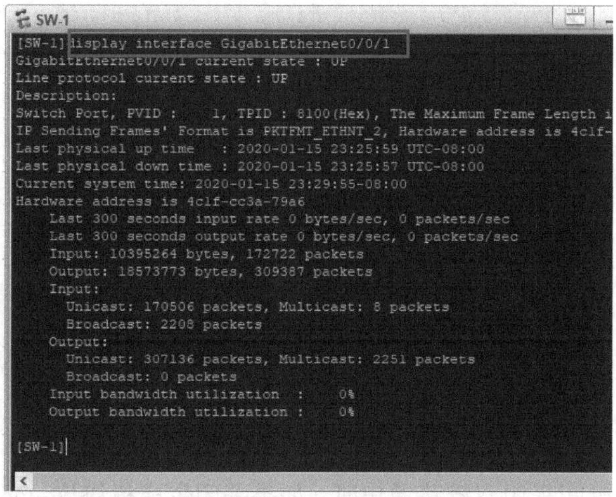

图 2-61　任务 2.4 步骤 3 的操作示意图（八）

（6）在 SW-1 的 GE 0/0/1 接口上抓包，可以看到 SW-1 和 SW-2 之间存在大量的广播报文，如图 2-62 到图 2-64 所示。

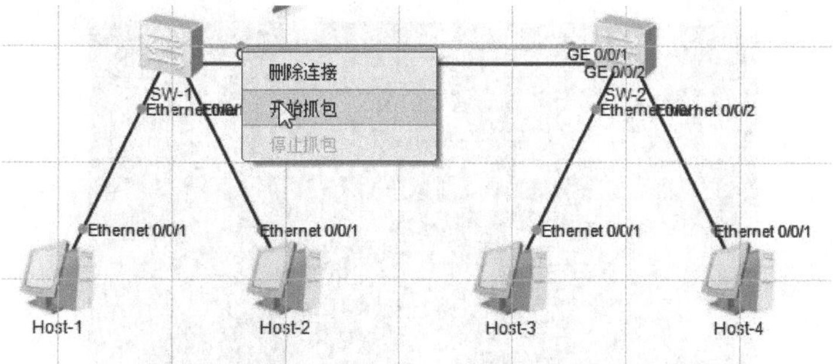

图 2-62　任务 2.4 步骤 3 的操作示意图（九）

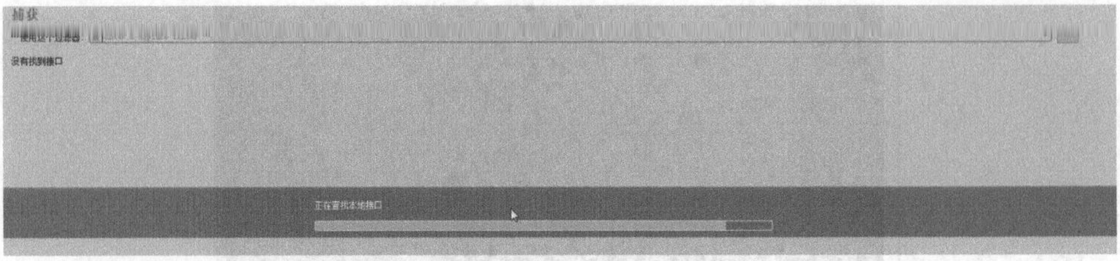

图 2-63　任务 2.4 步骤 3 的操作示意图（十）

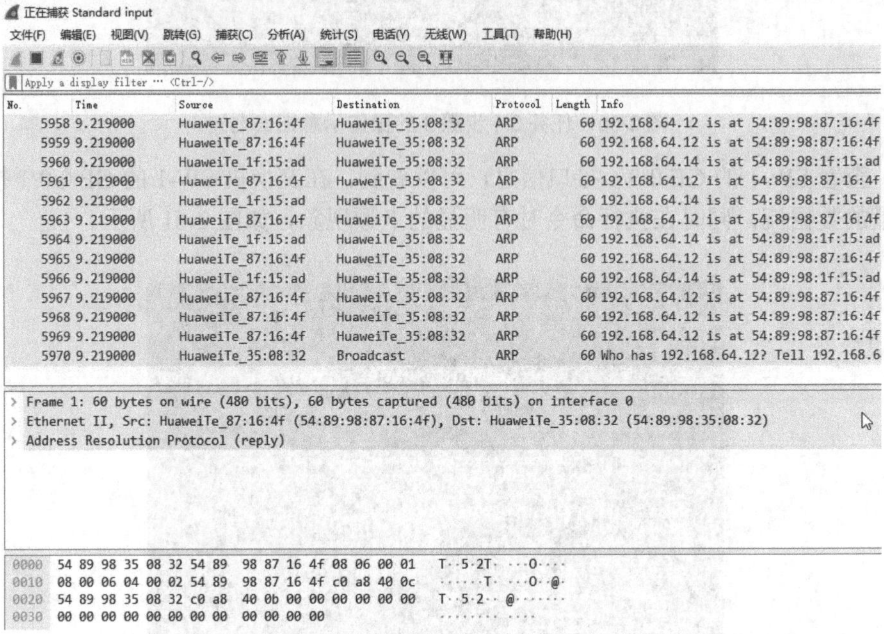
正在捕获 Standard input
文件(F) 编辑(E) 视图(V) 跳转(G) 捕获(C) 分析(A) 统计(S) 电话(Y) 无线(W) 工具(T) 帮助(H)
Apply a display filter … <Ctrl-/>
No. Time Source Destination Protocol Length Info
5958 9.219000 HuaweiTe_87:16:4f HuaweiTe_35:08:32 ARP 60 192.168.64.12 is at 54:89:98:87:16:4f
5959 9.219000 HuaweiTe_87:16:4f HuaweiTe_35:08:32 ARP 60 192.168.64.12 is at 54:89:98:87:16:4f
5960 9.219000 HuaweiTe_1f:15:ad HuaweiTe_35:08:32 ARP 60 192.168.64.14 is at 54:89:98:1f:15:ad
5961 9.219000 HuaweiTe_87:16:4f HuaweiTe_35:08:32 ARP 60 192.168.64.12 is at 54:89:98:87:16:4f
5962 9.219000 HuaweiTe_1f:15:ad HuaweiTe_35:08:32 ARP 60 192.168.64.14 is at 54:89:98:1f:15:ad
5963 9.219000 HuaweiTe_87:16:4f HuaweiTe_35:08:32 ARP 60 192.168.64.12 is at 54:89:98:87:16:4f
5964 9.219000 HuaweiTe_1f:15:ad HuaweiTe_35:08:32 ARP 60 192.168.64.14 is at 54:89:98:1f:15:ad
5965 9.219000 HuaweiTe_87:16:4f HuaweiTe_35:08:32 ARP 60 192.168.64.12 is at 54:89:98:87:16:4f
5966 9.219000 HuaweiTe_1f:15:ad HuaweiTe_35:08:32 ARP 60 192.168.64.14 is at 54:89:98:1f:15:ad
5967 9.219000 HuaweiTe_87:16:4f HuaweiTe_35:08:32 ARP 60 192.168.64.12 is at 54:89:98:87:16:4f
5968 9.219000 HuaweiTe_87:16:4f HuaweiTe_35:08:32 ARP 60 192.168.64.12 is at 54:89:98:87:16:4f
5969 9.219000 HuaweiTe_87:16:4f HuaweiTe_35:08:32 ARP 60 192.168.64.12 is at 54:89:98:87:16:4f
5970 9.219000 HuaweiTe_35:08:32 Broadcast ARP 60 Who has 192.168.64.12? Tell 192.168.6
Frame 1: 60 bytes on wire (480 bits), 60 bytes captured (480 bits) on interface 0
Ethernet II, Src: HuaweiTe_87:16:4f (54:89:98:87:16:4f), Dst: HuaweiTe_35:08:32 (54:89:98:35:08:32)
Address Resolution Protocol (reply)
0000 54 89 98 35 08 32 54 89 98 87 16 4f 08 06 00 01
0010 08 00 06 04 00 02 54 89 98 87 16 4f c0 a8 40 0c
0020 54 89 98 35 08 32 c0 a8 40 0b 00 00 00 00 00 00
0030 00 00 00 00 00 00 00 00 00 00 00 00

图 2-64　任务 2.4 步骤 3 的操作示意图（十一）

由此可见，交换机间采用双链路通信时，如果关闭生成树协议，交换机之间就会出现广播包环路，严重消耗网络资源，最终导致整个网络资源被耗尽，从而使网络瘫痪。

（7）重新开启交换机 SW-1 和 SW-2 的生成树协议，可以看到两个交换机之间的通信恢复正常，如图 2-65 到图 2-67 所示。

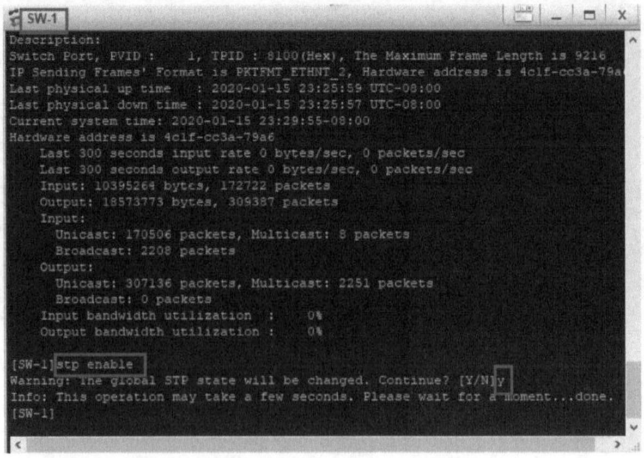
SW-1
Description:
Switch Port, PVID : 1, TPID : 8100(Hex), The Maximum Frame Length is 9216
IP Sending Frames' Format is PKTFMT_ETHNT_2, Hardware address is 4c1f-cc3a-79a
Last physical up time : 2020-01-15 23:25:59 UTC-08:00
Last physical down time : 2020-01-15 23:25:57 UTC-08:00
Current system time: 2020-01-15 23:29:55-08:00
Hardware address is 4c1f-cc3a-79a6
Last 300 seconds input rate 0 bytes/sec, 0 packets/sec
Last 300 seconds output rate 0 bytes/sec, 0 packets/sec
Input: 10395264 bytes, 172722 packets
Output: 18573773 bytes, 309387 packets
Input:
Unicast: 170506 packets, Multicast: 8 packets
Broadcast: 2208 packets
Output:
Unicast: 307136 packets, Multicast: 2251 packets
Broadcast: 0 packets
Input bandwidth utilization : 0%
Output bandwidth utilization : 0%
[SW-1]stp enable
Warning: The global STP state will be changed. Continue? [Y/N]y
Info: This operation may take a few seconds. Please wait for a moment...done.
[SW-1]

图 2-65　任务 2.4 步骤 3 的操作示意图（十二）

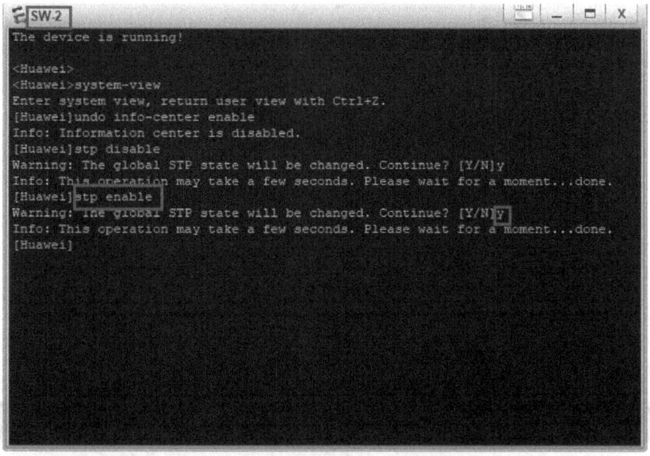

图 2-66　任务 2.4 步骤 3 的操作示意图（十三）

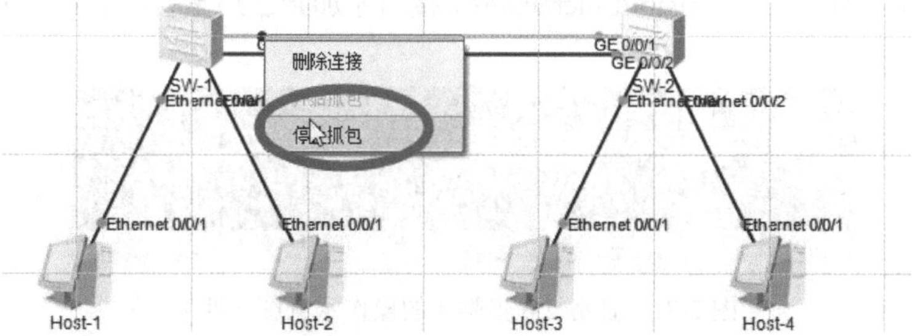

图 2-67　任务 2.4 步骤 3 的操作示意图（十四）

步骤 4：在交换机之间实现链路聚合

（1）双击桌面的 eNSP 图标，打开 eNSP。单击工具栏中的“”按钮新建网络拓扑，先添加 4 台主机，并命名为 Host-1、Host-2、Host-3、Host-4；再添加 2 台型号为 S3700 的交换机，并命名为 SW-1 和 SW-2。单击工具条中的“”按钮启动各个设备后，将 Host-1 接入 SW-1 的 Ethernet 0/0/1 接口，将 Host-2 接入 SW-1 的 Ethernet 0/0/2 接口，将 Host-3 接入 SW-2 的 Ethernet 0/0/1 接口，将 Host-4 接入 SW-2 的 Ethernet 0/0/2 接口，连接 SW-1 的 GE 0/0/1 接口和 SW-2 的 GE 0/0/1 接口，如图 2-68 所示。单击 Copper 连线图标，用 Copper 连线将各设备按接口连接要求连接在一起。

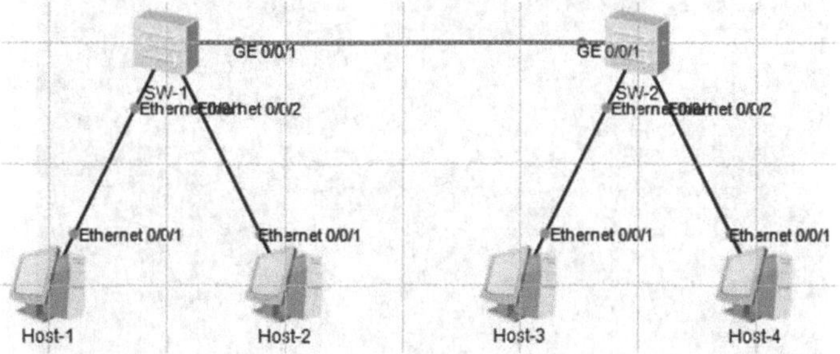

图 2-68　任务 2.4 步骤 4 的操作示意图（一）

（2）两台交换机通过两条链路连接后，关闭交换机上的生成树协议，通过链路聚合可以实现交换机之间正常通信并提高链路的可靠性，如图 2-69 所示。

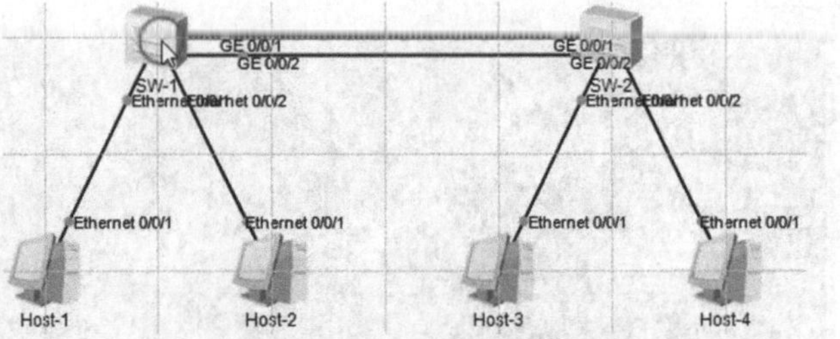

图 2-69　任务 2.4 步骤 4 的操作示意图（二）

（3）对交换机 SW-1 的 GE 0/0/1 接口和 GE 0/0/2 接口进行链路聚合，创建链路聚合组 Eth-Trunk 1，如图 2-70 所示。

```
[SW-1]interface Eth-Trunk 1
[SW-1-Eth-Trunk1]quit
```

图 2-70　任务 2.4 步骤 4 的操作示意图（三）

（4）进入接口视图，将 GigabitEthernet0/0/1 接口添加到链路聚合组 Eth-Trunk 1，如图 2-71 所示。

```
[SW-1]interface Eth-Trunk 1
[SW-1-Eth-Trunk1]quit
[SW-1]interface GigabitEthernet0/0/1
[SW-1-GigabitEthernet0/0/1]Eth-Trunk 1
Info: This operation may take a few seconds. Please wait for a moment...done.
[SW-1-GigabitEthernet0/0/1]
```

图 2-71　任务 2.4 步骤 4 的操作示意图（四）

（5）进入接口视图，将 GigabitEthernet0/0/2 接口添加到链路聚合组 Eth-Trunk 1，如图 2-72 所示。

```
[SW-1]interface Eth-Trunk 1
[SW-1-Eth-Trunk1]quit
[SW-1]interface GigabitEthernet0/0/1
[SW-1-GigabitEthernet0/0/1]Eth-Trunk 1
Info: This operation may take a few seconds. Please wait for a moment...done.
[SW-1-GigabitEthernet0/0/1]quit
[SW-1]interface GigabitEthernet0/0/2
[SW-1-GigabitEthernet0/0/2]Eth-Trunk 1
Info: This operation may take a few seconds. Please wait for a moment...done.
[SW-1-GigabitEthernet0/0/2]
```

图 2-72　任务 2.4 步骤 4 的操作示意图（五）

（6）保存配置并退出，完整配置指令如图 2-73 所示。

```
[SW-1]stp enable
Warning: The global STP state will be changed. Continue? [Y/N]y
Info: This operation may take a few seconds. Please wait for a moment...done.
[SW-1]interface Eth-Trunk 1
[SW-1-Eth-Trunk1]quit
[SW-1]interface GigabitEthernet0/0/1
[SW-1-GigabitEthernet0/0/1]Eth-Trunk 1
Info: This operation may take a few seconds. Please wait for a moment...done.
[SW-1-GigabitEthernet0/0/1]quit
[SW-1]interface GigabitEthernet0/0/2
[SW-1-GigabitEthernet0/0/2]Eth-Trunk 1
Info: This operation may take a few seconds. Please wait for a moment...done.
[SW-1-GigabitEthernet0/0/2]quit
[SW-1]quit
<SW-1>save
The current configuration will be written to the device.
Are you sure to continue?[Y/N]y
Info: Please input the file name ( *.cfg, *.zip ) [vrpcfg.zip]:
flash:/vrpcfg.zip exists, overwrite?[Y/N] y
Now saving the current configuration to the slot 0.
Save the configuration successfully.
<SW-1>
```

图 2-73　任务 2.4 步骤 4 的操作示意图（六）

（7）通过同样的方式对交换机 SW-2 的 GE 0/0/1 接口和 GE 0/0/2 接口进行链路聚合，如图 2-74 所示。

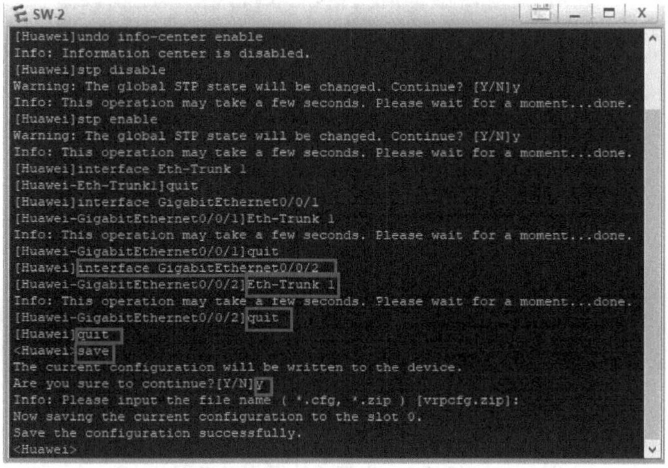
SW-2
[Huawei]undo info-center enable
Info: Information center is disabled.
[Huawei]stp disable
Warning: The global STP state will be changed. Continue? [Y/N]y
Info: This operation may take a few seconds. Please wait for a moment...done.
[Huawei]stp enable
Warning: The global STP state will be changed. Continue? [Y/N]y
Info: This operation may take a few seconds. Please wait for a moment...done.
[Huawei]interface Eth-Trunk 1
[Huawei-Eth-Trunk1]quit
[Huawei]interface GigabitEthernet0/0/1
[Huawei-GigabitEthernet0/0/1]Eth-Trunk 1
Info: This operation may take a few seconds. Please wait for a moment...done.
[Huawei-GigabitEthernet0/0/1]quit
[Huawei]interface GigabitEthernet0/0/2
[Huawei-GigabitEthernet0/0/2]Eth-Trunk 1
Info: This operation may take a few seconds. Please wait for a moment...done.
[Huawei-GigabitEthernet0/0/2]quit
[Huawei]quit
<Huawei>save
The current configuration will be written to the device.
Are you sure to continue?[Y/N]y
Info: Please input the file name (*.cfg, *.zip) [vrpcfg.zip]:
Now saving the current configuration to the slot 0.
Save the configuration successfully.
<Huawei>

图 2-74　任务 2.4 步骤 4 的操作示意图（七）

（8）在 SW-1 中执行 stp disable 命令关闭两台交换机上的生成树协议，如图 2-75 所示。

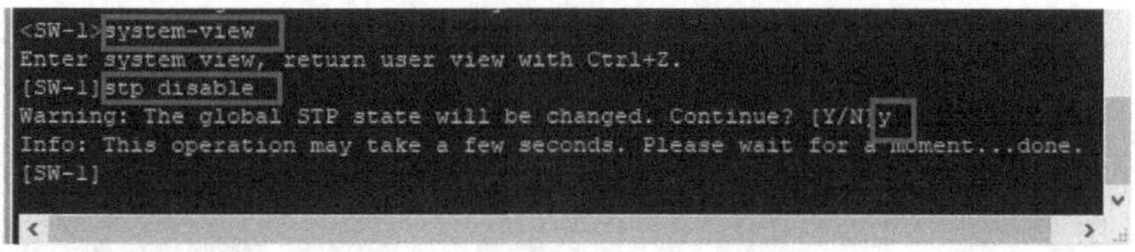
<SW-1>system-view
Enter system view, return user view with Ctrl+Z.
[SW-1]stp disable
Warning: The global STP state will be changed. Continue? [Y/N]y
Info: This operation may take a few seconds. Please wait for a moment...done.
[SW-1]

图 2-75　任务 2.4 步骤 4 的操作示意图（八）

（9）在 SW-2 中执行 stp disable 命令关闭两台交换机上的生成树协议。

（10）在 Host-1 中，执行 ping 命令测试链路聚合后各主机间的通信，可以看到在两台交换机上配置链路聚合后，即使关闭生成树协议，各主机仍然可以正常通信，如图 2-76 与图 2-77 所示。

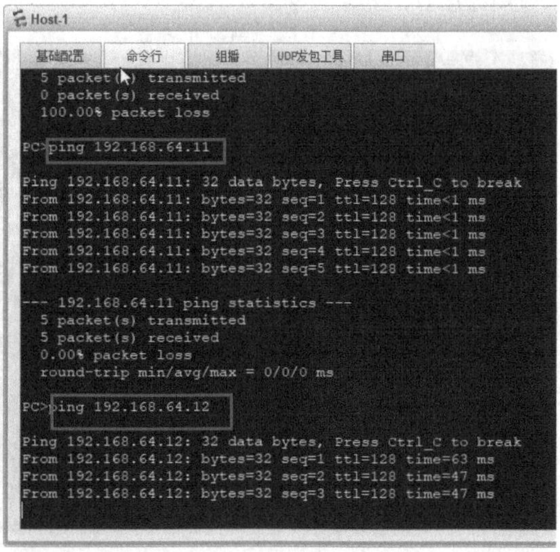
Host-1
基础配置
命令行
组播
UDP发包工具
串口
5 packet(s) transmitted
0 packet(s) received
100.00% packet loss
PC>ping 192.168.64.11
Ping 192.168.64.11: 32 data bytes, Press Ctrl_C to break
From 192.168.64.11: bytes=32 seq=1 ttl=128 time<1 ms
From 192.168.64.11: bytes=32 seq=2 ttl=128 time<1 ms
From 192.168.64.11: bytes=32 seq=3 ttl=128 time<1 ms
From 192.168.64.11: bytes=32 seq=4 ttl=128 time<1 ms
From 192.168.64.11: bytes=32 seq=5 ttl=128 time<1 ms
--- 192.168.64.11 ping statistics ---
5 packet(s) transmitted
5 packet(s) received
0.00% packet loss
round-trip min/avg/max = 0/0/0 ms
PC>ping 192.168.64.12
Ping 192.168.64.12: 32 data bytes, Press Ctrl_C to break
From 192.168.64.12: bytes=32 seq=1 ttl=128 time=63 ms
From 192.168.64.12: bytes=32 seq=2 ttl=128 time=47 ms
From 192.168.64.12: bytes=32 seq=3 ttl=128 time=47 ms

图 2-76　任务 2.4 步骤 4 的操作示意图（九）

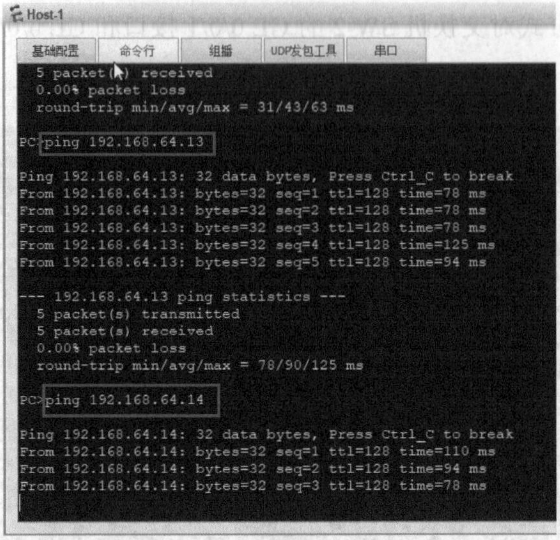

图 2-77　任务 2.4 步骤 4 的操作示意图（十）

（11）删除交换机之间的一条链路并验证通信效果，发现通信仍然正常，如图 2-78 到图 2-81 所示。

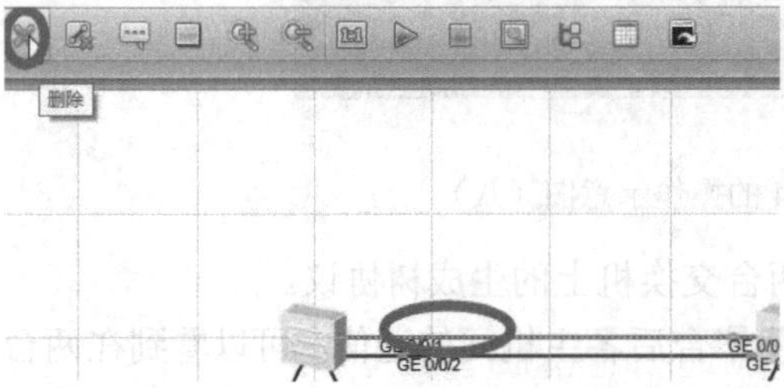

图 2-78　任务 2.4 步骤 4 的操作示意图（十一）

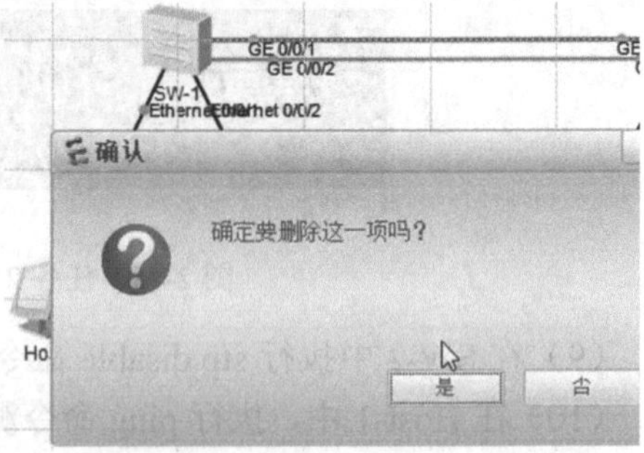

图 2-79　任务 2.4 步骤 4 的操作示意图（十二）

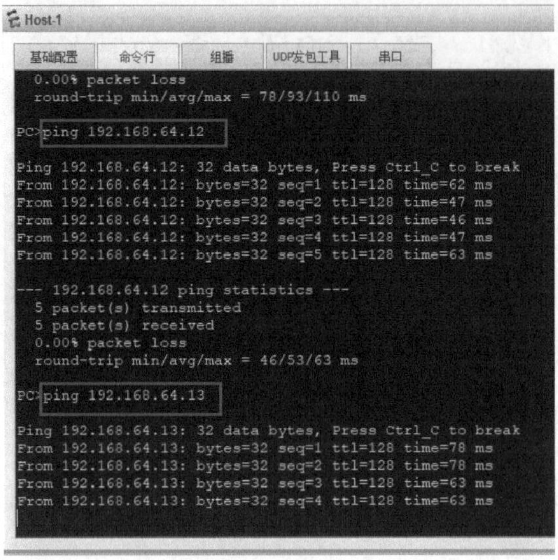

图 2-80　任务 2.4 步骤 4 的操作示意图（十三）

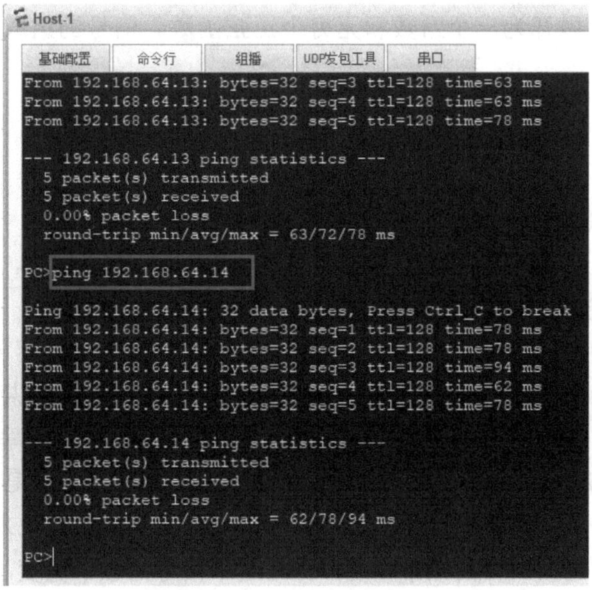
Host-1
基础配置
命令行
组播
UDP发包工具
串口
From 192.168.64.13: bytes=32 seq=3 ttl=128 time=63 ms
From 192.168.64.13: bytes=32 seq=4 ttl=128 time=63 ms
From 192.168.64.13: bytes=32 seq=5 ttl=128 time=78 ms
--- 192.168.64.13 ping statistics ---
5 packet(s) transmitted
5 packet(s) received
0.00% packet loss
round-trip min/avg/max = 63/72/78 ms
PC>ping 192.168.64.14
Ping 192.168.64.14: 32 data bytes, Press Ctrl_C to break
From 192.168.64.14: bytes=32 seq=1 ttl=128 time=78 ms
From 192.168.64.14: bytes=32 seq=2 ttl=128 time=78 ms
From 192.168.64.14: bytes=32 seq=3 ttl=128 time=94 ms
From 192.168.64.14: bytes=32 seq=4 ttl=128 time=62 ms
From 192.168.64.14: bytes=32 seq=5 ttl=128 time=78 ms
--- 192.168.64.14 ping statistics ---
5 packet(s) transmitted
5 packet(s) received
0.00% packet loss
round-trip min/avg/max = 62/78/94 ms
PC>

图 2-81　任务 2.4 步骤 4 的操作示意图（十四）

2.4 基础知识拓展：网络传输媒介

通过网络传输媒介可以将孤立的主机连在一起，使主机间能够互相通信，完成数据传输。目前，最为普及的网络传输媒介是双绞线、光纤和微波。50 Ω 的同轴电缆在 20 世纪 90 年代初扮演着局域网传输媒介的主要角色，但从世纪 90 年代中期开始被双绞线替代。最近几年，随着 Cable Modem 的出现，使用 75 Ω 的电视同轴电缆可以连接网络，同轴电缆又回到了网络传输媒介的队伍中。

2.4.1　电缆传输媒介

1．信号和电缆的频率特性

从数量上看，在全球的网络传输媒介中，电缆占有 95%。

在网络中，有三种常用的电信号，即模拟信号、正弦波信号和数字信号。模拟信号是一种连续变化的信号。正弦波信号实际上还是模拟信号，但由于正弦波信号是一种特殊的模拟信号，所以在这里把它单独作为一个信号类型。模拟信号的取值是连续的。

数字信号的取值是离散的，常用的数字信号是二进制数字信号。

数据既可以用模拟信号表示，也可以用数字信号表示。

计算机是一种使用数字信号的设备，因此计算机网络最直接、最高效的传输方法就是使用数字信号进行传输。在某些不得不使用模拟信号的应用场合中，需要先把数字信号转换成模拟信号，待数据传输到目的地后再转换成数字信号。

不管模拟信号还是数字信号，都是由大量频率不同的正弦波信号合成的。信号理论的解释是：任何一个信号都是由无数个谐波（正弦波）信号组成的。数学解释是：任何一个函数

都可以用傅里叶级数展开为一个常数和无穷个正弦函数。信号的组成如图 2-82 所示

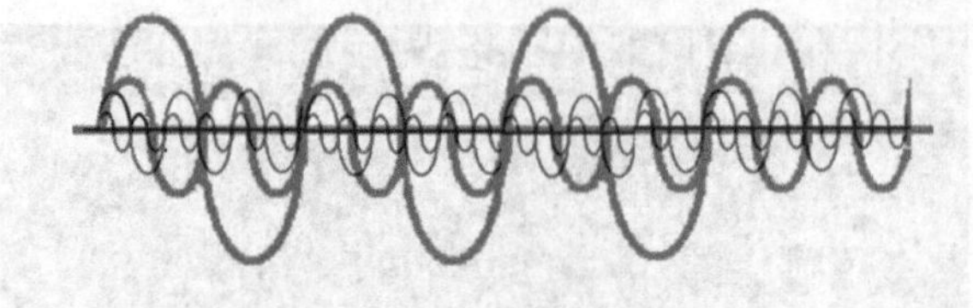

图 2-82　信号的组成

图 2-82 所示的信号 $y(t)$ 是由不同频率 ω_i 的谐波组成的，即：

$$y(t) = A_0 + A_1 \sin \omega_1 t + A_2 \sin \omega_2 t + \cdots + A_n \sin \omega_n t$$

式中，A_0 是信号 $y(t)$ 的直流成分；$\sin \omega_1$、$\sin \omega_2$、…、$\sin \omega_n$ 是 $y(t)$ 的谐波；A_1、A_2、…、A_n 是各个谐波的大小（强度）；ω_1、ω_2、…、ω_n 是各个谐波的频率。随着频率的增长，谐波的强度会减弱。到了一定的频率 ω_i，其信号强度 A_i 会小到忽略不计。也就是说，一个信号 $y(t)$ 的有效谐波不是无穷多的，信号 $y(t)$ 是由有限个谐波组成的，谐波的最大频率是 ω_{max}。

一个信号的有效谐波所占的频带宽度，称为这个信号的频带宽度，简称频宽或带宽。

模拟信号的频率比较低，如声音信号的带宽为 20 Hz～20 kHz。数字信号的频率要高很多，从示波器看它的图像，其变化要较模拟信号锐利得多。数字信号的高频成分非常丰富，有效谐波的最高频率一般都在几十兆赫。

为了把信号不失真地传输到目的地，需要传输电缆把信号中所有的谐波不失真地传输过去。遗憾的是，传输电缆只能传输一定频率的信号，太高频率的谐波将会被急剧衰减而丢失。例如，普通电话线的带宽是 2 MHz，它能不失真地传输语音电信号。但对于数字信号（几十兆赫），电话线就无法传输了。如果用电话线传输数字信号，就必须把数字信号转换成模拟信号。普通的双绞线带宽高达 100 MHz，所以可以直接传输部分数字信号。

电缆对高频谐波衰减得厉害，其原因是电缆自身形成了电感和电容作用，而谐波的频率越高，电缆自身形成的电感和电容对其产生的阻抗就越大。

由此得出的结论是，不同电缆具有不同的带宽，一个信号能否不失真地使用某种类型的电缆来进行传输，取决于电缆的带宽是否大于信号的带宽。

数字信号的优势是抗干扰能力强、对应的传输设备简单；其缺点是需要传输电缆具有较高的带宽。模拟信号对传输媒介的要求较低，但抗干扰能力弱。

2．非屏蔽双绞线

非屏蔽双绞线（见图 2-83）是最常用的网络传输媒介之一。非屏蔽双绞线有 4 对由绝缘塑料包裹的铜线，8 条铜线每两条互相扭绞在一起，形成线对。电缆扭绞在一起的目的是相互抵消彼此之间的电磁干扰。扭绞的密度沿着电缆循环变化，可以有效地消除线对之间的串扰。非屏蔽双绞线的每米扭绞次数需要遵循规范精确设计，也就是说，非屏蔽双绞线的生产加工需要非常精密。

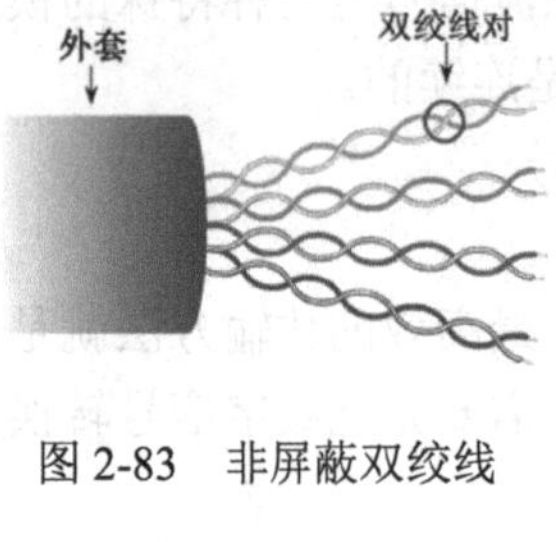

图 2-83　非屏蔽双绞线

非屏蔽双绞线的英文名字是 Unshielded Twisted-Pair Cable，我们通常将其称为 UTP 电缆。在 UTP 电缆的 4 对线中，有两对线是数据通信线，另外两对线是语音通信线。在电话网和计算机网络的综合布线中，一条 UTP 电缆可以同时提供一条计算机网络线路和两条电话通信线路。

UTP 电缆有许多优点，例如，UTP 电缆的直径细，容易弯曲，因此易于布放；价格便宜也是 UTP 电缆的重要优点之一。UTP 电缆的缺点是其对电磁辐射采用简单扭绞、互相抵消的处理方式，因此在抗电磁辐射方面，UTP 电缆相对同轴电缆（电视同轴电缆和早期的 50 Ω 的同轴电缆）而言处于下风。

人们曾经一度认为，UTP 电缆还有一个缺点就是数据传输速率上不去，但实际不是这样的。事实上，UTP 电缆的传输速率可以高达 1000 Mbps，是铜缆中传输速率最快的网络传输媒介。

3. 屏蔽双绞线

屏蔽双绞线也称为 STP（Shielded Twisted-Pair）电缆（见图 2-84），结合了屏蔽、电磁抵消和线对扭绞等技术。同轴电缆和 UTP 电缆的优点，STP 电缆都具备。

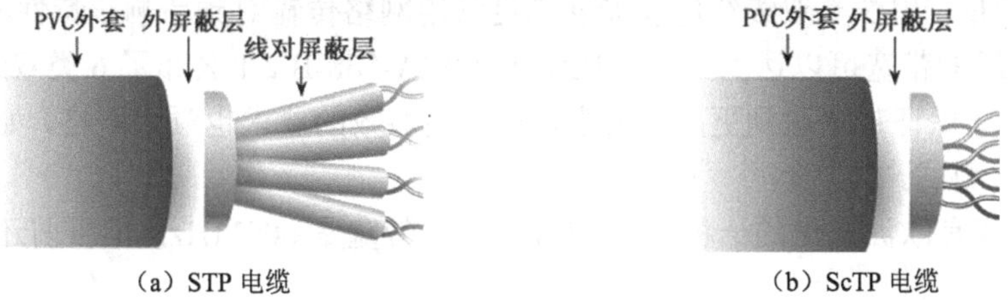

图 2-84　屏蔽双绞线

在以太网中，STP 电缆可以完全消除线对之间的电磁串扰，最外层的屏蔽层可以屏蔽电缆外部的电磁干扰（Electromagnetic Interference，EMI）和射频干扰（Radio Frequency Interference，RFI）。

STP 电缆的缺点主要有两个，一个是价格贵，另一个就是安装复杂。安装复杂是由 STP 电缆的屏蔽层接地问题导致的。STP 电缆的线对屏蔽层和外屏蔽层都要在连接器处与连接器的屏蔽金属外壳可靠连接，交换设备、配线架也都需要良好的接地，因此 STP 电缆不仅材料本身成本高，而且其安装成本也比较高。

不要忽视布线的安装成本。要记住，现在施工部门的安装成本是材料成本的百分之十几，当布放屏蔽双绞线电缆时，会增加施工费用的。

STP 电缆的一种变形是 ScTP 电缆。ScTP 电缆取消了 STP 电缆中各线对上的屏蔽层，只保留最外面的屏蔽层，如图 2-84（b）所示，从而降低了线材成本和安装复杂度。与 UTP 电缆一样，ScTP 电缆中各线对之间串扰也是通过扭绞来抵消的。

ScTP 电缆的安装相对 STP 电缆而言要简单得多，这是因为避免了各线对屏蔽层的连接工作。

STP 电缆具有很强的抗电磁辐射能力，适用于工业环境和其他有严重电磁辐射干扰或无线电辐射干扰的场合。另外，STP 电缆最外面的屏蔽层有效地屏蔽了电缆本身对外界的辐射。军事、情报、使馆、审计、财政等部门和场合都经常使用 STP 电缆来防止外界对电缆数据的电磁监听。对于电缆周围有敏感仪器的场合，STP 电缆也可以避免对它们的干扰。

STP 电缆的端接需要可靠接地，否则会引入更严重的噪声。这是因为如果 STP 电缆的端接不可靠节点，则其屏蔽层就会像天线一样去感应所有周围的电磁信号。

4. 双绞线的频率特性

双绞线有很高的频率响应特性，可以高达 600 MHz，接近电视同轴电缆的频响特性。双绞线的分类及其频率响应特性如下：

- 5 类双绞线（Category 5，CAT 5）：带宽为 100 MHz。
- 超 5 类双绞线（Enhanced Category 5，CAT 5e）：带宽仍为 100 MHz，但对串扰、延时差等其他性能参数的要求更严格。
- 6 类双绞线（Category 6，CAT 6）：带宽为 250 MHz。
- 7 类双绞线（Category 7，CAT 7）：带宽为 600 MHz。

快速以太网的传输速率是 100 Mbps，其信号的带宽约为 70 MHz；ATM 网的传输速率是 150 Mbps，其信号的带宽约为 80 MHz；千兆以太网的传输速率是 1000 Mbps，其信号的带宽为 100 MHz。用 5 类双绞线电缆能够满足常用网络传输对频率响应特性的要求。

6 类双绞线的带宽可以达到 250 MHz。TIA/EIA-568-B.2.1 公布了 6 类双绞线的标准。6 类双绞线除了要保证带宽达到更高的要求，对其他参数的要求也颇为严格，如串扰参数必须在 250 MHz 下测试。

7 类双绞线是欧洲提出的一种 STP 电缆标准，带宽是 600MHz，但目前还没有制定出相应的测试标准。

5. 双绞线的端接连接器

为了连接 PC、集线器、交换机和路由器，双绞线电缆的两端需要端接连接器（俗称水晶头）。在 100 Mbps 的以太网中，网卡、集线器、交换机、路由器采用双绞线连接时需要两对线，一对用于发送，另一对用于接收。

根据 EIA/TIA-568 标准的规定，PC 的网卡和路由器将 1、2 线对作为发送端，将 3、6 线对作为接收端。交换机和集线器与之相反，将 3、6 线对作为发送端，将 1、2 线对作为接收端。

当把 PC 与交换机或集线器连接时，使用如图 2-85 所示的直通线。

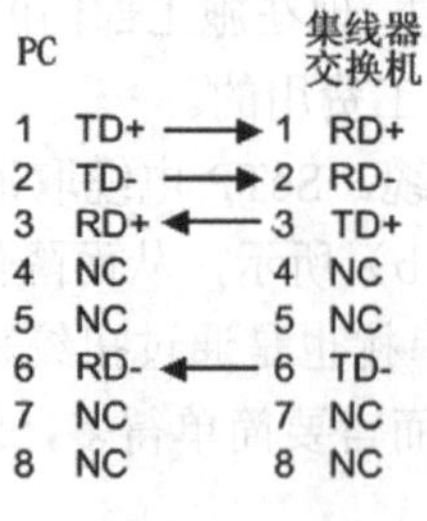

图 2-85 直通线

使用如图 2-86 所示的交叉线，可以连接两台 PC。使用交叉线连接两台 PC 是最简单的网络连接方法。

为了扩充交换机和集线器的端口数量，或者扩大网络的覆盖范围（UTP 电缆和 STP 电缆的最大连接长度是 100 m），需要对多台交换机和集线器进行级联。由于交换机和集线器的发送端和接收端设置相同，所以交换机和集线器之间的互联需要使用如图 2-87 所示的交叉线。

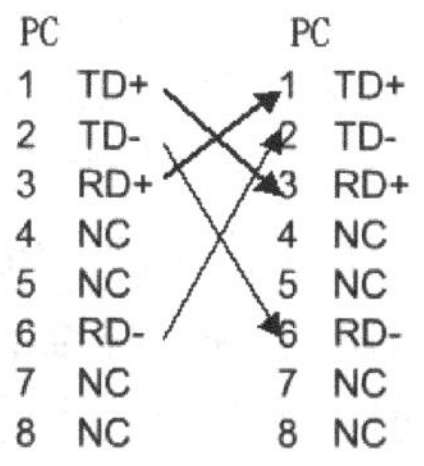

图 2-86　交叉线（PC 互联）

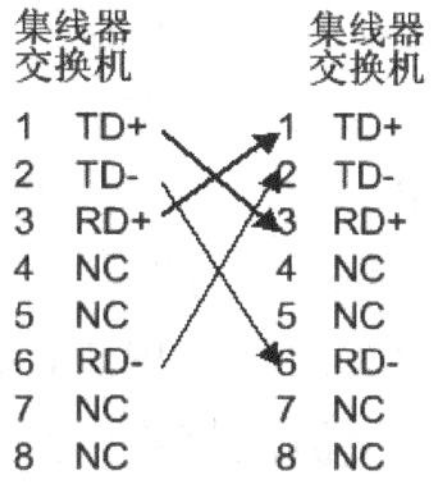

图 2-87　交叉线（交换机和集线器互联）

交换机、集线器的发送端口与接收端口的设置与计算机网卡的设置正好相反，其目的是简化计算机与交换机、集线器连接电缆的端接连接器。我们知道，制作 UTP 电缆的直通线要比制作交叉线简单，尤其是在建筑物内进行网络布线（见图 2-88）时，使用 UTP 电缆连接计算机与交换机，直通线可以避免线序的混乱。

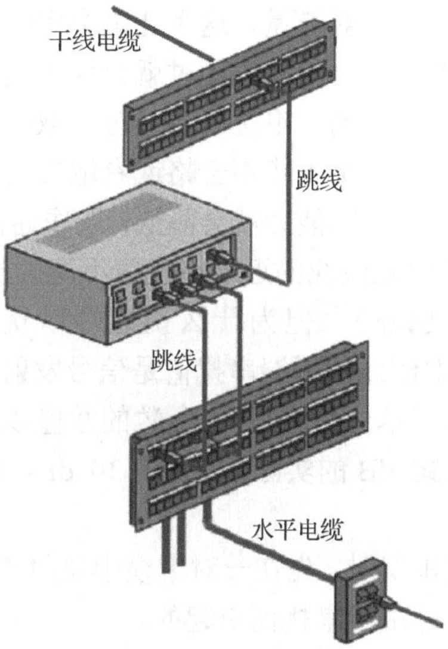

图 2-88　建筑物内的网络布线

6．双绞线及双绞线端接的测试

为了保证信号的可靠传输，必须使用相关设备（如电缆测试仪）对电缆的布放和端接进行全面的测试。这些测试是确保网络能够在高速、高频条件可靠工作的必要保证。电缆布放和端接的测试标准主要有 TIA/EIA-568 标准、ISO/IEC 11801、EN 50173。

双绞线布放和端接的主要参数包括线序（Wire Map）、连接（Connection）、电缆长度（Cable Length）、直流电阻（DC Resistance）、阻抗（Impedance）、衰减（Attenuation）、近端串扰（Near-End Crosstalk，NEXT）、功率和近端串扰（Power Sum Near-End Crosstalk，PSNEXT）、等效远端串扰（Equal-Level Far-End Crosstalk，ELFEXT）、功率和远端串扰（Power Sum Equal-Level Far-End Crosstalk，PSELFEXT）、回返损耗（Return Loss）、传导延时（Propagation Delay）、延时差（Delay Skew）等。

线序测试是指测试双绞线两端的 8 条线是否正确连接。当然，线序测试也同时测试了电缆是否有断路或开路，可确保电缆质量及连接的可靠。

根据 TIA/EIA-568 标准，双绞线的长度不得超过 100 m。直流电阻和交流阻抗超标，会造成衰减指标超标；直流电阻太大，会将电信号的能量转化为热能；交流阻抗过大或过小，会造成两端设备的输入电路和输出电路阻抗不匹配，导致一部分信号像回声一样反射回发送端，造成接收端信号衰弱。另外，交流阻抗在整个电缆长度上应该保持一致，不仅在端点测试的交流阻抗需要满足标准的规定，而且电缆的所有部位都应该满足标准的规定。

电缆上不同部位交流阻抗不一致会导致信号能量的反射，从而造成回返损耗。回返损耗用分贝（dB）来表示，是指信号与反射信号的比值。在进行回返损耗测试时，电缆测试仪上的回返损耗测试结果越大越好。TIA/EIA-568 标准规定回返损耗应该大于 10 dB。

衰减是所有电缆的重要参数，是指信号通过一段电缆后信号幅值的降低。电缆越长，直流电阻和交流阻抗就越大，衰减就越大；信号频率越高，衰减也越大。

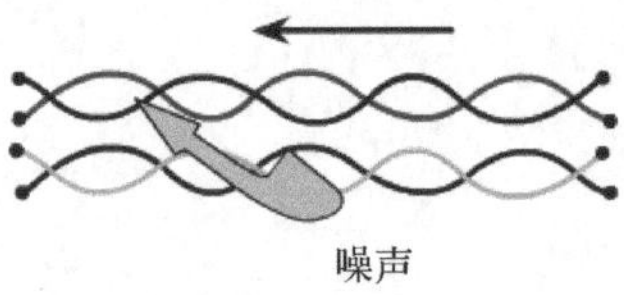

图 2-89　串扰

串扰是指一根电缆的电磁辐射到另外一根电缆（见图 2-89）。当一对电缆中的电压变化时，就会产生电磁辐射能量，这个能量会像无线电信号一样发射出去。另外一对电缆此时就会像天线一样接收辐射的能量。频率越高，串扰就越显著。双绞线是靠扭绞来抵消串扰的，如果电缆不合格或者端接的质量不过关，双绞线抵消串扰的能力就会降低，造成通信质量的下降，甚至不能通信。

TIA/EIA-568 标准规定，5 类双绞线的近端串扰值不能大于 24 dB。串扰值给人的直觉是数值越小越好（电缆的质量越好）。但为什么说近端串扰的数值越大越好呢？原因是 TIA/EIA-568 标准规定，5 类双绞线的近端串扰值是信号发射端的信号幅值与串扰信号幅值之比，比的结果用负数来表示（单位是分贝），负数的数值越大，表示串扰噪声越小。电缆测试仪显示的读数不是负数，30 dB 的实际结果是−30 dB，因此读数为 30 dB 要比读数为 20 dB 要好。

在使用电缆测试仪在测试串扰时，先在一对电缆中发射测试信号，然后测试另外一对电缆中的电压数值。这个电压就是由于串扰而引起的。

近端串扰会随着频率的升高而变大，因此在测试近端串扰时应该按照 ISO/IEC 11801 标准或 TIA/EIA-568 标准对规定的频率进行测量。有时为了缩短测试时间，可以只在几个频率上测试，但这样会忽视其他频率的链路故障。

等效远端串扰是指远端串扰和衰减信号的比。由于信号衰减，一般情况下，如果近端串扰测试合格，远端串扰的测试也能够通过。

功率和近端串扰是指所有的邻近电缆对近端串扰的简单求和。早期的双绞线只使用两对线来完成通信，一对用于发送，另一对用于接收；剩余两对线（电话线对）上的语音信号频率较低，串扰很小。但随着数字用户线路（Digital Subscriber Line，DSL）技术的出现，数据线旁边电话线对上也会传输几兆赫的数据信号。另外，千兆以太网使用了双绞线的 4 对线，经常会有多对线同时向一个方向传输信号，多对线同时通信的串扰汇聚作用对信号十分有害，因此 TIA/EIA-568-B 标准开始要求测试功率和串扰。

造成直流电阻、交流阻抗、衰减、串扰等指标超标的原因除了电缆的质量，更多是端接连接器的质量差（见图 2-90）。如果测试出上述指标或某项指标超标，一般要先判断是不是端接连接器的问题。剪掉原来的端接连接器，重新制作端接连接器，通常可以排除上述故障。

（a）质量差的端接连接器

（b）合格的端接连接器

图 2-90　端接连接器的质量

传导延时测试是指对信号沿导线传输速率进行的测试。传导延时的大小取决于电缆的长度、扭绞的密度，以及电缆本身的电特性。电缆的长度、扭绞密度是根据应用确定的，因此传导延时测试主要是测试电缆本身电特性是否合格。TIA/EIA-568-B 标准对不同类型的双绞线制定了不同的传导延时标准。对于 5 类 UTP 电缆，TIA/EIA-568-B 标准规定传导延时不得大于 1 μs。

传导延时测量是电缆长度测量的基础，使用电缆测试仪测量电缆长度是依据传导延时来完成的。由于双绞线是扭绞的，所以信号在双绞线中的传输距离要多于电缆的物理长度。在使用电缆测试仪在测量电缆时，会发送一个脉冲信号，这个脉冲信号沿同线路反射回来的时间就是传导延时。这种测试方法称为时域反射仪（Time Domain Reflectometry，TDR）测试。

TDR 测试不仅可以用来测试电缆的长度，也可以测试电缆中开路或短路。当发送的脉冲信号碰到开路或短路时，脉冲信号的部分能量，甚至全部能量都会反射回电缆测试仪，这样就可以计算出电缆故障的大概位置。

信号沿在 UTP 电缆的不同线对传输时，其延时会有一些差异，即 TIA/EIA-568-B 标准中的延时差（Delay Skew），这是由 UTP 电缆电特性不一致造成的。延时差对于高速以太网（如千兆以太网）的影响非常大，这是因为高速以太网使用几个线对同时传输数据，如果延时差太大，从几个对线分别发送的信号会令接收端无法正确装配。

对于非高速以太网（如百兆以太网），由于数据不会拆开用几个线对同时传输，所以网络工程师往往不注意这个参数。但是，延时差不符合 TIA/EIA-568-B 标准的 UTP 电缆在未来升级到高速以太网时会遇到麻烦。

下面是 TIA/EIA-568-B 标准对 5 类双绞线的测试标准：

- 长度（Length）：<90 m。
- 衰减（Attenuation）：<23.2 dB。
- 传导延时（Propagation Delay）：<1.0 μs。
- 直流电阻（DC Resistance）：<40 Ω。
- 近端串扰（NEXT）：>24 dB。
- 回返损耗（Return Loss）：>10 dB。

要完成电缆的测试，就必须使用电缆测试仪。Fluke DSP-LIA013 型便携式电缆测试仪如图 2.91 所示，它是大多数网络工程师所熟悉的便携式电缆测试仪，可以测试超 5 类双绞线。

最后要强调的是，网络布线不仅需要合格的材料（包括电缆和连接器），还需要合格的施工（包括布放和端接）。电缆测试应该在施工完成后进行，这不仅可以测试电缆的质量，还可以测试连接器、耦合器的质量，更重要的是还可以测试电缆布放和端接的质量。

图 2-91　Fluke DSP-LIA013 型便携式电缆测试仪

2.4.2 光纤传输媒介

1. 光纤

光纤是高速、远距离数据传输的重要媒介，多用于局域网的主干线段、局域网的远程互联。在 UTP 电缆以吉比特每秒的速率传输数据的技术还不成熟时，实际的网络是使用光纤来以吉比特每秒的速率传输数据的。即使现在的 UTP 电缆能够可靠地以吉比特每秒的速率传输数据，但由于 UTP 电缆的传输距离限制（小于 100 m），所以主干网仍然使用光纤（局域网中使用的多模光纤的标准传输距离是 2 km）。

光纤对外完全没有电磁辐射，也不受任何外界电磁辐射的干扰，所以在电磁辐射严重的环境（如工业环境），以及要防止数据被非接触监听情形中，光纤是一种可靠的传输媒介。

在使用光纤传输数据时，发送端通过光电转换器将电信号转换为光脉冲信号，并发射到光纤的光导纤维中；接收端通过光接收器将光脉冲信号还原成电信号。光纤是通过光脉冲信号传输数据的，有光脉冲信号相当于数据 1，没有光脉冲信号相当于数据 0。光脉冲信号使用的频率是可见光的频率，约为 10^8 MHz 量级，因此一个光纤的带宽远远大于其他传输媒介的带宽。

光纤由纤芯、包层和保护套构成，如图 2-92 所示。包层（也称为缓冲层）用来保护光纤，有两种包裹方式，即松包裹和紧包裹。局域网中的多模光纤大多数使用紧包裹方式，采用这种包裹方式的缓冲材料直接包裹在纤芯上；松包裹方式大多用于室外光纤，即在纤芯上增加垫层后再包裹缓冲材料。光纤中的卡夫勒抗拉材料用于在布放光纤的施工中避免因拉拽光纤而损坏内部的纤芯。保护套通常使用 PVC 材料或橡胶材料，室内光纤多使用 PVC 材料，室外光纤多使用含金属丝的黑橡胶材料。光纤中的纤芯是氧化硅和其他元素组成的石英玻璃，用来传输光脉冲信号，硅石涂覆层的主要成分也是氧化硅，但其折射率要小于纤芯。

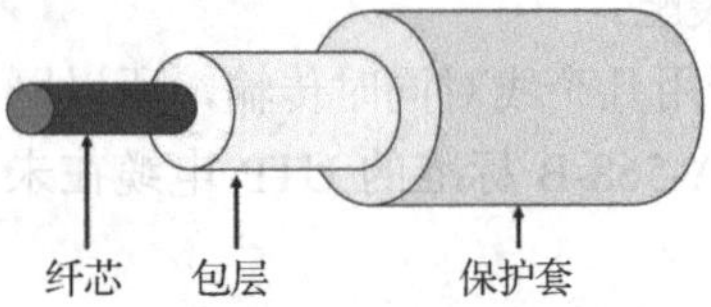

图 2-92 光纤的构成

2. 光纤数据传输的原理

光纤是根据光学的全反射原理（见图 2-93）来传输光脉冲信号（光线）的。当光线从折射率高的纤芯射向折射率低的涂覆层时，其折射角大于入射角。如果入射角足够大，就会出现全反射，即光线碰到涂覆层时就会折射回纤芯。这个过程不断重复下去，光线也就沿着光纤传输下去了。

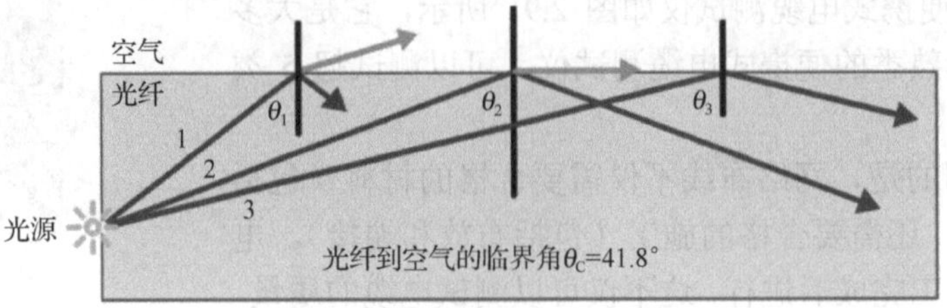

图 2-93 光学的全反射原理

现代的生产工艺可以制造出超低损耗的光纤，光线可以在光纤中传输数千米而基本上没有什么损耗。在布线施工中，甚至可以在几十层楼外的地方通过手电筒的光线、用肉眼来测试光纤的布放情况或分辨光纤的线序。注意，切不可在光发射器工作时采用这样的方法，光发射器会损伤眼睛。

由光学的全反射原理可以知道，光发射器的光线入射角必须在某个角度范围内时，光线才能在光纤中产生全反射。光纤纤芯越粗，这个角度的范围就越大。当光纤纤芯的直径小到只有一个光线的波长时，光线入射角就只有一个，而不是一个范围。

光纤中可以存在多条不同入射角的光线，不同入射角的光线会沿着不同折射线路传输，这些折射线路被称为模。如果光纤纤芯的直径足够大，以至于有多个入射角形成多条折射线路，这种光纤就是多模光纤。

单模光纤的纤芯直径非常小，只有一个光线的波长，因此单模光纤只有一个入射角，也只有一条光线路。单模光纤和多模光纤如图 2-94 所示。

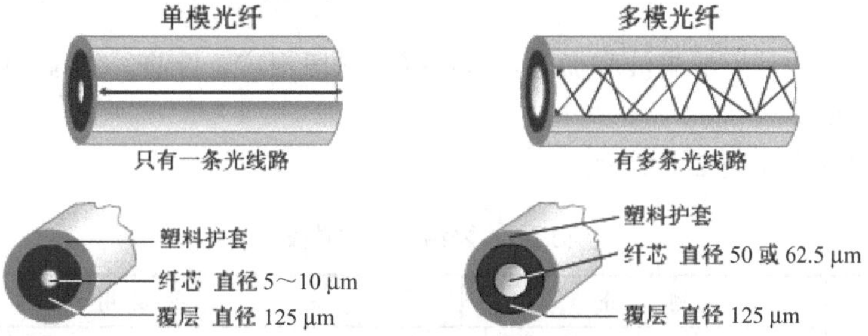

图 2-94　单模光纤和多模光纤

单模光纤的特点是：

- 纤芯直径小，只有 5～10 μm。
- 几乎没有散射。
- 适合远距离传输，标准传输距离达 3 km，非标准传输可以达几十千米。
- 使用激光光源。

多模光纤的特点是：

- 纤芯直径比单模光纤大，为 50 或 62.5 μm。
- 多模光纤的散射比单模光纤大，因此有信号损失。
- 适合远距离传输，但比单模光纤的传输距离短，标准传输距离为 2 km。
- 使用 LED 光源。

我们可以简单地理解为：多模光纤的纤芯直径要比单模光纤大 10 倍左右；多模光纤使用发光二极管（LED）光源，单模光纤使用激光光源。用 50/125 或 62.5/125 表示的光纤通常是多模光纤，用 10/125 表示的通常是单模光纤。光纤的种类如图 2-95 所示。

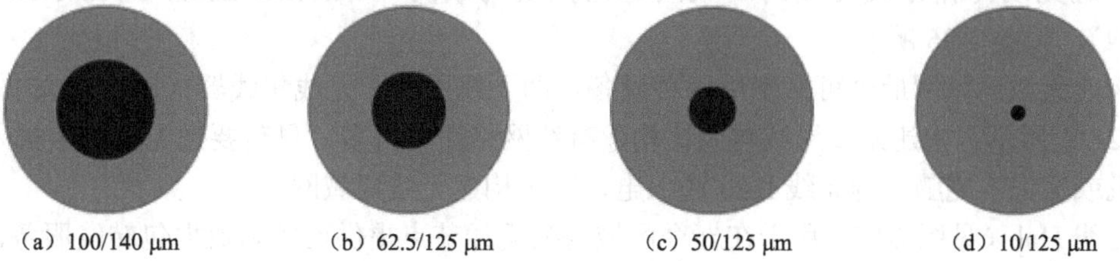

图 2-95　光纤的种类

在光纤通信中，常用的三个波长为 850 nm、1310 nm 和 1550 nm。这些波长都跨红色可见光和红外光。对于波长为 1310 nm 和 1550 nm 的光线，在光纤中的衰减比较小；波长为 850 nm 的波段的衰减比较大，但在此波段的光波其他特性比较好，因此也被广泛使用。

单模光纤使用的是波长为 1310 nm 和 1550 nm 的激光光源，常用于长距离的局域网连接中。多模光纤使用的是波长为 850 nm、1300 nm 的 LED 光源，被广泛用于局域网中。

2.4.3 无线传输媒介

1. 无线传输使用的频段

UTP 电缆、STP 电缆和光纤都是有线传输媒介。由于无线传输无须布放电缆，具有较大的灵活性，使得其在网络中的应用越来越多。无线传输媒介将在网络传输媒介中逐渐成为主角。

无线传输使用的是无线电波和微波，可选择的频段很广。目前，在网络中占主导地位的是 2.4 GHz 的微波。

网络使用的频段如表 2-1 所示。

表 2-1 网络使用的频段

频 率	划 分	主 要 用 途
300 Hz	超低频（ELF）	医学治疗、工程探测、大地物理勘探、地震研究
3 kHz	次低频（ILF）	中低频电疗治疗仪、次低频音箱
30 kHz	甚低频（VLF）	长距离通信、导航
300 kHz	低频（LF）	广播
3 MHz	中频（MF）	广播、中距离通信
30 MHz	高频（HF）	广播、长距离通信
300 MHz	微波［甚高频（VHF）］	移动通信
2.4 GHz	微波	计算机网络
3 GHz	微波［超高频（UHF）］	电视广播
5.6 GHz	微波	计算机网络
30 GHz	微波［特高频（SHF）］	微波通信
300 GHz	微波［极高频（EHF）］	雷达

2. 无线网络的构成和设备

通过无线传输方式连接的局域网称为无线局域网（Wireless Local Area Network，WLAN），如图 2-96 所示。

构建无线局域网最少可只使用两种设备，即无线网卡和无线集线器（Hub），如图 2-97 和图 2-98 所示。构建无线局域网要比构建有线网络简单得多，只需要把无线网卡插入台式计算机或笔记本电脑，为无线 Hub 通上电，即可构建无线局域网。

无线 Hub（见图 2-97）用于在一个区域内为无线节点提供连接和数据包转发服务，其覆盖范围取决于天线的尺寸和增益。通常，无线 Hub 的覆盖范围是 300～500 英尺（91.44～

152.4 m）。如果需要扩大覆盖范围，就需要使用多个无线 Hub，各个无线 Hub 的覆盖区域需要有一定的重叠，这一点很像移动通信网络中基站覆盖区域的重叠。覆盖区域的重叠允许设备在无线局域网中移动，虽然相关的标准没有明确规定重叠的范围，但在考虑无线 Hub 的位置时，通常需要考虑 20%～30%的重叠。这样的设置可以使得无线局域网中的设备能够漫游，而不至于出现通信中断。

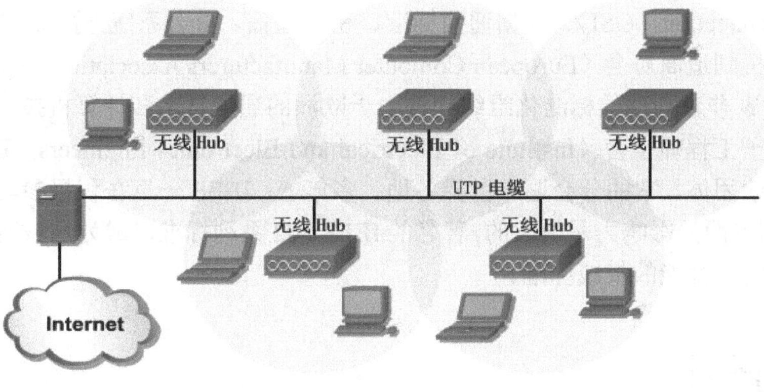

图 2-96　无线局域网

图 2-97　无线 Hub

图 2-98　无线网卡

当一台主机希望使用无线局域网时，它首先需要扫描监听可以连接的无线 Hub。寻找可以连接的无线 Hub 的方法是向发出一个请求包，该请求包带有一个服务集标识符（Service Set Identifier，SSID）。每个无线局域网都会设置一个 SSID，并配置到无线局域网内的主机和无线 Hub 上。当具有相同 SSID 的无线 Hub 收到请求包时，该无线 Hub 就会回发一个应答包，经过身份验证后，就可以建立连接了。

无线局域网的传输速率随主机与无线 Hub 的距离而变化，距离越远，无线信号就越弱，需要降低传输速率来克服噪声。

2.4.4　网络领域的知名国际标准化组织

网络传输媒介的物理特性和电气特性需要由一个全球化的标准来进行规范，这样的标准需要得到生产厂商、用户、标准化组织、通信管理部门和行业团体的支持。

网络标准化的权威部门是国际电信联盟（International Telecommunication Union，ITU）。国际电信联盟成立于 1865 年，现在是联合国的一个专门机构。国际电信联盟的电信标准化部门（ITU-T）提出了一系列涉及数据通信网络、电话交换网络、数字系统等的标准。

国际标准化组织（International Organization for Standardization，ISO）成立于 1947 年，是标准化领域中的一个非政府的国际组织。ISO 是一个全面的标准化组织，制定网络通信标准是其工作的重要组成部分。ISO 在网络通信领域中的知名标准是 ISO/IEC 11801。

美国国家标准研究所（American National Standards Institute，ANSI）是一家非营利性的民间标准化团体，但实际上已成为国家标准化中心。ANSI 在开发开放系统互联（Open Systems Interconnection，OSI）、数据通信标准、密码通信、办公系统方面非常活跃。

欧洲计算机制造商协会（European Computer Manufacturers Association，ECMA）成立于 1961 年，是一家非营利性的标准化组织，致力于欧洲的通信技术和计算机技术的标准化。

电气与电子工程师学会（Institute of Electrical and Electronics Engineers，IEEE）是一个知名的技术专业团体，它的分会遍布世界各地。多年来，IEEE 一直在积极参与标准化活动。IEEE 在局域网方面的影响力是最大的，著名的 IEEE 802 系列标准已成为局域网链路层协议、网络物理接口电气性能的权威标准。

2.5 课后练习

1. 操作部分练习

（1）打开命令行界面后，在用户视图下，执行________命令，可以进入系统视图。

（2）在系统视图下，执行________命令，可以更改设备的名字。

（3）在系统视图下，执行________命令，可以查看交换机的当前配置。

（4）在系统视图下，执行________命令，可以查看交换机的 VLAN 信息，如果不指定参数，则显示所有的 VLAN 信息。

（5）在系统视图下，执行________命令，可以查看交换机上所有的接口信息。

（6）在________视图下，执行 save 命令，可以保存当前配置。

（7）在________视图下，执行 reboot 命令，可以重启交换机。

（8）在用户视图下，执行________命令，可以清空设备下次启动使用的配置文件内容，并取消指定系统下次启动时使用的配置文件

（9）进入交换机的命令行界面后，执行________命令，可以查看 MAC 地址表，并验证 MAC 地址学习功能。

（10）当交换机间采用________通信时，如果关闭生成树协议，交换机间会出现广播包环路，严重消耗网络资源，最终导致整个网络资源被耗尽，网络瘫痪。

2. 基础知识部分练习

（1）在计算机网络中，有三种常用的电信号，即模拟信号、正弦波信号和________。

（2）使用________信号传输数据的优势是抗干扰能力强，传输设备简单。

（3）非屏蔽双绞线有________对绝缘塑料包裹的铜线

（4）在 UTP 电缆的 4 对线中，两对作为________通信线，另外两对作为语音通信线。

（5）双绞线有很高的频率响应特性，可以高达________MHz，接近电视同轴电缆的频率响应特性。

（6）为了连接 PC、集线器、交换机和路由器，双绞线电缆的两端需要________。

（7）光纤由________、包层和保护套构成。

（8）在光纤通信中，常用的三个波长是 850 nm、1310 nm 和________nm。

（9）构建无线局域网需要的设备少到可以只有两种，即无线网卡和________。

（10）无线 Hub 用于在一个区域内为无线节点提供连接和数据包转发服务，其覆盖的范围取决于天线的尺寸和________。

项目 3
虚拟局域网的配置及管理

3.1 典型应用场景

在规划和设计校园网的过程中，小 A 发现，为了快速传输数据，应当将相同专业群及教研室安排在同一个网络中，将不同专业群及教研室安排在不同的网络中。经过分析，小 A 使用虚拟局域网（VLAN）对不同的专业群及教研室进行网络分组，并通过技术手段对不同网络的数据包进行可靠性及有效性检测。本项目将虚拟局域网的配置及管理分解为以下 4 个任务。

任务 3.1：单交换机应用 VLAN。

任务 3.2：跨交换机应用 VLAN。

任务 3.3：基于 MAC 地址的 VLAN 应用。

任务 3.4：VLAN 通信报文的分析。

3.2 本项目实训目标

（1）熟悉单交换机应用 VLAN 的方法及步骤。

（2）掌握跨交换机应用 VLAN 的方法及步骤。

（3）掌握基于 MAC 地址应用 VLAN 的方法及步骤。

（4）理解 VLAN 通信报文的分析过程。

3.3 实训过程

3.3.1 任务 3.1：单交换机应用 VLAN

（任务 3.1）

步骤 1：在 eNSP 中部署网络

（1）双击桌面的 eNSP 图标，打开 eNSP。单击工具栏中的“ ”按钮，添加 4 台主机并分别命名为 Host-1～Host-4，添加 1 台型号为 S3700 的交换机并命名为 SW-1，单击“ ”按钮启动设备，如图 3-1 所示。

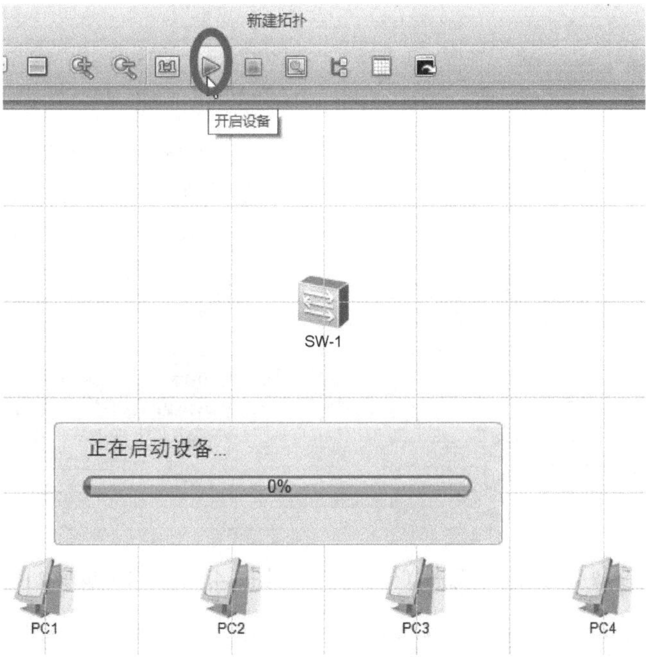

图 3-1　任务 3.1 步骤 1 的操作示意图（一）

（2）将 Host-1 接入 SW-1 的 Ethernet 0/0/1 接口，将 Host-2 接入 SW-1 的 Ethernet 0/0/2 接口，将 Host-3 接入 SW-1 的 Ethernet 0/0/5 接口，将 Host-4 接入 SW-1 的 Ethernet 0/0/6 接口，使用铜连线（Copper 连线）连接主机和交换机，如图 3-2 所示。

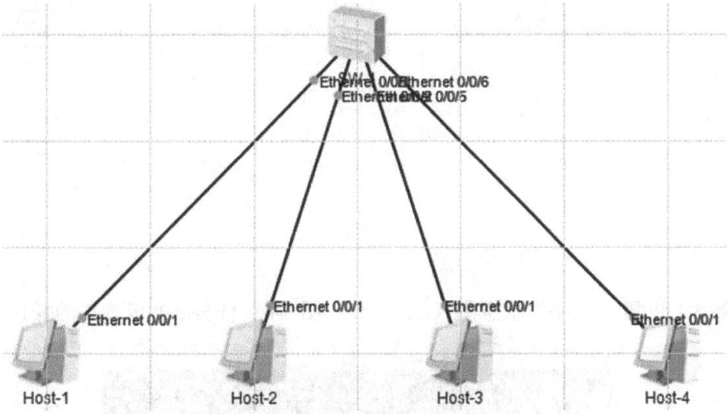

图 3-2　任务 3.1 步骤 1 的操作示意图（二）

步骤 2：配置主机

对各主机的 IP 地址及子网掩码进行配置，将 Host-1 的 IP 地址设置为 192.168.64.11/24，将 Host-2 的 IP 地址设置为 192.168.64.12/24，将 Host-3 的 IP 地址设置为 192.168.64.21/24，将 Host-4 的 IP 地址设置为 192.168.64.22/24，将这 4 台主机的网关都设置为 192.168.64.254，如图 3-3 到图 3-6 所示。

步骤 3：查看交换机初始信息并测试网络连通性

（1）双击交换机进入交换机系统视图，查看交换机当前的 VLAN 信息，如图 3-7 所示。

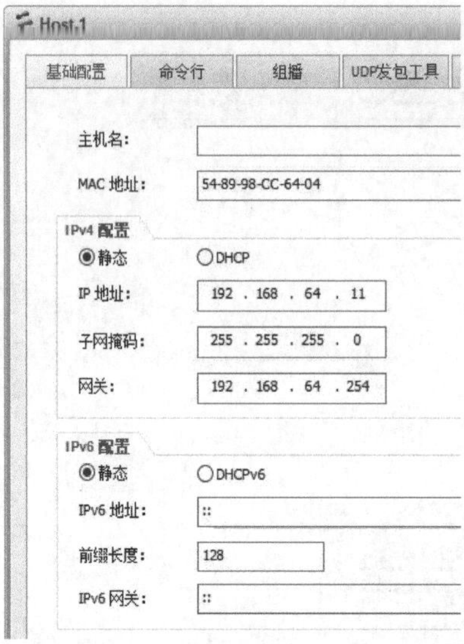

图 3-3 任务 3.1 步骤 2 的操作示意图（一）

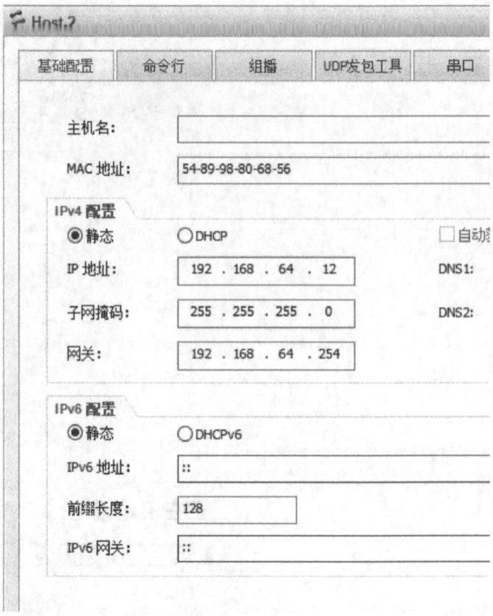

图 3-4 任务 3.1 步骤 2 的操作示意图（二）

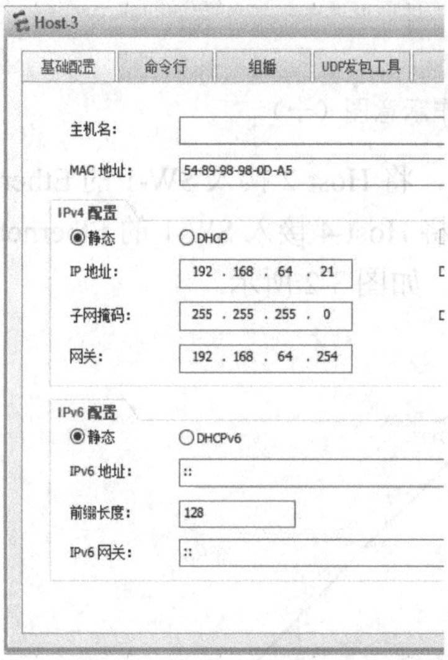

图 3-5 任务 3.1 步骤 2 的操作示意图（三）

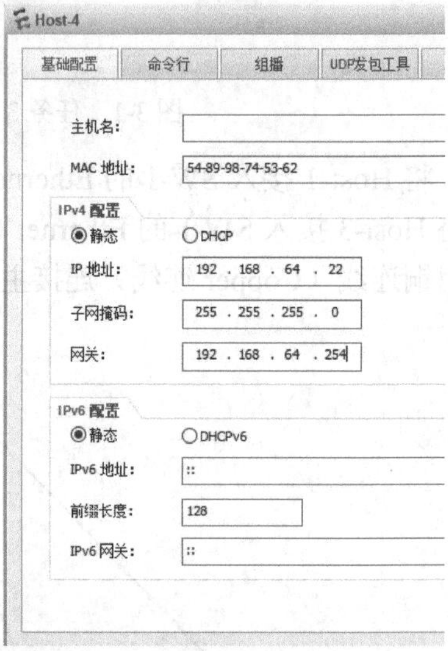

图 3-6 任务 3.1 步骤 2 的操作示意图（四）

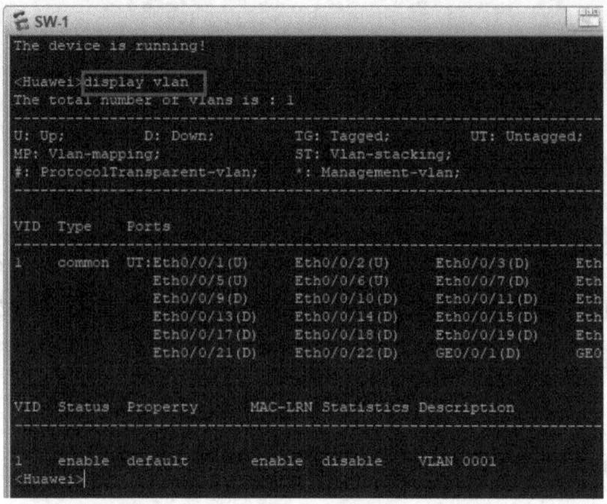

图 3-7 任务 3.1 步骤 3 的操作示意图（一）

（2）查看交换机各接口所属 VLAN 信息。在初始状态下，交换机所有接口的 PVID 值都是 1，即所有接口默认属于 vlan 1，接口类型为 Hybrid，如图 3-8 和图 3-9 所示。

```
<Huawei>display port vlan
```

图 3-8　任务 3.1 步骤 3 的操作示意图（二）

```
SW-1
Ethernet0/0/2            hybrid        1     -
Ethernet0/0/3            hybrid        1     -
Ethernet0/0/4            hybrid        1     -
Ethernet0/0/5            hybrid        1     -
Ethernet0/0/6            hybrid        1     -
Ethernet0/0/7            hybrid        1     -
Ethernet0/0/8            hybrid        1     -
Ethernet0/0/9            hybrid        1     -
Ethernet0/0/10           hybrid        1     -
Ethernet0/0/11           hybrid        1     -
Ethernet0/0/12           hybrid        1     -
Ethernet0/0/13           hybrid        1     -
Ethernet0/0/14           hybrid        1     -
Ethernet0/0/15           hybrid        1     -
Ethernet0/0/16           hybrid        1     -
Ethernet0/0/17           hybrid        1     -
Ethernet0/0/18           hybrid        1     -
Ethernet0/0/19           hybrid        1     -
Ethernet0/0/20           hybrid        1     -
Ethernet0/0/21           hybrid        1     -
Ethernet0/0/22           hybrid        1     -
GigabitEthernet0/0/1     hybrid        1     -
GigabitEthernet0/0/2     hybrid        1     -
<Huawei>
```

图 3-9　任务 3.1 步骤 3 的操作示意图（三）

（3）对主机进行通信测试。使用 Host-1 分别 ping Host-2、Host-3、Host-4，使用 Host-3 ping Host-4，可以看到，在创建 VLAN 之前，各主机间是可以正常通信的，如图 3-10 到图 3-14 所示。

```
Host-1
基础配置  命令行  组播  UDP发包工具  串口
Welcome to use PC Simulator!

PC>ping 192.168.64.12

Ping 192.168.64.12: 32 data bytes, Press Ctrl_C to break
From 192.168.64.12: bytes=32 seq=1 ttl=128 time=47 ms
From 192.168.64.12: bytes=32 seq=2 ttl=128 time=47 ms
From 192.168.64.12: bytes=32 seq=3 ttl=128 time=47 ms
```

图 3-10　任务 3.1 步骤 3 的操作示意图（四）

```
PC>ping 192.168.64.21

Ping 192.168.64.21: 32 data bytes, Press Ctrl_C to break
From 192.168.64.21: bytes=32 seq=1 ttl=128 time=47 ms
From 192.168.64.21: bytes=32 seq=2 ttl=128 time=31 ms
From 192.168.64.21: bytes=32 seq=3 ttl=128 time=32 ms
```

图 3-11　任务 3.1 步骤 3 的操作示意图（五）

```
PC>ping 192.168.64.22

Ping 192.168.64.22: 32 data bytes, Press Ctrl_C to break
From 192.168.64.22: bytes=32 seq=1 ttl=128 time=46 ms
From 192.168.64.22: bytes=32 seq=2 ttl=128 time=47 ms
From 192.168.64.22: bytes=32 seq=3 ttl=128 time=31 ms
```

图 3-12　任务 3.1 步骤 3 的操作示意图（六）

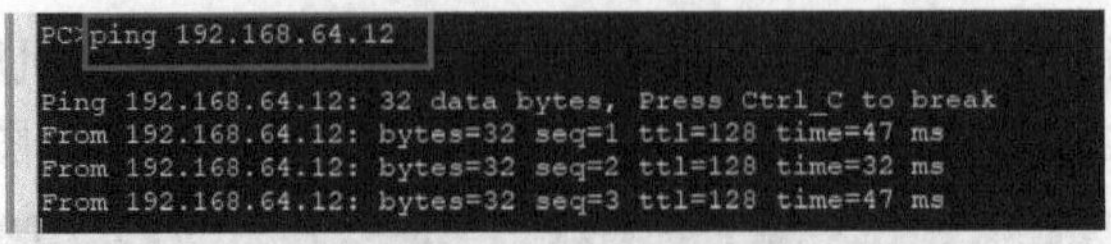

图 3-13 任务 3.1 步骤 3 的操作示意图（七）

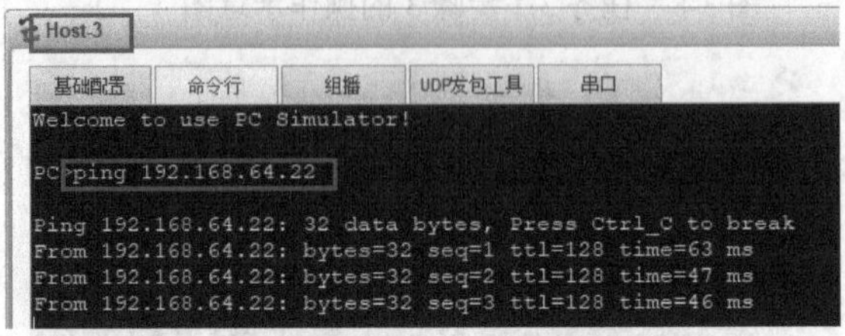

图 3-14 任务 3.1 步骤 3 的操作示意图（八）

步骤 4：配置交换机 SW-1

（1）双击 SW-1 打开交换机系统视图，进入系统视图后更改交换机的名称，如图 3-15 所示。

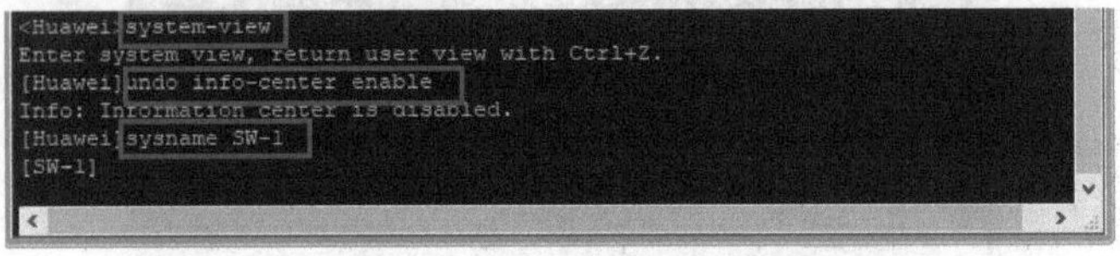

图 3-15 任务 3.1 步骤 4 的操作示意图（一）

（2）创建两个 VLAN 并分别命名为 vlan 10 与 vlan 20，如图 3-16 所示。提示：通过 vlan batch 命令可同时创建多个 VLAN，如在系统视图下执行 vlan batch 11 12 命令，可以同时创建 vlan 11 和 vlan 12。

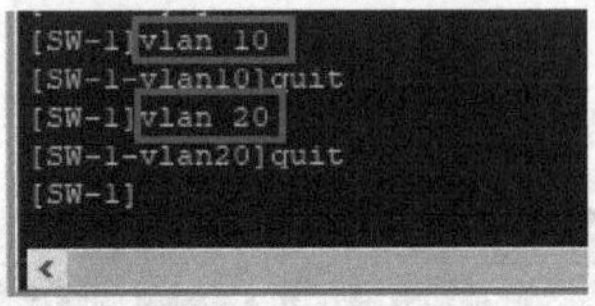

图 3-16 任务 3.1 步骤 4 的操作示意图（二）

（3）将接口划入 VLAN，操作步骤依次为：进入 Ethernet 0/0/1 接口，将接口类型设置为 Access，将 Ethernet 0/0/1 接口划分到 vlan 10，如图 3-17 所示。

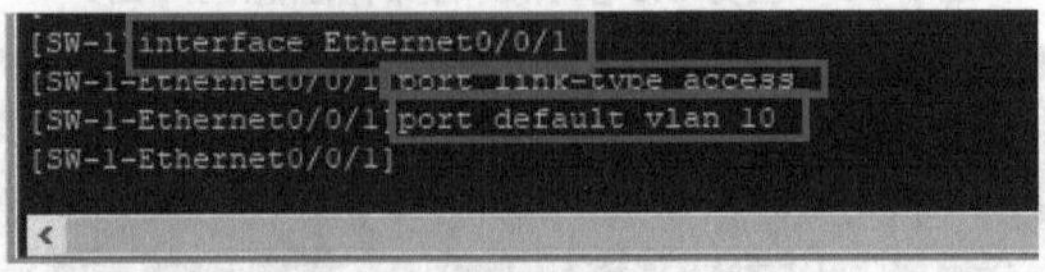

图 3-17 任务 3.1 步骤 4 的操作示意图（三）

（4）参照 Ethernet 0/0/1 接口的配置，设置 Ethernet 0/0/2、Ethernet 0/0/5、Ethernet 0/0/6 接口。进入 Ethernet 0/0/2 接口，将接口类型设置为 Access，将 Ethernet 0/0/2 接口划分到 vlan 10；进入 Ethernet 0/0/5 接口，将接口类型设置为 Access，将 Ethernet 0/0/5 接口划分到 vlan 20；进入 Ethernet 0/0/6 接口，将接口类型设置为 Access，将 Ethernet0/0/6 接口划分到 vlan 20，如图 3-18 所示。

```
[SW-1-Ethernet0/0/1]interface Ethernet0/0/2
[SW-1-Ethernet0/0/2]port link-type access
[SW-1-Ethernet0/0/2]port default vlan 10
[SW-1-Ethernet0/0/2]interface Ethernet0/0/5
[SW-1-Ethernet0/0/5]port link-type access
[SW-1-Ethernet0/0/5]port default vlan 20
[SW-1-Ethernet0/0/5]interface Ethernet0/0/6
[SW-1-Ethernet0/0/6]port link-type access
[SW-1-Ethernet0/0/6]port default vlan 20
[SW-1-Ethernet0/0/6]quit
[SW-1]
```

图 3-18　任务 3.1 步骤 4 的操作示意图（四）

（5）执行图 3-19 所示的命令显示当前的 VLAN 信息，结果如图 3-20 所示。

```
[SW-1]display vlan
```

图 3-19　任务 3.1 步骤 4 的操作示意图（五）

```
SW-1
MP: Vlan-mapping;               ST: Vlan-stacking;
#: ProtocolTransparent-vlan;    *: Management-vlan;
-------------------------------------------------------------------------------

VID  Type    Ports
-------------------------------------------------------------------------------
1    common  UT:Eth0/0/3(D)     Eth0/0/4(D)      Eth0/0/7(D)
                Eth0/0/9(D)     Eth0/0/10(D)     Eth0/0/11(D)
                Eth0/0/13(D)    Eth0/0/14(D)     Eth0/0/15(D)
                Eth0/0/17(D)    Eth0/0/18(D)     Eth0/0/19(D)
                Eth0/0/21(D)    Eth0/0/22(D)     GE0/0/1(D)

10   common  UT:Eth0/0/1(U)     Eth0/0/2(U)

20   common  UT:Eth0/0/5(U)     Eth0/0/6(U)


VID  Status  Property      MAC-LRN Statistics Description
-------------------------------------------------------------------------------

1    enable  default       enable  disable    VLAN 0001
10   enable  default       enable  disable    VLAN 0010
20   enable  default       enable  disable    VLAN 0020
[SW-1]
```

图 3-20　任务 3.1 步骤 4 的操作示意图（六）

（6）执行图 3-21 所示的命令，显示当前各接口所属的 VLAN 信息，结果如图 3-22 所示。

```
[SW-1]display port vlan
```

图 3-21　任务 3.1 步骤 4 的操作示意图（七）

```
SW-1
Ethernet0/0/2            access      10    -
Ethernet0/0/3            hybrid      1     -
Ethernet0/0/4            hybrid      1     -
Ethernet0/0/5            access      20    -
Ethernet0/0/6            access      20    -
Ethernet0/0/7            hybrid      1     -
Ethernet0/0/8            hybrid      1     -
Ethernet0/0/9            hybrid      1     -
Ethernet0/0/10           hybrid      1     -
Ethernet0/0/11           hybrid      1     -
Ethernet0/0/12           hybrid      1     -
Ethernet0/0/13           hybrid      1     -
Ethernet0/0/14           hybrid      1     -
Ethernet0/0/15           hybrid      1     -
Ethernet0/0/16           hybrid      1     -
Ethernet0/0/17           hybrid      1     -
Ethernet0/0/18           hybrid      1     -
Ethernet0/0/19           hybrid      1     -
Ethernet0/0/20           hybrid      1     -
Ethernet0/0/21           hybrid      1     -
Ethernet0/0/22           hybrid      1     -
GigabitEthernet0/0/1     hybrid      1     -
GigabitEthernet0/0/2     hybrid      1     -
[SW-1]
```

图 3-22　任务 3.1 步骤 4 的操作示意图（八）

（7）退出系统视图并保存配置，如图 3-23 所示。

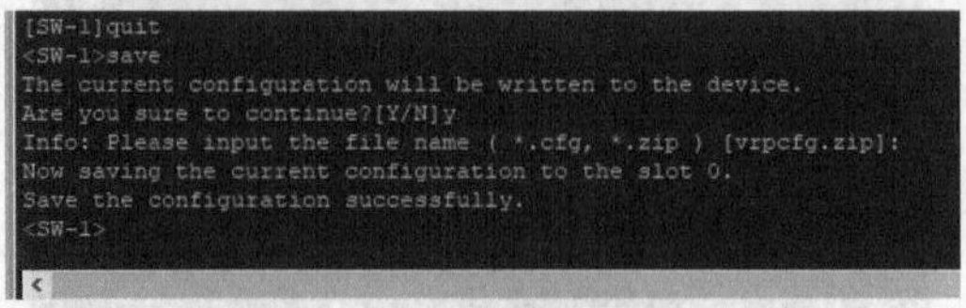
[SW-1]quit
<SW-1>save
The current configuration will be written to the device.
Are you sure to continue?[Y/N]y
Info: Please input the file name (*.cfg, *.zip) [vrpcfg.zip]:
Now saving the current configuration to the slot 0.
Save the configuration successfully.
<SW-1>

图 3-23 任务 3.1 步骤 4 的操作示意图（九）

步骤 5：VLAN 的通信测试

在 SW-1 上配置 VLAN 后，再次使用 ping 命令测试主机的通信情况，同一个 VLAN 内的主机 Host-1 与 Host-2、Host-3 与 Host-4 可以互相通信，不同 VLAN 之间的主机不能通信，如图 3-24 到图 3-26 所示。

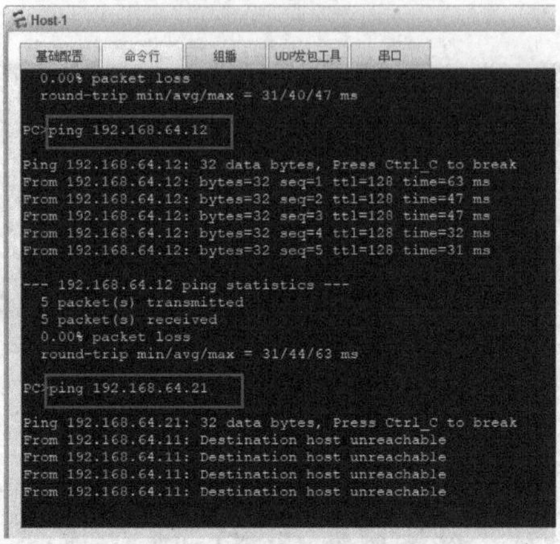

图 3-24 任务 3.1 步骤 5 的操作示意图（一）

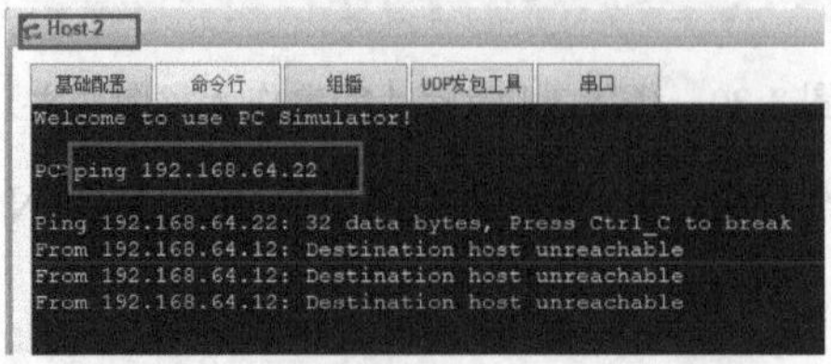

图 3-25 任务 3.1 步骤 5 的操作示意图（二）

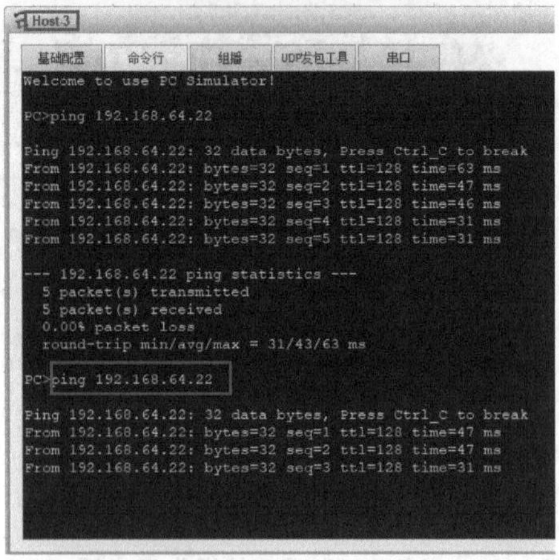

图 3-26 任务 3.1 步骤 5 的操作示意图（三）

3.3.2　任务 3.2：跨交换机应用 VLAN

（任务 3.2）

步骤 1：在 eNSP 中部署网络

（1）双击桌面的 eNSP 图标，打开 eNSP。单击工具栏中的“”按钮，添加 8 台主机并分别命名为 Host-1～Host-8，添加 2 台型号为 S3700 的交换机并命名为 SW-1 和 SW-2，单击“”按钮启动设备，如图 3-27 所示。

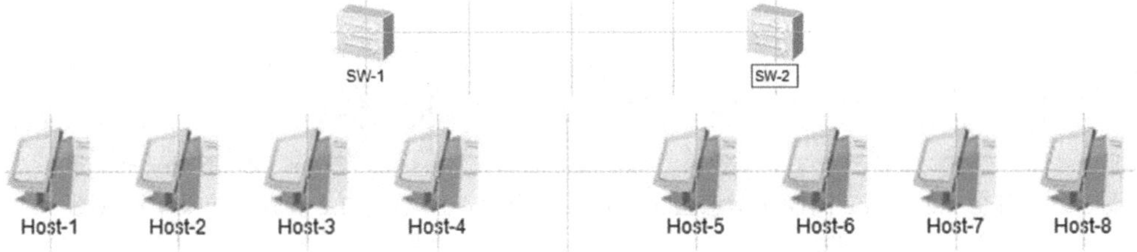

图 3-27　任务 3.2 步骤 1 的操作示意图（一）

（2）将 Host-1 接入 SW-1 的 Ethernet 0/0/1 接口，将 Host-2 接入 SW-1 的 Ethernet 0/0/2 接口，将 Host-3 接入 SW-1 的 Ethernet 0/0/5 接口，将 Host-4 接入 SW-1 的 Ethernet 0/0/6 接口，将 Host-5 接入 SW-2 的 Ethernet 0/0/1 接口，将 Host-6 接入 SW-2 的 Ethernet 0/0/2 接口，将 Host-7 接入 SW-2 的 Ethernet 0/0/5 接口，将 Host-8 接入 SW-2 的 Ethernet 0/0/6 接口，连接 SW-1 的 GE 0/0/1 接口和 SW-2 的 GE 0/0/1 接口，用铜连线（Copper 连线）连接设备，如图 3-28 所示。

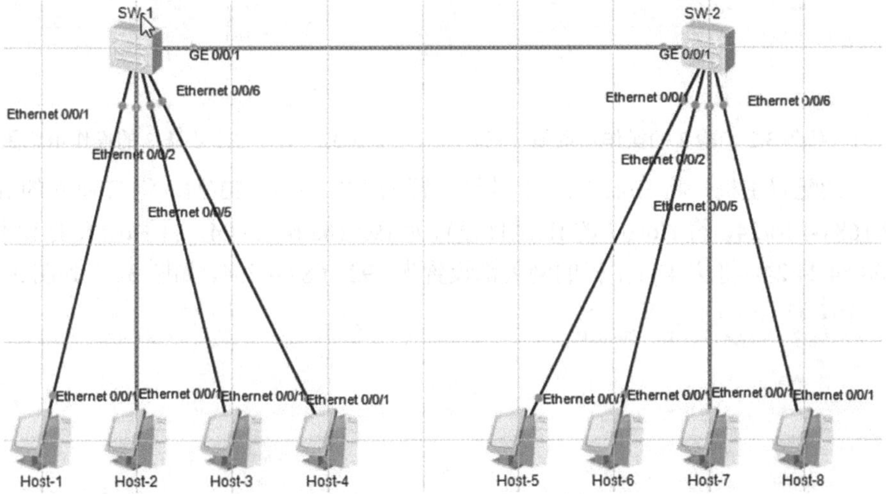

图 3-28　任务 3.2 步骤 1 的操作示意图（二）

步骤 2：配置主机

（1）双击主机进入主机配置界面，对各主机的 IP 地址、子网掩码及网关进行配置。将 Host-1 的 IP 地址设置为 192.168.64.11/24，将 Host-2 的 IP 地址设置为 192.168.64.12/24，将 Host-3 的 IP 地址设置为 192.168.64.21/24，将 Host-4 的 IP 地址设置为 192.168.64.22/24，将这 4 台主机的网关都设置为 192.168.64.254，如图 3-29 到图 3-32 所示。

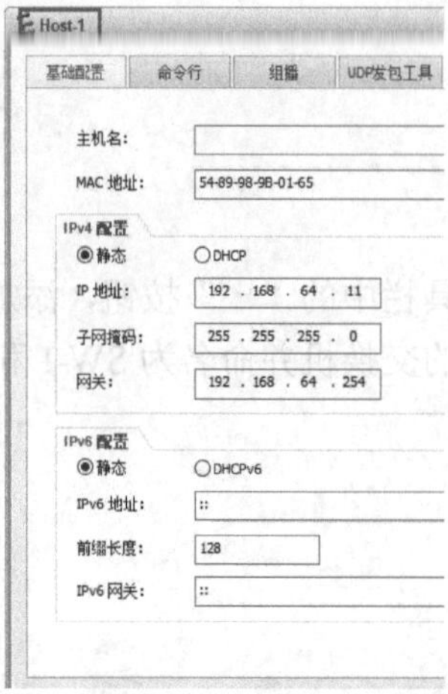

图 3-29　任务 3.2 步骤 2 的操作示意图（一）

图 3-30　任务 3.2 步骤 2 的操作示意图（二）

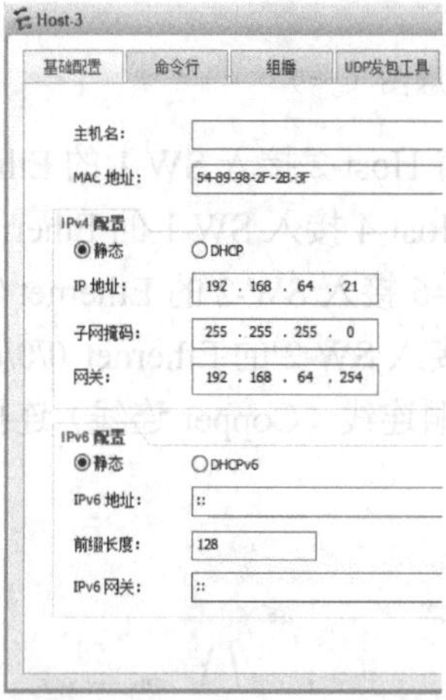

图 3-31　任务 3.2 步骤 2 的操作示意图（三）

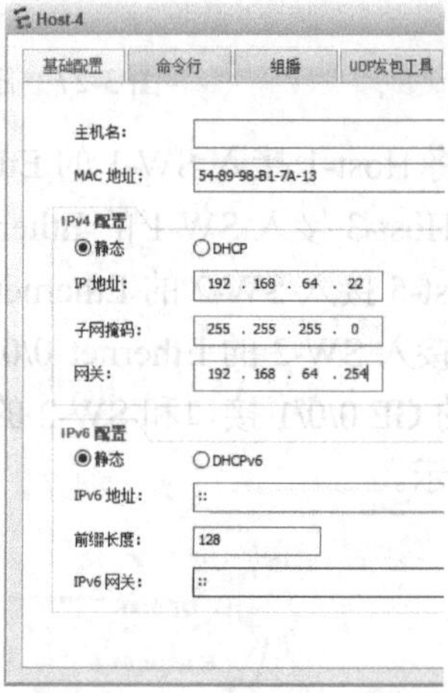

图 3-32　任务 3.2 步骤 2 的操作示意图（四）

（2）继续配置主机，将 Host-5 的 IP 地址设置为 192.168.64.13/24，将 Host-6 的 IP 地址设置为 192.168.64.14/24，将 Host-7 的 IP 地址设置为 192.168.64.23/24，将 Host-8 的 IP 地址设置为 192.168.64.24/24，将这 4 台主机的网关都设置为 192.168.64.254，如图 3-33 到图 3-36 所示。

图 3-33　任务 3.2 步骤 2 的操作示意图（五）

图 3-34　任务 3.2 步骤 2 的操作示意图（六）

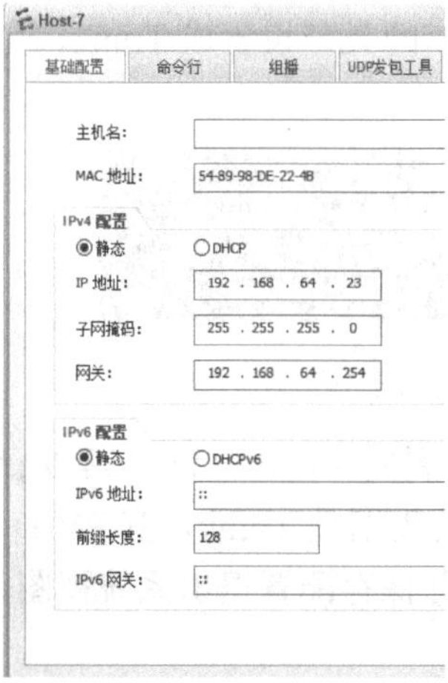

图 3-35　任务 3.2 步骤 2 的操作示意图（七）

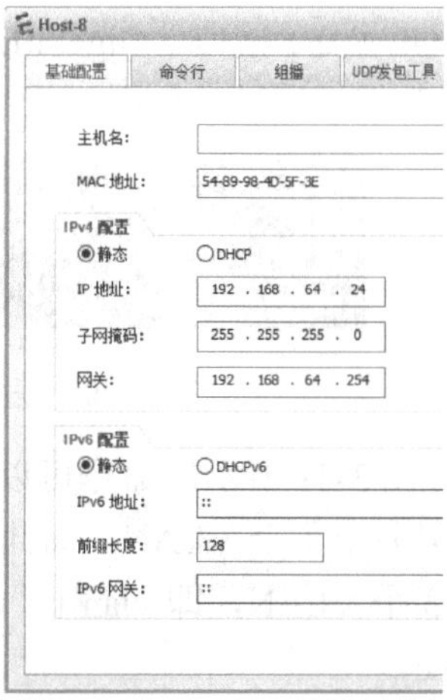

图 3-36　任务 3.2 步骤 2 的操作示意图（八）

步骤 3：配置 SW-1

（1）在交换机 SW-1 上创建 VLAN，进入系统视图，关闭交换机的信息中心，更改交换机的名称，如图 3-37 所示。

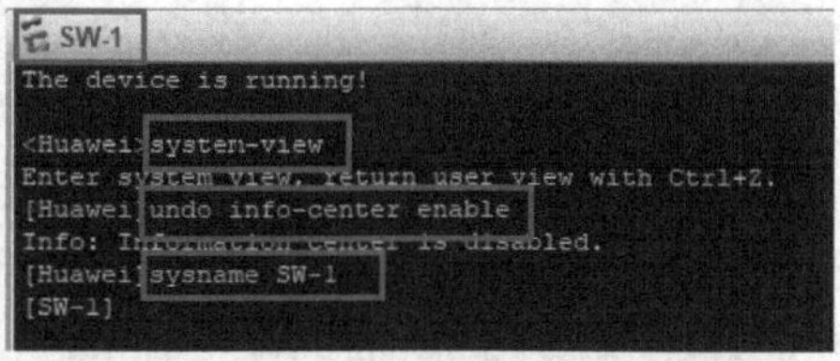

图 3-37　任务 3.2 步骤 3 的操作示意图（一）

（2）创建 vlan 10 和 vlan 20，将 Ethernet 0/0/1 接口和 Ethernet 0/0/2 接口的类型设置成 Access 并划入 vlan 110，将 Ethernet 0/0/5 接口和 Ethernet 0/0/6 接口的类型设置成 Access 并划入 vlan 20，如图 3-38 与图 3-39 所示。

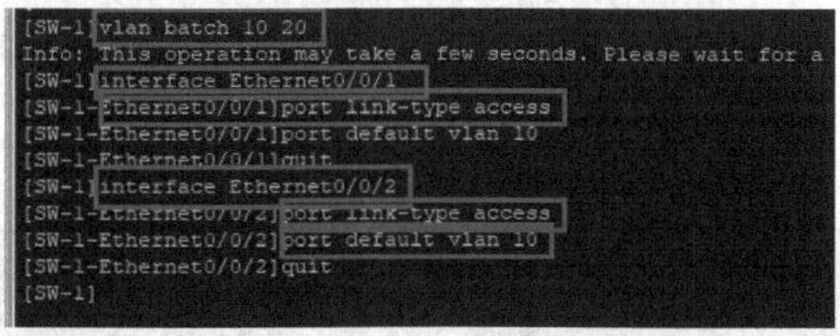

图 3-38　任务 3.2 步骤 3 的操作示意图（二）

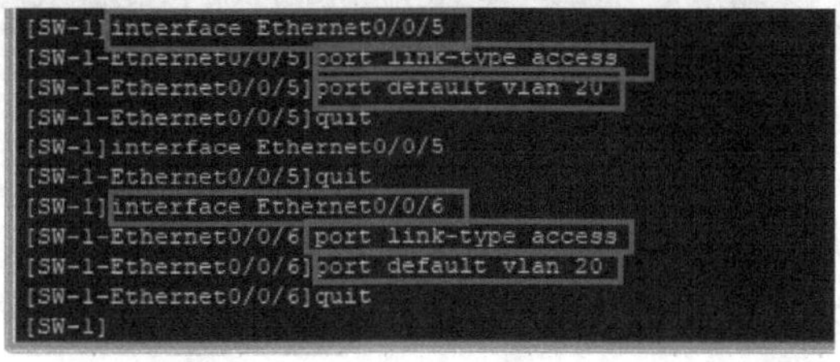

图 3-39　任务 3.2 步骤 3 的操作示意图（三）

（3）将 GE 0/0/1 接口（GigabitEthernet 0/0/1 接口）的类型设置成 Trunk，允许 vlan 10 和 vlan 20 的数据帧通过，如图 3-40 所示。

```
[SW-1]interface GigabitEthernet0/0/1
[SW-1-GigabitEthernet0/0/1]port link-type trunk
[SW-1-GigabitEthernet0/0/1]port trunk allow-pass vlan 10 20
[SW-1-GigabitEthernet0/0/1]quit
[SW-1]quit
```

图 3-40　任务 3.2 步骤 3 的操作示意图（四）

（4）通过图 3-41 所示的命令可以显示交换机接口所属的 VLAN 信息，可以看到，Access 类型的接口只属于 1 个 VLAN，而此处 GE 0/0/1 接口的类型是 Trunk，其 PVID 是 1，该接口同时属于 3 个 VLAN，即 vlan 1、vlan 10、vlan 20，并保存配置退出系统视图，如图 3-42 和图 3-43 所示。

```
<SW-1>display port vlan
```

图 3-41　任务 3.2 步骤 3 的操作示意图（五）

```
SW-1
Ethernet0/0/2          access     10    -
Ethernet0/0/3          hybrid     1     -
Ethernet0/0/4          hybrid     1     -
Ethernet0/0/5          access     20    -
Ethernet0/0/6          access     20    -
Ethernet0/0/7          hybrid     1     -
Ethernet0/0/8          hybrid     1     -
Ethernet0/0/9          hybrid     1     -
Ethernet0/0/10         hybrid     1     -
Ethernet0/0/11         hybrid     1     -
Ethernet0/0/12         hybrid     1     -
Ethernet0/0/13         hybrid     1     -
Ethernet0/0/14         hybrid     1     -
Ethernet0/0/15         hybrid     1     -
Ethernet0/0/16         hybrid     1     -
Ethernet0/0/17         hybrid     1     -
Ethernet0/0/18         hybrid     1     -
Ethernet0/0/19         hybrid     1     -
Ethernet0/0/20         hybrid     1     -
Ethernet0/0/21         hybrid     1     -
Ethernet0/0/22         hybrid     1     -
GigabitEthernet0/0/1   trunk      1     1 10 20
GigabitEthernet0/0/2   hybrid     1     -
<SW-1>
```

图 3-42　任务 3.2 步骤 3 的操作示意图（六）

```
<SW-1>save
The current configuration will be written to the device.
Are you sure to continue?[Y/N]y
Info: Please input the file name ( *.cfg, *.zip ) [vrpcfg.zip]:
Now saving the current configuration to the slot 0.
Save the configuration successfully.
<SW-1>
```

图 3-43　任务 3.2 步骤 3 的操作示意图（七）

步骤 4：配置交换机 SW-2

（1）在交换机 SW-2 上创建 VLAN，进入系统视图后关闭交换机的信息中心，更改交换机名称，如图 3-44 所示。

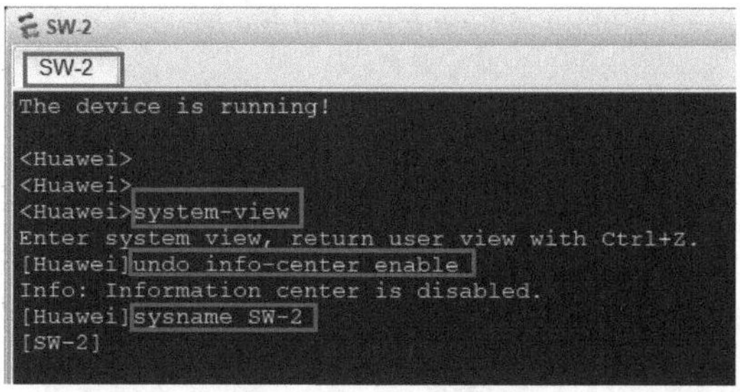

图 3-44　任务 3.2 步骤 4 的操作示意图（一）

（2）创建 vlan 10 及 vlan 20，将 Ethernet 0/0/1 接口和 Ethernet 0/0/2 接口的类型设置成 Access 并划入 vlan 10，将 Ethernet 0/0/5 接口和 Ethernet 0/0/6 接口的类型设置成 Access 并划入 vlan 20，如图 3-45 所示。

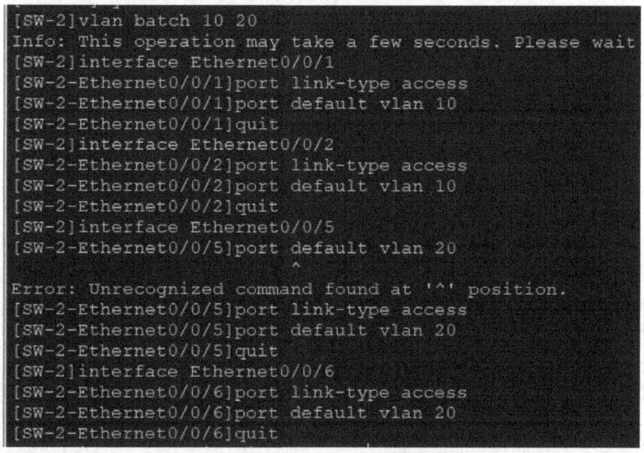

图 3-45　任务 3.2 步骤 4 的操作示意图（二）

（3）将 GE 0/0/1 接口的类型设置成 Trunk，允许 vlan 10 和 vlan 20 的数据帧通过，如图 3-46 所示。

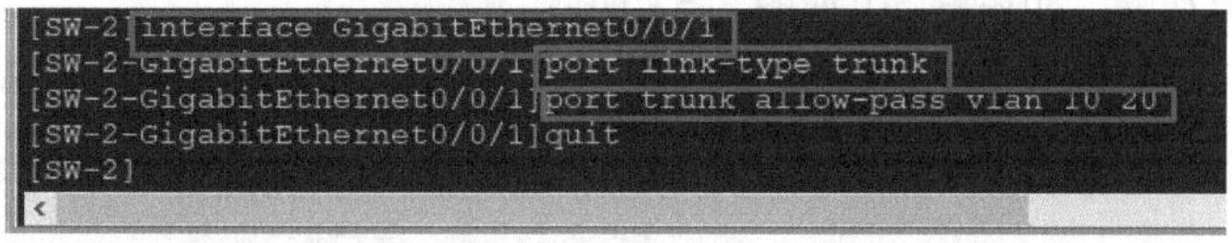

图 3-46　任务 3.2 步骤 4 的操作示意图（三）

3.3.3　任务 3.3：基于 MAC 地址的 VLAN 应用

（任务 3.3）

步骤 1：部署网络

（1）双击桌面的 eNSP 图标，打开 eNSP。单击工具栏中的“ ”按钮，添加 4 台主机并分别命名为 Host-A1、Host-B1、Printer-A、Printer-B，添加 3 台型号为 S3700 的交换机并命名为 SW-1、SW-2、SW-3，如图 3-47 所示。单击“ ”按钮启动设备，如图 3-48 所示。

（2）将 Host-A1 与 Host-B1 接入 SW-1 的任意接口，将 Printer-A 接入 SW-2 的 Ethernet 0/0/1 接口，将 Printer-B 接入 SW-2 的 Ethernet 0/0/2 接口，连接这些设备，如图 3-49 所示。

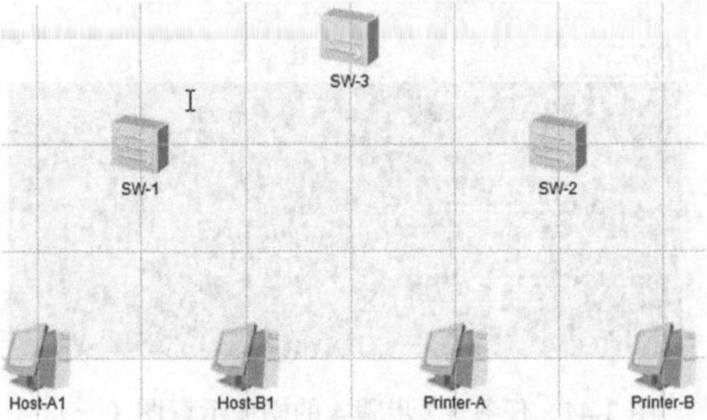

图 3-47　任务 3.3 步骤 1 的操作示意图（一）

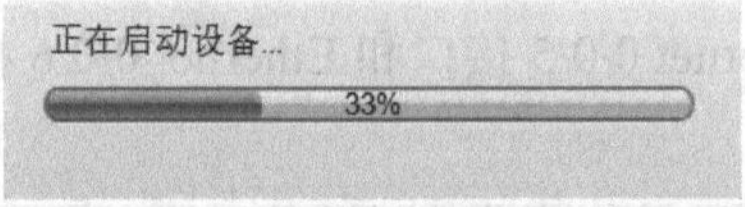

图 3-48　任务 3.3 步骤 1 的操作示意图（二）

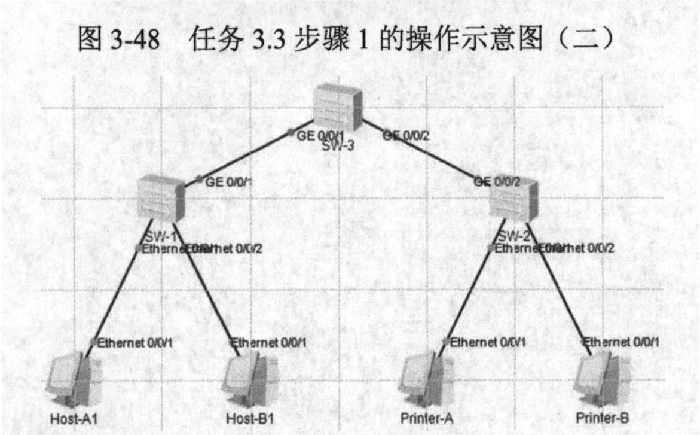

图 3-49　任务 3.3 步骤 1 的操作示意图（三）

步骤 2：配置用户主机

（1）将 Host-A1 的 IP 地址设置为 192.168.64.11/24，将 Host-B1 的 IP 地址设置为 192.168.64.21/24，将 Printer-A 的 IP 地址设置为 192.168.64.201/24，将 Printer-B 的 IP 地址设置为 192.168.64.202/24，如图 3-50 到图 3-53 所示。

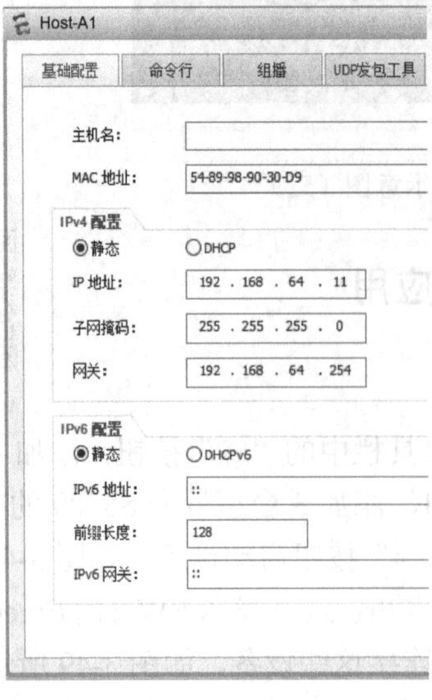

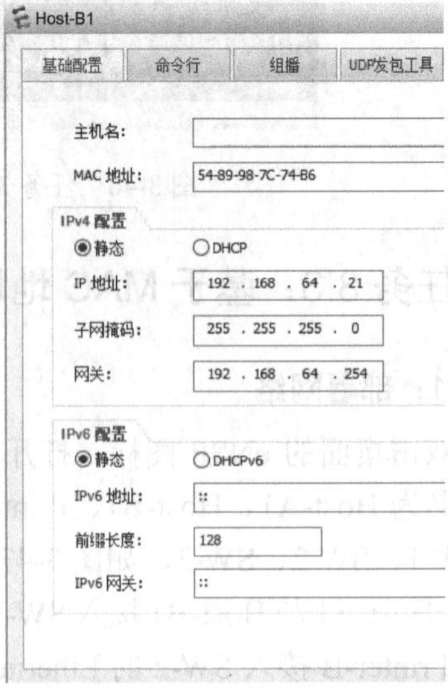

图 3-50　任务 3.3 步骤 2 的操作示意图（一）　　图 3-51　任务 3.3 步骤 2 的操作示意图（二）

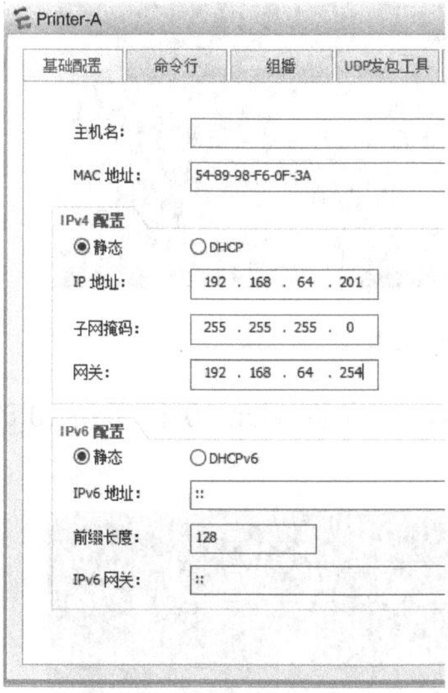

图 3-52　任务 3.3 步骤 2 的操作示意图（三）

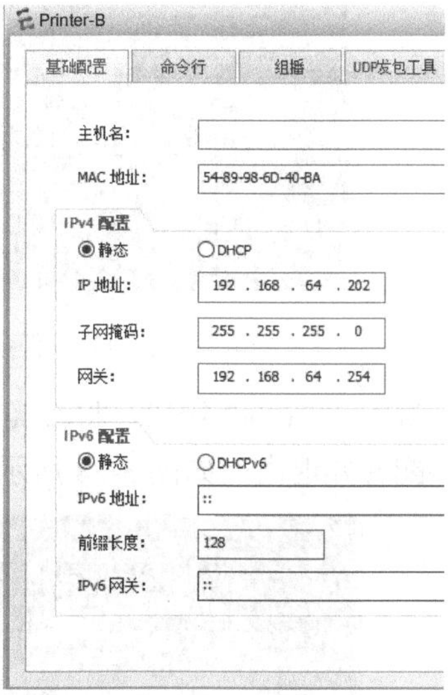

图 3-53　任务 3.3 步骤 2 的操作示意图（四）

（2）在 eNSP 中手动更改 Host-A1 和 Host-B1 的 MAC 地址。为了在配置基于 MAC 地址的 VLAN 时，输入主机 MAC 地址更方便，此处将 Host-A1 的 MAC 地址改为 00-00-00-00-00-A1，将 Host-B1 的 MAC 地址改为 00-00-00-00-00-B1，如图 3-54 和图 3-55 所示。

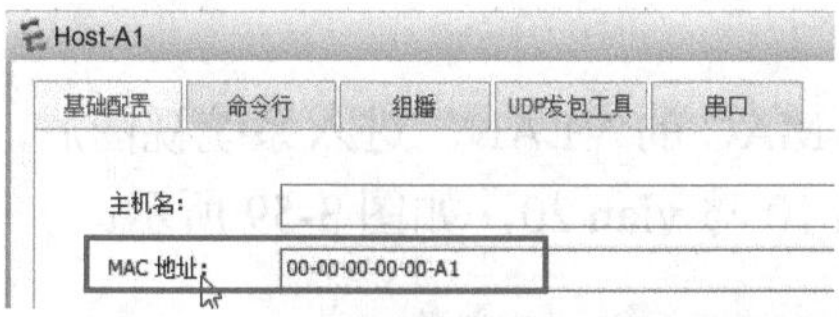

图 3-54　任务 3.3 步骤 2 的操作示意图（五）

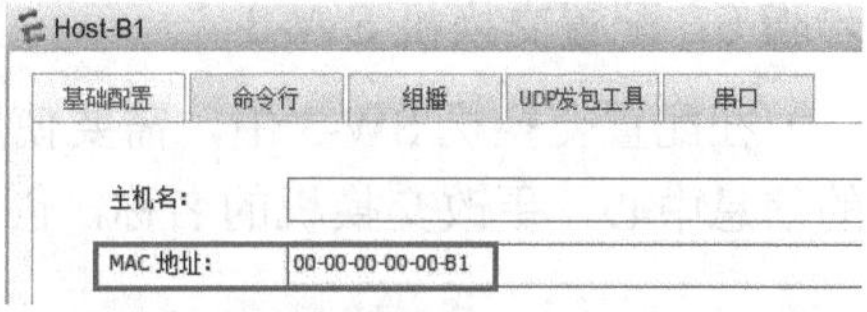

图 3-55　任务 3.3 步骤 2 的操作示意图（六）

步骤 3：配置交换机 SW-1

交换机 SW-1 用于接入部门 A 和部门 B 的主机（Host-A1 和 Host-B1），由于接入位置不固定，因此不对 SW-1 进行配置，保持默认配置。

步骤 4：配置交换机 SW-2

（1）对于交换机 SW-2，由于 Printer-A 和 Printer-B 的接入位置是固定的，因此使用基于接口的 VLAN。进入系统视图后，关闭信息中心，更改交换机的名称，如图 3-56 所示。

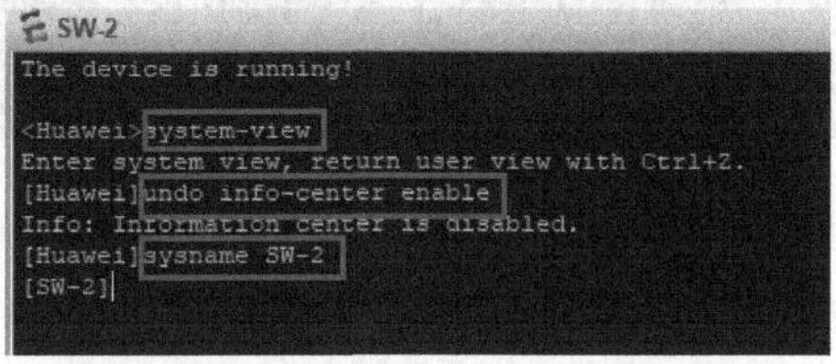

图 3-56　任务 3.3 步骤 4 的操作示意图（一）

（2）创建 vlan 10 和 vlan 20，将 Ethernet 0/0/1 接口的类型设置为 Access 并划入 vlan 10，将 Ethernet 0/0/2 接口的类型设置为 Access 并划入 vlan 20，如图 3-57 所示。

```
[SW-2]vlan batch 10 20
Info: This operation may take a few seconds. Please wait for a moment...done.
[SW-2]interface Ethernet0/0/1
[SW-2-Ethernet0/0/1]port link-type access
[SW-2-Ethernet0/0/1]port default vlan 10
[SW-2-Ethernet0/0/1]quit
[SW-2]interface Ethernet0/0/2
[SW-2-Ethernet0/0/2]port link-type access
[SW-2-Ethernet0/0/2]port default vlan 20
[SW-2-Ethernet0/0/2]quit
[SW-2]
```

图 3-57 任务 3.3 步骤 4 的操作示意图（二）

（3）进入 GE 0/0/2 接口，将其类型设置为 Trunk，并允许 vlan 10 和 vlan 20 的数据帧通过，保存配置并退出，如图 3-58 所示。

```
[SW-2]interface GigabitEthernet0/0/2
[SW-2-GigabitEthernet0/0/2]port link-type trunk
[SW-2-GigabitEthernet0/0/2]port trunk allow-pass vlan 10 20
[SW-2-GigabitEthernet0/0/2]quit
[SW-2]quit
<SW-2>save
The current configuration will be written to the device.
Are you sure to continue?[Y/N]y
Info: Please input the file name ( *.cfg, *.zip ) [vrpcfg.zip]:
Now saving the current configuration to the slot 0.
Save the configuration successfully.
<SW-2>
```

图 3-58 任务 3.3 步骤 4 的操作示意图（三）

步骤 5：配置交换机 SW-3

（1）在配置交换机 SW-3 中，需要使用基于 MAC 的 VLAN。进入系统视图后，关闭交换机的信息中心，更改交换机的名称，创建 vlan 10 与 vlan 20，如图 3-59 所示。

```
SW-3
The device is running!

<Huawei>system-view
Enter system view, return user view with Ctrl+Z.
[Huawei]undo info-center enable
Info: Information center is disabled.
[Huawei]sysname SW-3
[SW-3]vlan batch 10 20
Info: This operation may take a few seconds. Please wait for a
```

图 3-59 任务 3.3 步骤 5 的操作示意图（一）

（2）配置 MAC 地址和 VLAN 之间的映射关系，进入 VL AN10 并绑定 MAC 地址 00-00-00-00-00-A1（Host-A1 的 MAC 地址），如图 3-60 所示。

```
[SW-3]vlan 10
[SW-3-vlan10]mac-vlan mac-address 0000-0000-00A1
[SW-3-vlan10]quit
[SW-3]
```

图 3-60 任务 3.3 步骤 5 的操作示意图（二）

（3）进入 vlan 20 并绑定 MAC 地址 00-00-00-00-00-B1（Host-B1 的 MAC 地址），如图 3-61 所示。

```
[SW-3]vlan 20
[SW-3-vlan20]mac-vlan mac-address 0000-0000-00B1
[SW-3-vlan20]quit
[SW-3]
```

图 3-61 任务 3.3 步骤 5 的操作示意图（三）

（4）对 GE 0/0/1 接口进行配置。首先进入该接口视图，然后开启当前接口的基于 MAC 地址划分 VLAN 的功能，即普通数据帧进入本接口后会根据 MAC-VLAN 对应表加上相应 VLAN 的标记，如图 3-62 所示。

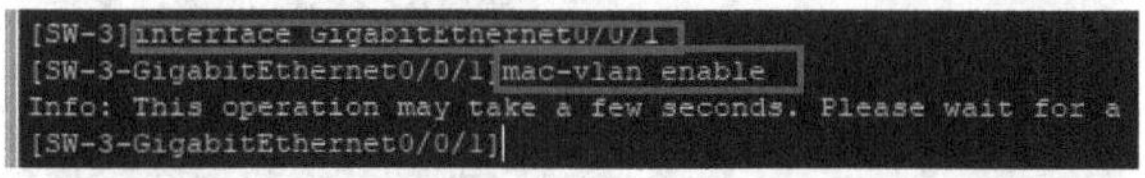

```
[SW-3]interface GigabitEthernet0/0/1
[SW-3-GigabitEthernet0/0/1]mac-vlan enable
Info: This operation may take a few seconds. Please wait for a
[SW-3-GigabitEthernet0/0/1]
```

图 3-62　任务 3.3 步骤 5 的操作示意图（四）

（5）将 GE 0/0/1 接口的类型设置为 Hybrid，允许 vlan 10 和 vlan 20 的数据帧通过，并在该接口发送数据帧时，去掉 VLAN 标记，如图 3-63 所示。

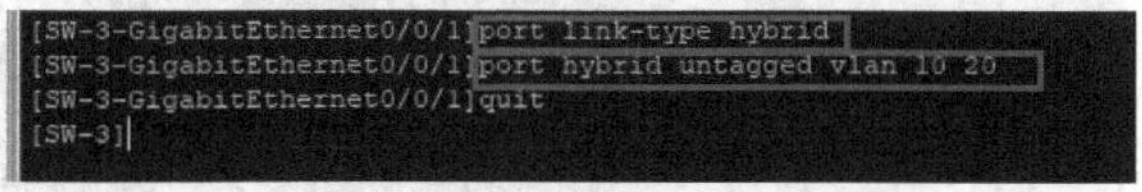

```
[SW-3-GigabitEthernet0/0/1]port link-type hybrid
[SW-3-GigabitEthernet0/0/1]port hybrid untagged vlan 10 20
[SW-3-GigabitEthernet0/0/1]quit
[SW-3]
```

图 3-63　任务 3.3 步骤 5 的操作示意图（五）

（6）将 GE 0/0/2 接口的类型设置为 Trunk，允许 vlan 10 和 vlan 20 的数据帧通过，如图 3-64 所示。

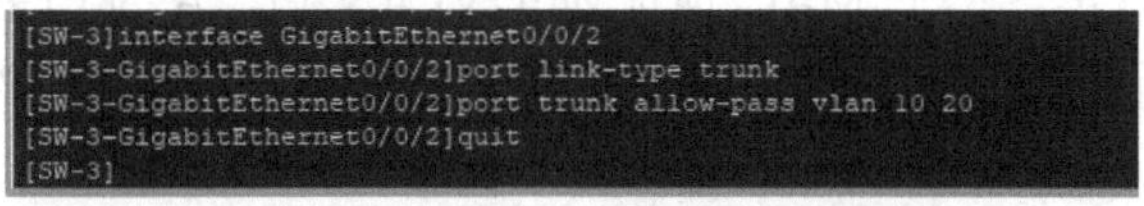

```
[SW-3]interface GigabitEthernet0/0/2
[SW-3-GigabitEthernet0/0/2]port link-type trunk
[SW-3-GigabitEthernet0/0/2]port trunk allow-pass vlan 10 20
[SW-3-GigabitEthernet0/0/2]quit
[SW-3]
```

图 3-64　任务 3.3 步骤 5 的操作示意图（六）

（7）保存配置并退出系统视图，如图 3-65 所示。

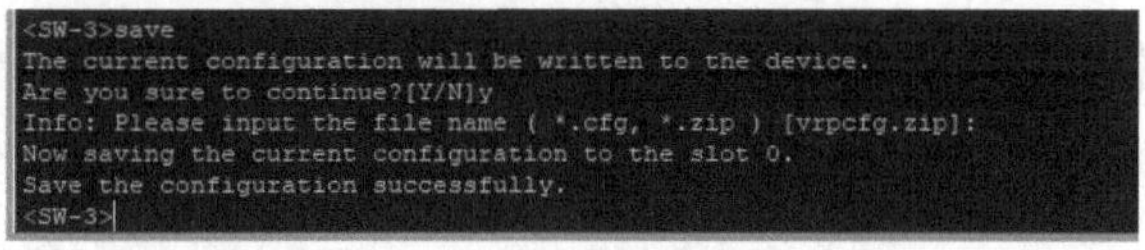

```
<SW-3>save
The current configuration will be written to the device.
Are you sure to continue?[Y/N]y
Info: Please input the file name ( *.cfg, *.zip ) [vrpcfg.zip]:
Now saving the current configuration to the slot 0.
Save the configuration successfully.
<SW-3>
```

图 3-65　任务 3.3 步骤 5 的操作示意图（七）

步骤 6：测试通信

使用 ping 命令测试 Host-A1 和 Host-B1 分别访问 Printer-A 和 Printer-B 的情况，如图 3-66 和图 3-67 所示。

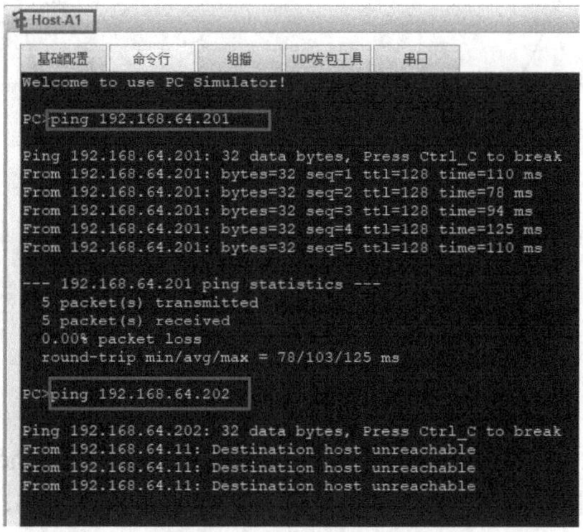


```
Welcome to use PC Simulator!

PC>ping 192.168.64.201

Ping 192.168.64.201: 32 data bytes, Press Ctrl_C to break
From 192.168.64.201: bytes=32 seq=1 ttl=128 time=110 ms
From 192.168.64.201: bytes=32 seq=2 ttl=128 time=78 ms
From 192.168.64.201: bytes=32 seq=3 ttl=128 time=94 ms
From 192.168.64.201: bytes=32 seq=4 ttl=128 time=125 ms
From 192.168.64.201: bytes=32 seq=5 ttl=128 time=110 ms

--- 192.168.64.201 ping statistics ---
  5 packet(s) transmitted
  5 packet(s) received
  0.00% packet loss
  round-trip min/avg/max = 78/103/125 ms

PC>ping 192.168.64.202

Ping 192.168.64.202: 32 data bytes, Press Ctrl_C to break
From 192.168.64.11: Destination host unreachable
From 192.168.64.11: Destination host unreachable
From 192.168.64.11: Destination host unreachable
```

图 3-66　任务 3.3 步骤 6 的操作示意图（一）

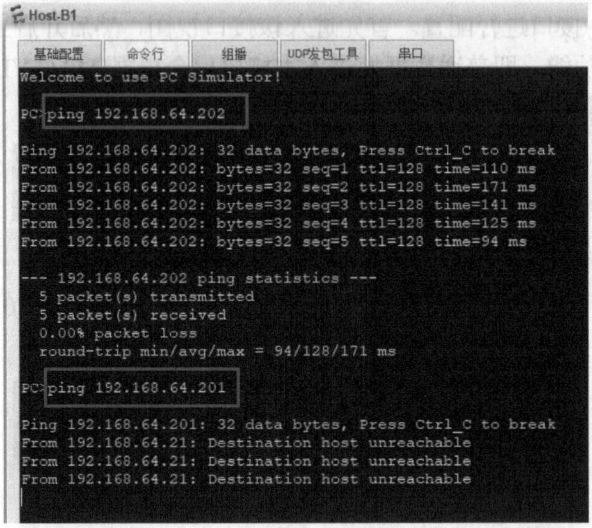

图 3-67 任务 3.3 步骤 6 的操作示意图（二）

从测试结果可以看出，基于 MAC 地址划分 VLAN 后，A 部门主机 Host-A1 可以访问 Printer-A，但不能访问 Printer-B；B 部门主机 Host-B1 可以访问 Printer-B，但不能访问 Printer-A。

（任务 3.4）

3.3.4 任务 3.4：VLAN 通信报文的分析

步骤 1：确定网络拓扑与抓包位置

建立网络拓扑，操作如图 3-68 所示。

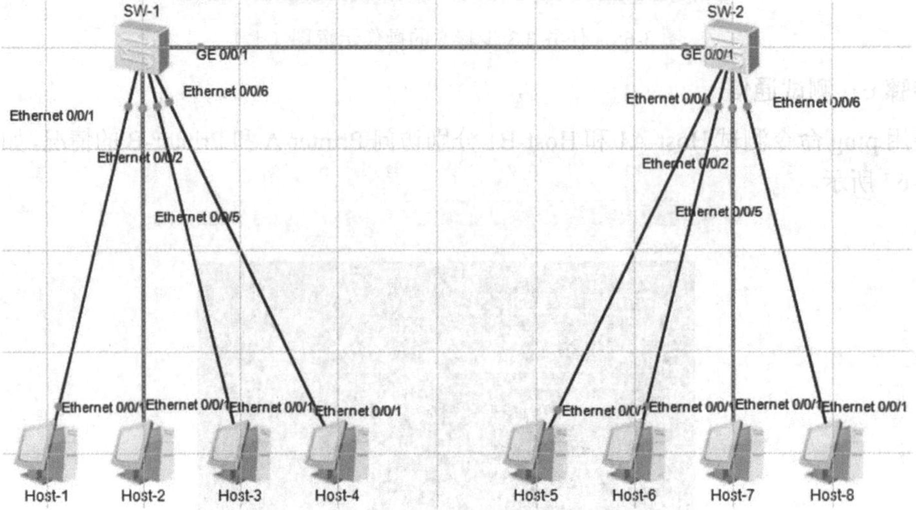

图 3-68 任务 3.4 步骤 1 的操作示意图

将 SW-1 的 Ethernet 0/0/1、Ethernet 0/0/2、Ethernet 0/0/5、Ethernet 0/0/6、GE 0/0/1 接口标注为 1～5；将 SW-2 的 Ethernet 0/0/1、Ethernet 0/0/2、Ethernet 0/0/5、Ethernet 0/0/6 接口标注为 6～9。

步骤 2：分析验证 VLAN 隔离广播报文的效果

（1）在 Host-1 中通过 ping 192.168.64.24 -t 命令测试 Host-1（属于 vlan 10）与 Host-8（属于 vlan 20）的通信，如图 3-69 所示。由于 Host-1 和 Host-8 属于不同的 VLAN，因此不能正常通信。

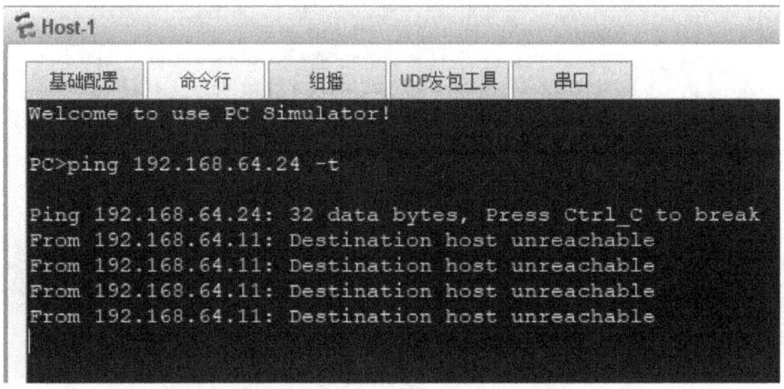

图 3-69　任务 3.4 步骤 2 的操作示意图（一）

（2）当 Host-1 访问 Host-8 时，Host-1 一开始是并不知道 Host-8 的 MAC 地址的，所以 Host-1 会先通过 ARP 获取 Host-8 的 MAC 地址，然后验证 VLAN 对广播包的隔离作用，如图 3-70 和图 3-71 所示。

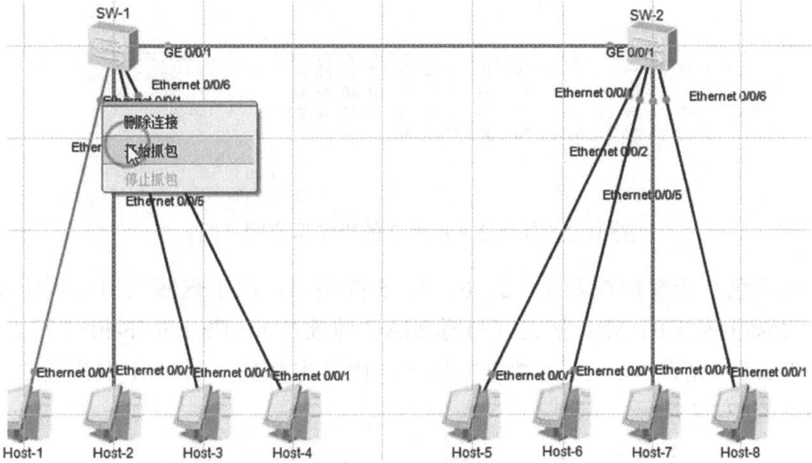

图 3-70　任务 3.4 步骤 2 的操作示意图（二）

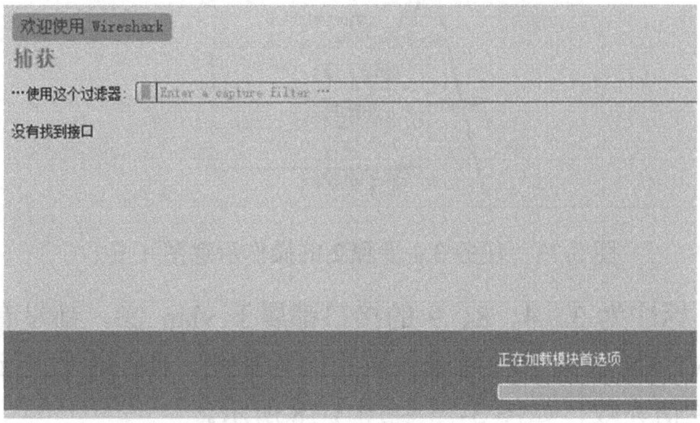

图 3-71　任务 3.4 步骤 2 的操作示意图（三）

（3）为了方便查看，在每个抓包点处的 Wireshark 过滤栏中设置过滤条件，此处输入 arp 表示只显示抓取到的 ARP 报文，如图 3-72 所示。

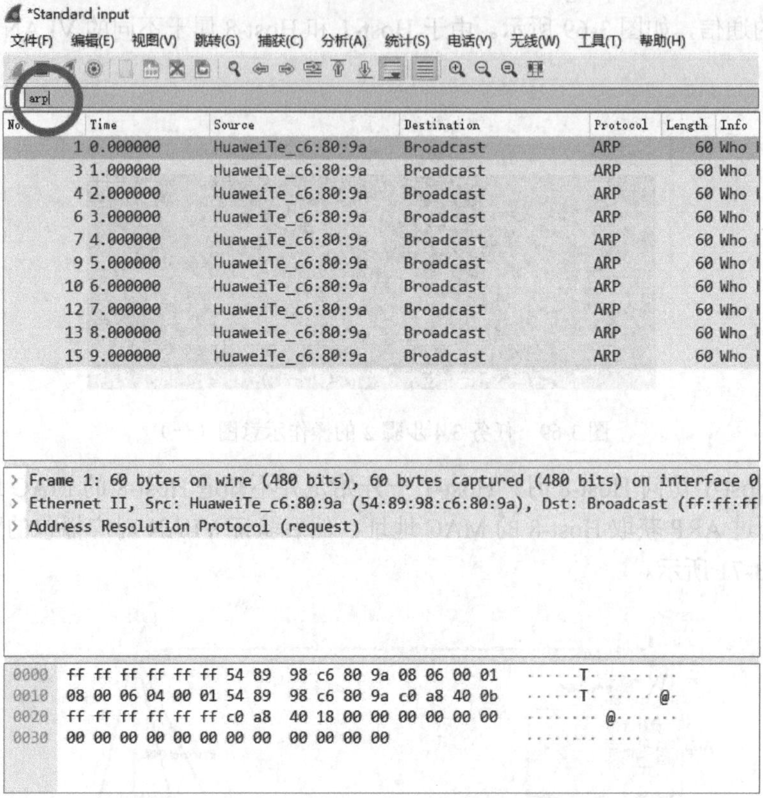

*Standard input
文件(F) 编辑(E) 视图(V) 跳转(G) 捕获(C) 分析(A) 统计(S) 电话(Y) 无线(W) 工具(T) 帮助(H)
arp
Time Source Destination Protocol Length Info
1 0.000000 HuaweiTe_c6:80:9a Broadcast ARP 60 Who
3 1.000000 HuaweiTe_c6:80:9a Broadcast ARP 60 Who
4 2.000000 HuaweiTe_c6:80:9a Broadcast ARP 60 Who
6 3.000000 HuaweiTe_c6:80:9a Broadcast ARP 60 Who
7 4.000000 HuaweiTe_c6:80:9a Broadcast ARP 60 Who
9 5.000000 HuaweiTe_c6:80:9a Broadcast ARP 60 Who
10 6.000000 HuaweiTe_c6:80:9a Broadcast ARP 60 Who
12 7.000000 HuaweiTe_c6:80:9a Broadcast ARP 60 Who
13 8.000000 HuaweiTe_c6:80:9a Broadcast ARP 60 Who
15 9.000000 HuaweiTe_c6:80:9a Broadcast ARP 60 Who
Frame 1: 60 bytes on wire (480 bits), 60 bytes captured (480 bits) on interface 0
Ethernet II, Src: HuaweiTe_c6:80:9a (54:89:98:c6:80:9a), Dst: Broadcast (ff:ff:ff
Address Resolution Protocol (request)
0000 ff ff ff ff ff ff 54 89 98 c6 80 9a 08 06 00 01
0010 08 00 06 04 00 01 54 89 98 c6 80 9a c0 a8 40 0b
0020 ff ff ff ff ff ff c0 a8 40 18 00 00 00 00 00 00
0030 00 00 00 00 00 00 00 00 00 00 00 00

图 3-72 任务 3.4 步骤 2 的操作示意图（四）

（4）依次抓包，查看标注为 1、2、6、7、5 的接口，由于这些接口都属于 vlan 10，所以都抓到了 Host-1 发出的 ARP 报文（目标 MAC 地址是 FF-FF-FF-FF-FF-FF）。标注为 5 的接口类型是 Trunk，允许 vlan 10 的数据帧通过，因此也抓到了 Host-1 发出的 ARP 报文，操作如图 3-73 和图 3-74 所示。

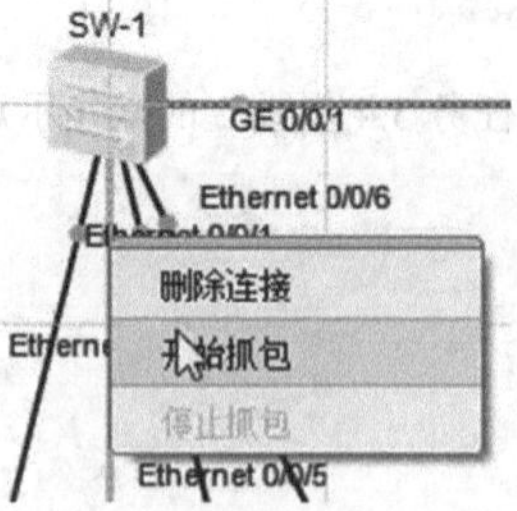

图 3-73 任务 3.4 步骤 2 的操作示意图（五）

（5）依次抓包，标注为 3、4、8、9 的接口都属于 vlan 20，都没有抓到 Host-1 发送的 ARP 报文，这表明 VLAN 隔离了广播域。也正因为如此，Host-1 收不到 Host-8 的回应，因此不同 VLAN 间的通信失败，如图 3-75 到图 3-78 所示。

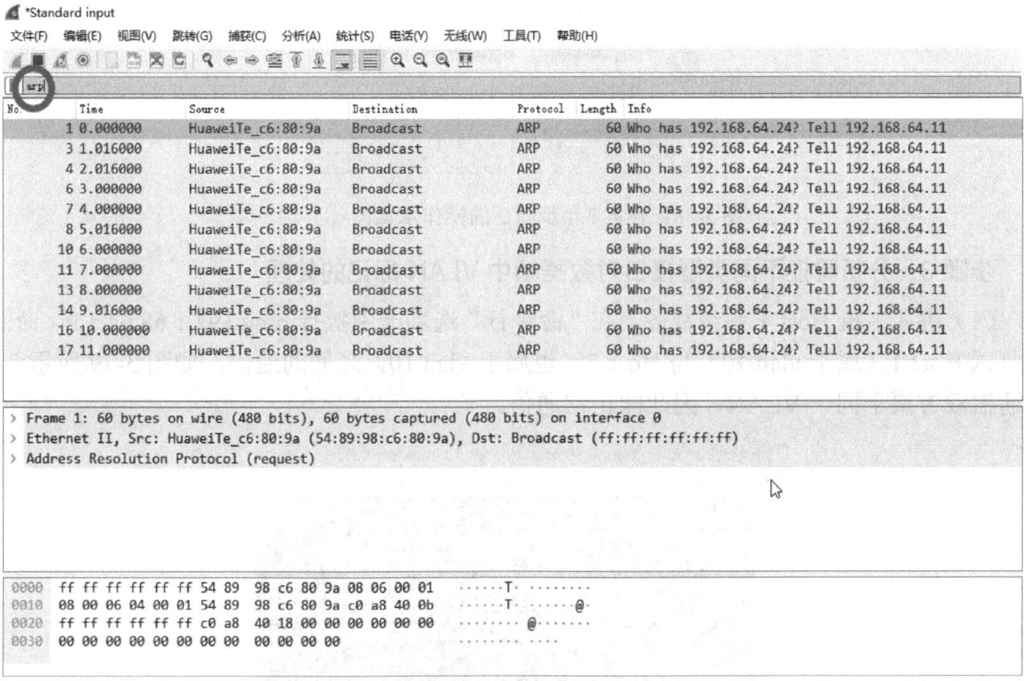
*Standard input
文件(F) 编辑(E) 视图(V) 跳转(G) 捕获(C) 分析(A) 统计(S) 电话(Y) 无线(W) 工具(T) 帮助(H)
arp
No. Time Source Destination Protocol Length Info
1 0.000000 HuaweiTe_c6:80:9a Broadcast ARP 60 Who has 192.168.64.24? Tell 192.168.64.11
3 1.016000 HuaweiTe_c6:80:9a Broadcast ARP 60 Who has 192.168.64.24? Tell 192.168.64.11
4 2.016000 HuaweiTe_c6:80:9a Broadcast ARP 60 Who has 192.168.64.24? Tell 192.168.64.11
6 3.000000 HuaweiTe_c6:80:9a Broadcast ARP 60 Who has 192.168.64.24? Tell 192.168.64.11
7 4.000000 HuaweiTe_c6:80:9a Broadcast ARP 60 Who has 192.168.64.24? Tell 192.168.64.11
8 5.016000 HuaweiTe_c6:80:9a Broadcast ARP 60 Who has 192.168.64.24? Tell 192.168.64.11
10 6.000000 HuaweiTe_c6:80:9a Broadcast ARP 60 Who has 192.168.64.24? Tell 192.168.64.11
11 7.000000 HuaweiTe_c6:80:9a Broadcast ARP 60 Who has 192.168.64.24? Tell 192.168.64.11
13 8.000000 HuaweiTe_c6:80:9a Broadcast ARP 60 Who has 192.168.64.24? Tell 192.168.64.11
14 9.016000 HuaweiTe_c6:80:9a Broadcast ARP 60 Who has 192.168.64.24? Tell 192.168.64.11
16 10.000000 HuaweiTe_c6:80:9a Broadcast ARP 60 Who has 192.168.64.24? Tell 192.168.64.11
17 11.000000 HuaweiTe_c6:80:9a Broadcast ARP 60 Who has 192.168.64.24? Tell 192.168.64.11
Frame 1: 60 bytes on wire (480 bits), 60 bytes captured (480 bits) on interface 0
Ethernet II, Src: HuaweiTe_c6:80:9a (54:89:98:c6:80:9a), Dst: Broadcast (ff:ff:ff:ff:ff:ff)
Address Resolution Protocol (request)
0000 ff ff ff ff ff ff 54 89 98 c6 80 9a 08 06 00 01
0010 08 00 06 04 00 01 54 89 98 c6 80 9a c0 a8 40 0b
0020 ff ff ff ff ff ff c0 a8 40 18 00 00 00 00 00 00
0030 00 00 00 00 00 00 00 00 00 00 00 00

图 3-74　任务 3.4 步骤 2 的操作示意图（六）

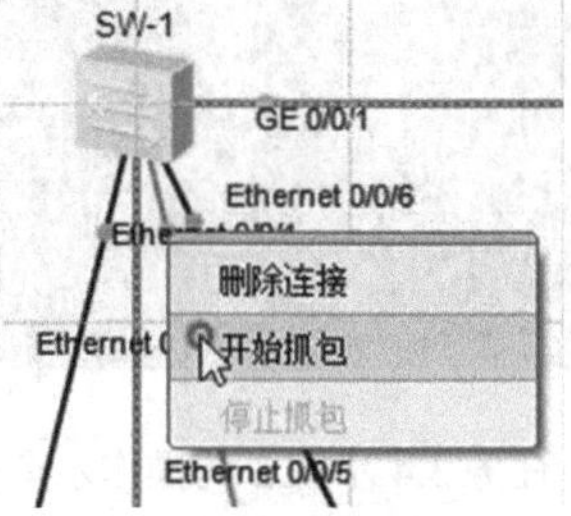
SW-1
GE 0/0/1
Ethernet 0/0/6
删除连接
开始抓包
停止抓包
Ethernet 0/0/5

图 3-75　任务 3.4 步骤 2 的操作示意图（七）

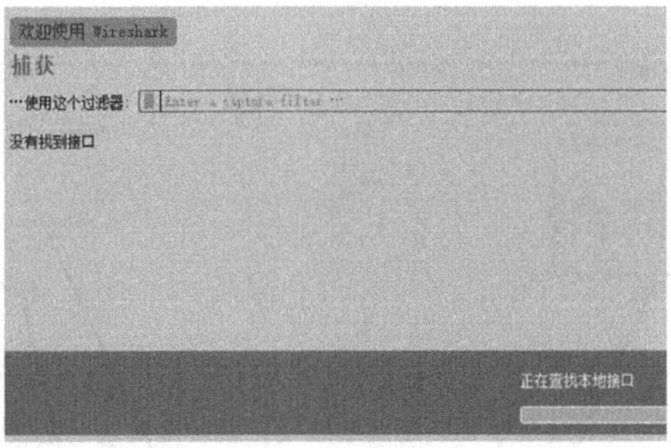
欢迎使用 Wireshark
捕获
…使用这个过滤器:
没有找到接口
正在查找本地接口

图 3-76 任务 3.4 步骤 2 的操作示意图（八）

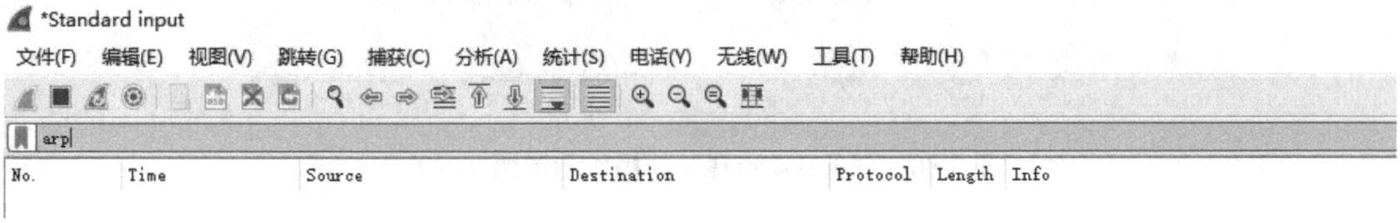
*Standard input
文件(F) 编辑(E) 视图(V) 跳转(G) 捕获(C) 分析(A) 统计(S) 电话(Y) 无线(W) 工具(T) 帮助(H)
arp
No. Time Source Destination Protocol Length Info

图 3-77 任务 3.4 步骤 2 的操作示意图（九）

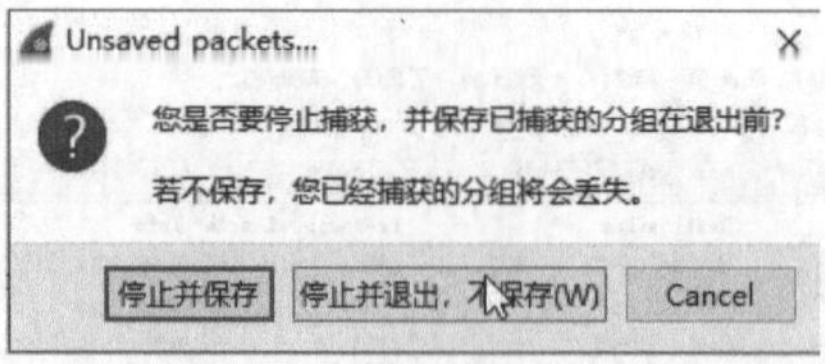

图 3-78　任务 3.4 步骤 2 的操作示意图（十）

步骤 3：分析验证不同类型接口对数据帧中 VLAN 标记的处理

（1）进入主机 Host-1 系统视图，在“命令行”选项卡中执行 ping 192.1 68.64.13 -t 命令，即测试 Host-1（属于 vlan 10）与 Host-5（也属于 vlan 10）之间的通信，如图 3-79 所示。由于通信双方属于同一 VLAN，因此能正常通信。

图 3-79　任务 3.4 步骤 3 的操作示意图（一）

（2）在标注为 3、4、8、9 的接口抓包，如图 3-80 与图 3-81 所示。

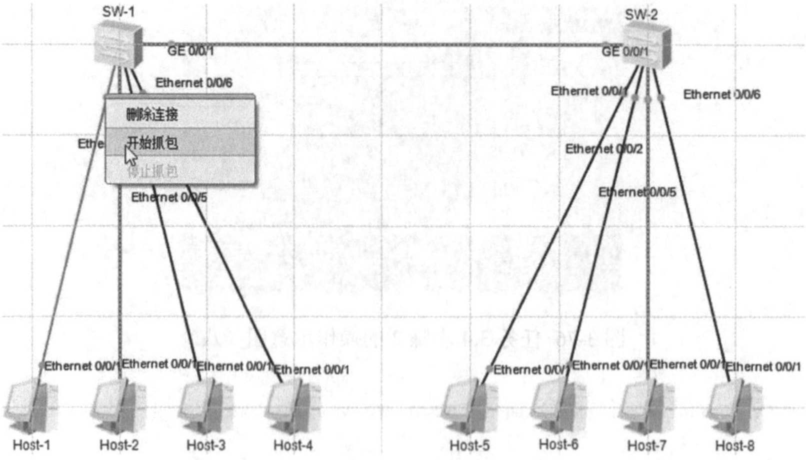

图 3-80　任务 3.4 步骤 3 的操作示意图（二）

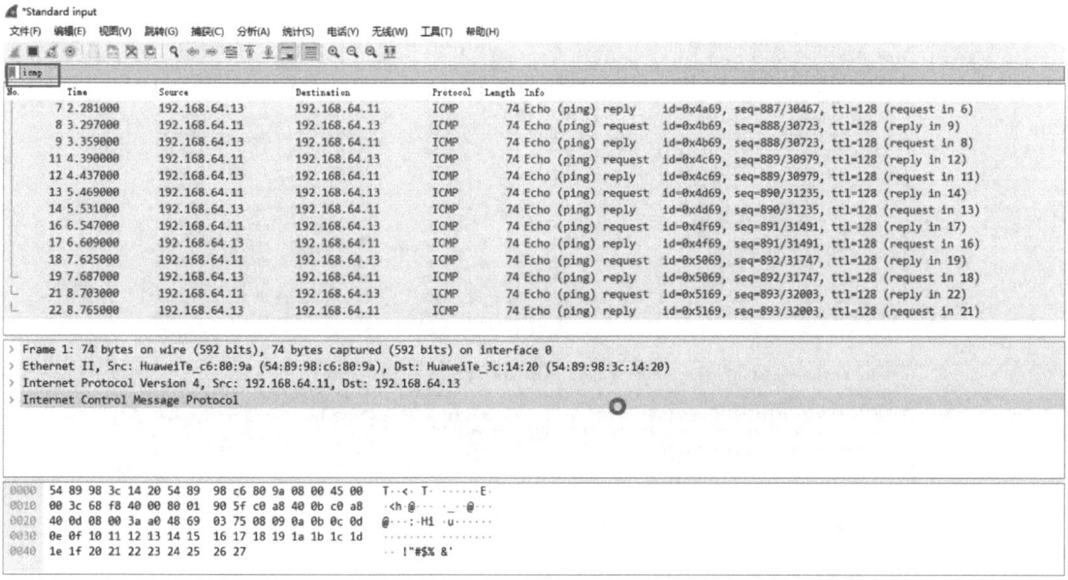

图 3-81　任务 3.4 步骤 3 的操作示意图（三）

（3）查看标注为 1 的接口的 31 号报文可知，该报文是从 Host-1（192.168.64.11）发往 Host-5（192.168.64.13）的，如图 3-82 所示。由于该报文是从 Host-1 发出的，因此是普通数据帧，没有添加 VLAN 的标记。

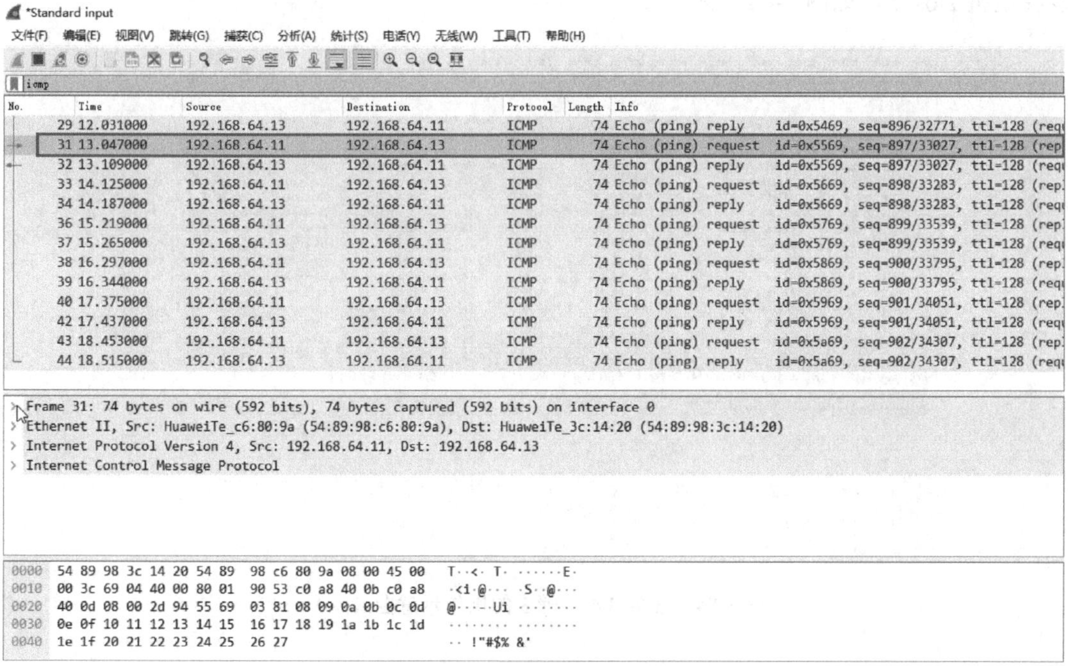

图 3-82　任务 3.4 步骤 3 的操作示意图（四）

（4）查看标注为 5 的接口的 1 号报文可知，该报文是从 SW-1 的 GE 0/0/1 接口发出的，是一个 Tagged 帧（即含有 VLAN 标记的帧），其 PVID 值是 10，如图 3-83 所示。

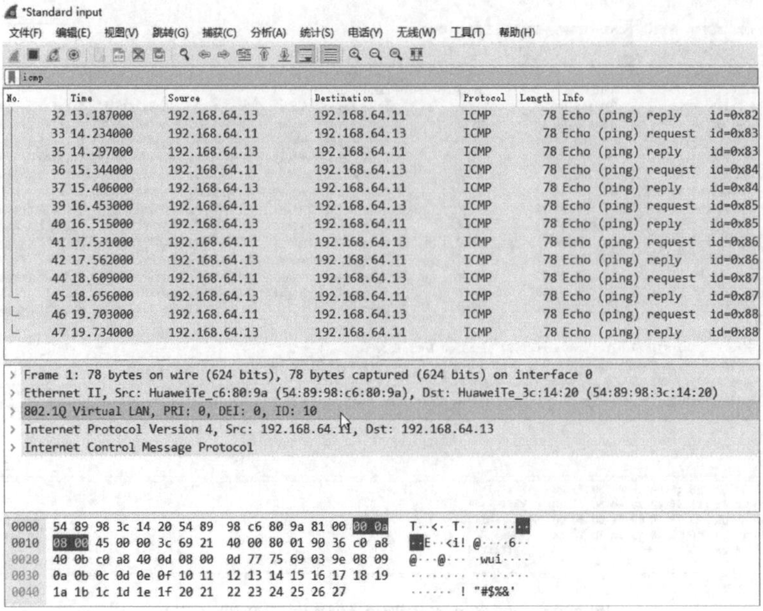
*Standard input
文件(F) 编辑(E) 视图(V) 跳转(G) 捕获(C) 分析(A) 统计(S) 电话(Y) 无线(W) 工具(T) 帮助(H)
icmp
No. Time Source Destination Protocol Length Info
32 13.187000 192.168.64.13 192.168.64.11 ICMP 78 Echo (ping) reply id=0x82
33 14.234000 192.168.64.11 192.168.64.13 ICMP 78 Echo (ping) request id=0x83
35 14.297000 192.168.64.13 192.168.64.11 ICMP 78 Echo (ping) reply id=0x83
36 15.344000 192.168.64.11 192.168.64.13 ICMP 78 Echo (ping) request id=0x84
37 15.406000 192.168.64.13 192.168.64.11 ICMP 78 Echo (ping) reply id=0x84
39 16.453000 192.168.64.11 192.168.64.13 ICMP 78 Echo (ping) request id=0x85
40 16.515000 192.168.64.13 192.168.64.11 ICMP 78 Echo (ping) reply id=0x85
41 17.531000 192.168.64.11 192.168.64.13 ICMP 78 Echo (ping) request id=0x86
42 17.562000 192.168.64.13 192.168.64.11 ICMP 78 Echo (ping) reply id=0x86
44 18.609000 192.168.64.11 192.168.64.13 ICMP 78 Echo (ping) request id=0x87
45 18.656000 192.168.64.13 192.168.64.11 ICMP 78 Echo (ping) reply id=0x87
46 19.703000 192.168.64.11 192.168.64.13 ICMP 78 Echo (ping) request id=0x88
47 19.734000 192.168.64.13 192.168.64.11 ICMP 78 Echo (ping) reply id=0x88
Frame 1: 78 bytes on wire (624 bits), 78 bytes captured (624 bits) on interface 0
Ethernet II, Src: HuaweiTe_c6:80:9a (54:89:98:c6:80:9a), Dst: HuaweiTe_3c:14:20 (54:89:98:3c:14:20)
802.1Q Virtual LAN, PRI: 0, DEI: 0, ID: 10
Internet Protocol Version 4, Src: 192.168.64.11, Dst: 192.168.64.13
Internet Control Message Protocol
0000 54 89 98 3c 14 20 54 89 98 c6 80 9a 81 00 00 0a
0010 08 00 45 00 00 3c 69 21 40 00 80 01 90 36 c0 a8
0020 40 0b c0 a8 40 0d 08 00 0d 77 75 69 03 9e 08 09
0030 0a 0b 0c 0d 0e 0f 10 11 12 13 14 15 16 17 18 19
0040 1a 1b 1c 1d 1e 1f 20 21 22 23 24 25 26 27

图 3-83 任务 3.4 步骤 3 的操作示意图（五）

（5）查看标注为 6 的接口的 1 号报文可知，SW-2 的 Ethernet 0/0/1 接口属于 vlan 10，是 Access 类型的接口，因此当数据帧从该接口发出时，会被去掉 VLAN 标记变成普通数据帧，发往主机 Host-5，如图 3-84 所示。

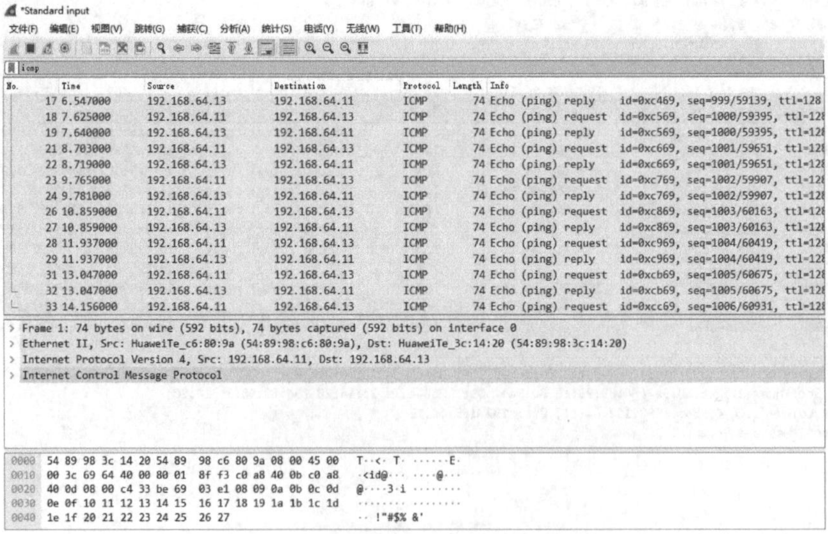
*Standard input
文件(F) 编辑(E) 视图(V) 跳转(G) 捕获(C) 分析(A) 统计(S) 电话(Y) 无线(W) 工具(T) 帮助(H)
icmp
No. Time Source Destination Protocol Length Info
17 6.547000 192.168.64.13 192.168.64.11 ICMP 74 Echo (ping) reply id=0xc469, seq=999/59139, ttl=128
18 7.625000 192.168.64.11 192.168.64.13 ICMP 74 Echo (ping) request id=0xc569, seq=1000/59395, ttl=128
19 7.640000 192.168.64.13 192.168.64.11 ICMP 74 Echo (ping) reply id=0xc569, seq=1000/59395, ttl=128
21 8.703000 192.168.64.11 192.168.64.13 ICMP 74 Echo (ping) request id=0xc669, seq=1001/59651, ttl=128
22 8.719000 192.168.64.13 192.168.64.11 ICMP 74 Echo (ping) reply id=0xc669, seq=1001/59651, ttl=128
23 9.765000 192.168.64.11 192.168.64.13 ICMP 74 Echo (ping) request id=0xc769, seq=1002/59907, ttl=128
24 9.781000 192.168.64.13 192.168.64.11 ICMP 74 Echo (ping) reply id=0xc769, seq=1002/59907, ttl=128
26 10.859000 192.168.64.11 192.168.64.13 ICMP 74 Echo (ping) request id=0xc869, seq=1003/60163, ttl=128
27 10.859000 192.168.64.13 192.168.64.11 ICMP 74 Echo (ping) reply id=0xc869, seq=1003/60163, ttl=128
28 11.937000 192.168.64.11 192.168.64.13 ICMP 74 Echo (ping) request id=0xc969, seq=1004/60419, ttl=128
29 11.937000 192.168.64.13 192.168.64.11 ICMP 74 Echo (ping) reply id=0xc969, seq=1004/60419, ttl=128
31 13.047000 192.168.64.11 192.168.64.13 ICMP 74 Echo (ping) request id=0xcb69, seq=1005/60675, ttl=128
32 13.047000 192.168.64.13 192.168.64.11 ICMP 74 Echo (ping) reply id=0xcb69, seq=1005/60675, ttl=128
33 14.156000 192.168.64.11 192.168.64.13 ICMP 74 Echo (ping) request id=0xcc69, seq=1006/60931, ttl=128
Frame 1: 74 bytes on wire (592 bits), 74 bytes captured (592 bits) on interface 0
Ethernet II, Src: HuaweiTe_c6:80:9a (54:89:98:c6:80:9a), Dst: HuaweiTe_3c:14:20 (54:89:98:3c:14:20)
Internet Protocol Version 4, Src: 192.168.64.11, Dst: 192.168.64.13
Internet Control Message Protocol
0000 54 89 98 3c 14 20 54 89 98 c6 80 9a 08 00 45 00
0010 00 3c 69 64 40 00 80 01 8f f3 c0 a8 40 0b c0 a8
0020 40 0d 08 00 c4 33 be 69 03 e1 08 09 0a 0b 0c 0d
0030 0e 0f 10 11 12 13 14 15 16 17 18 19 1a 1b 1c 1d
0040 1e 1f 20 21 22 23 24 25 26 27

图 3-84 任务 3.4 步骤 3 的操作示意图（六）

3.4 基础知识拓展：简单网络的组建

要组建一个基本的网络，只需要一台集线器（Hub）或一台交换机、几块网卡和几十米的 UTP 电缆。这样构建起来的网络虽然简易，却是全球数量最多的网络。在那些只有二三十人的小型公司、办公室、分支机构中，能经常看到这种网络。

事实上，这样的简单网络是复杂网络的基本单位。把这些简单的网络互联到一起，就形成了更复杂的局域网（Local Area Network，LAN），再把局域网互联到一起就形成了广域网（Wide Area Network，WAN）。

3.4.1　最简单的网络

通过一个集线器（Hub）就可以将数台计算机连接到一起，使计算机之间可以互相通信，实现简单的网络连接，如图 3-85 所示。在购买集线器后，只需要简单地用双绞线把各台计算机与集线器连接到一起，并不需要再做其他事情，一个简单的网络就构建成功了。

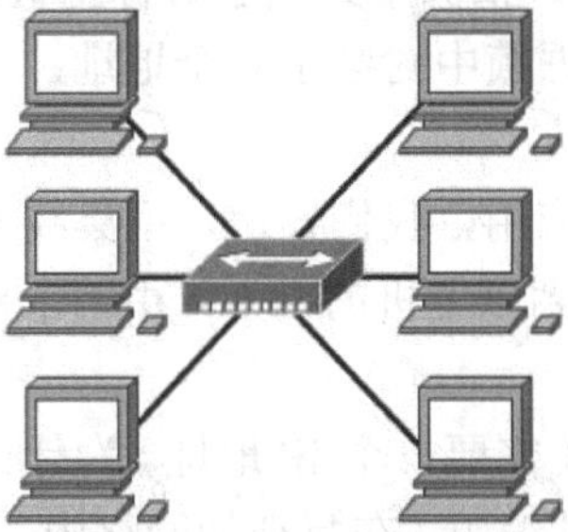

图 3-85　简单的网络连接

集线器的功能是帮助计算机转发数据包，它是最简单的网络设备，价格也非常便宜。集线器的工作原理非常简单，当集线器从一个端口收到数据包时，它便简单地把数据包向所有端口转发，于是当一台计算机准备向另一台计算机发送数据包时，实际上是集线器把这个数据包转发给了所有的计算机。

源计算机（源主机）发送的数据包有一个报头，报头中有目标计算机（目标主机）的地址（称为 MAC 地址），只有 MAC 地址与报头中的 MAC 地址相同的计算机才接收数据包。尽管源计算机的数据包被集线器转发给了所有的计算机，但只有目标计算机才会接收这个数据包。

1. 数据封装

从上面的描述我们可以看出，一个数据包在发送前，源计算机（源主机）需要将数据包分段，并在每个数据段中封装 3 个报头和 1 个报尾，即帧报头（Frame Header）、IP 报头（IP Header）、TCP 报头（TCP Header）和帧报尾（Frame Trailer），如图 3-86 所示。在报头中，最重要的数据就是地址了。

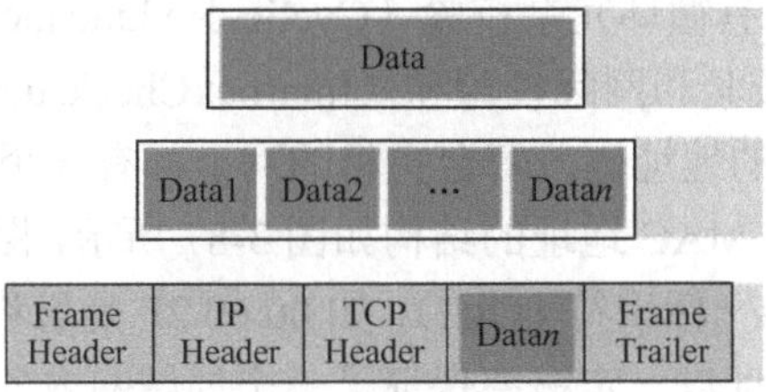

图 3-86　数据包的分段与封装

被封装报头和报尾后的数据段称为数据帧。

将数据分段的目的有两个：便于数据出错重发和通信线路的平衡。如果在通信过程中数据出错，则需要重发数据。如果一个 2 MB 的数据包没有被分段，一旦出现数据错误，就需要重发 2 MB 的数据。如果将其划分成大小为 1500 B（以太网的最大数据传输单元）的数据段，则只需要重发出错的数据段。

当多个主机的通信需要争用同一条通信链路时，如果数据包被分段，争用到通信链路的主机将只能发送一个 1500 B 的数据段，然后就需要重新争用通信链路，这样就避免了一台主机独占通信链路的情况，进而实现多台主机对通信链路的平衡使用。

由图 3.86 可知，一个数据段需要封装 3 个不同的报头，即帧报头、IP 报头和 TCP 报头。帧报头中封装了目标主机的 MAC 地址和源主机的 MAC 地址；IP 报头中封装了目标主机的 IP 地址和源主机的 IP 地址；TCP 报头中封装了目标主机的端口（Port）地址和源主机的端口地址。因此，一个局域网的数据帧中封装了 6 个地址：一对 MAC 地址、一对 IP 地址和一对端口地址。

前文已介绍了 MAC 地址的应用，我们知道，用集线器搭建网络时，不管是不是给某个主机发送数据包，数据包都会发到该主机的网卡，由网卡判断数据包是否是发给自己的，是否需要接收。

除了 MAC 地址，每台主机还需要一个 IP 地址。为什么一台主机需要两个地址呢？因为 MAC 地址只是给出了主机的地址编码，在复杂的网络中，我们不仅要知道目标主机的地址，还需要知道目标主机在哪个网络上，因此还需要目标主机的网络地址。IP 地址包含了网络地址和主机地址。当数据包要发给其他网络的主机时，路由器需要查询 IP 地址中的网络地址，以便选择准确的路由，把数据包发送到目标主机所在的网络。我们可以理解为：MAC 地址是用于网络内的寻址，IP 地址则用于网络间的寻址。

当数据包通过 MAC 地址和 IP 地址寻址到达目标主机后，目标主机会怎么处理这个数据包呢？目标主机需要把这个数据包交给某个应用程序去处理，如邮件服务程序、浏览器程序（如大家熟悉的 IE）。报头中的目标端口地址就是用来为目标主机指明由哪个应用程序来处理接收到的数据包的。

由此可见，要完成数据的传输，需要三级寻址：

- IP 地址：网络间的寻址。
- MAC 地址：网络内的寻址。
- 端口地址：应用程序的寻址。

数据帧的尾部有一个帧报尾，帧报尾用于检查数据帧在源主机传输到目标主机的过程中是否完好。帧报尾中存放的是源主机的 CRC 结果。目标主机用同样的校验算法计算的结果与源主机的 CRC 结果进行比较，如果两者不同，则说明本数据帧已经损坏，需要丢弃。

目前流行的帧校验算法有循环冗余校验（Cyclic Redundancy Check，CRC）、二维奇偶（Two-Dimensional Parity）校验和网际校验和（Internet Checksum）等算法。

MAC 地址是一个 6 B 的地址码，每台主机的网卡都有一个 MAC 地址（由生产厂家在生产网卡时固化在网卡中）。MAC 地址的结构如图 3-87 所示，图中，MAC 地址的高 3 B（00 60 2F）是生产厂家的组织唯一标识符（OUI），如 00 60 2F 是思科公司的 OUI，低 3 B（3A 07 BC）是个随机数。MAC 地址以一定概率保证了一个局域网内各主机的地址唯一性。

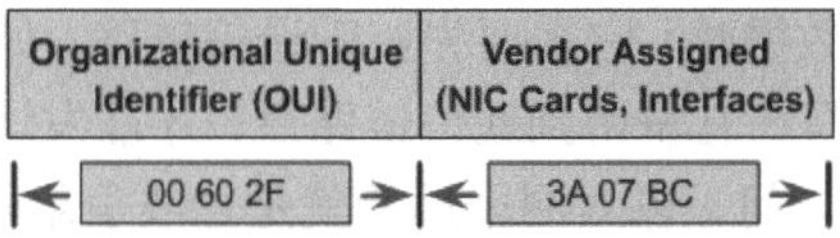

图 3-87　MAC 地址的结构

有一个特殊的 MAC 地址是 FF FF FF FF FF FF，这个二进制数全为 1 的 MAC 地址是个广播地址，表示数据帧不是发给某台主机的，而是发给所有主机的。

在 Windows 2000 的命令提示符窗口中通过 ipconfig/all 命令可以查看到本机的 MAC 地址。

由于 MAC 地址是固化在网卡中的，如果更换主机的网卡，这台主机的 MAC 地址就会随之改变，因此 MAC 地址也称为主机的物理地址或硬件地址。

2. 网卡

网卡（Network Interface Card，NIC）安装在主机中，是主机向网络发送和从网络中接收数据的设备，如图 3-88 所示。

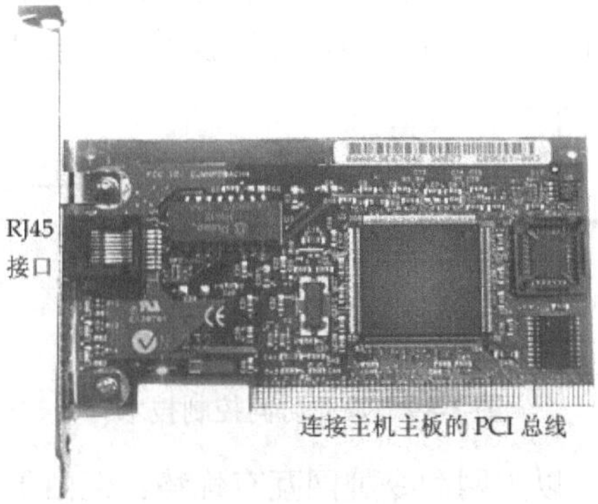

图 3-88　网卡

MAC 地址固化在网卡中，主机在发送数据帧前，需要将网卡的 MAC 地址作为源 MAC 地址封装到数据帧的报头中。当有数据帧到达时，网卡中的硬件比较器电路对数据帧中的目标 MAC 地址与自己的 MAC 地址进行比较，只有在两者相同时，主机才接收该数据帧。

当然，如果数据帧中的目标 MAC 地址是一个广播地址，则网卡也会接收该数据帧。

网卡在接收完数据帧后，利用数据帧的帧报尾（4 B）进行数据校验，校验合格的数据帧将上交给 IP 程序，校验不合格的数据帧将被丢弃。

网卡通过计算机主板上的总线插槽与计算机相连。目前计算机有三种总线类型：ISA、EISA 和 PCI。现在的计算机一般都提供 PCI 总线。图 3-88 所示的网卡就是一块带 PCI 总线的网卡。

网卡的一部分功能在网卡上完成，另外一部分功能则在计算机中完成。需要在计算机上完成的功能的程序称为网卡驱动程序。Windows 操作系统集成了常用网卡的驱动程序，当把网卡插入计算机的总线插槽后，Windows 操作系统的即插即用功能就会自动配置相应的网卡驱动程序，非常简便。

3. 以太网

在一个用集线器连接的网络中，当一对主机正在通信时，其他计算机的通信就必须等待。

也就是说，当一台主机发送数据时，它需要先监听通信链路，如果通信链路上有其他主机的载波信号，就必须等待。只有在它争用到通信链路后，才能发送数据。这种通信链路争用的技术方案称为总线争用媒介访问。以太网采用的就是总线争用媒介访问技术。

在以太网中，如果有多台主机需要同时通信，那么这些主机谁先得到媒介（通信链路）的使用权，谁就可以先发送数据。

另外一种传输媒介访问技术称为令牌网技术。使用令牌网技术的网络需要另外一种集线器，叫做令牌网集线器。令牌网集线器能够生成令牌数据帧，该数据帧将轮流为各个主机发送令牌。只有得到令牌的主机才能发送数据，其他主机需要等待令牌到达时才能发送数据。

令牌网的最大缺点是，即使网络不拥挤，需要发送数据的主机也需要等待令牌轮转到自己，降低了通信效率。这一点是以太网相对令牌网的优势所在。但是，当网络拥挤的情况下，以太网有可能出现一些主机争得媒介的次数多，而另外一些主机争得媒介的次数少的情况，也就是媒介访问次数上的不均衡。

IEEE 将以太网的规范编制为 IEEE 802.3 标准，将令牌网的规范编制为 IEEE 802.5 标准。如果一个网络采用的是 IEEE 802.3 标准，那么这个网络就是一个以太网络。IEEE 802.3 标准和 IEEE 802.5 标准使用了两种不同的媒介访问控制技术，如图 3-89 所示。

图 3-89　媒介访问控制技术

在 20 世纪 90 年代中期，以太网和令牌网互有优势。但由于以太网交换机技术的普及、结构和协议上的简洁性、价格便宜，更重要的是以太网传输速率的提高（100 Mbps、1000 Mbps，甚至更高），令牌网逐渐退出了与以太网的竞争。目前新建设的网络，几乎见不到令牌网的踪迹了。

在不同的网络上，数据帧是完全不一样的。在以太网中，IEEE 802.3 标准的数据帧格式如图 3-90 所示。

IEEE 802.3

7 B	1 B	6 B	6 B	2 B	46～1500 B	4 B
Preamble	Start of Frame Delimeter	Destination Address	Source Address	Length/ Type	Data	Frame Check Sequence

图 3-90　IEEE 802.3 标准的数据帧格式

一个 IEEE 802.3 标准的数据帧由 7 B 的同步（Preamble）字段、1 B 的起始标记（Start of Frame Delimeter）字段、6 B 的目标地址（Destination Address）字段、6 B 的源地址（Source Address）字段、2 B 的帧长度/类型（Length/Type）字段、46～1500 B 的数据（Data）字段和 4 B 的帧校验序列（Frame Check Sequence，FCS）字段组成。如果不算 7 B 的同步字段和 1 B 的起始标记字段，IEEE 802.3 标准的数据帧报头的长度是 14 B，因此 IEEE 802.3 标准的数据帧的长度最小是 64 B、最大是 1518 B。

同步字段：是由 7 个连续的 01010101 组成的同步脉冲字段。这个字段在早期的 10 Mbps 以太网中用来进行时钟同步，快速以太网已经不用这个字段，但这个字段还是被保留了，以便让快速以太网与早期的以太网兼容。

起始标记字段：是一个固定的标志，即 10101011，用来表示同步字段结束，一个数据帧的开始。

目标地址字段：目标主机的 MAC 地址，如果是广播地址，则目标地址字段全部为 1。

源地址字段：发送数据的主机 MAC 地址。

帧长度/类型字段：当这个字段的数值小于或等于十六进制数 0x0600 时，表示长度；大于 0x0600 时，表示类型。长度是指从本字段之后的数据帧的字节数。类型表示目标主机上层协议是什么。如果上层协议是 ARP，则这个字段为 0x0806；如果上层协议是 IP，则这个字段为 0x0800。

数据字段：这是数据帧中的数据区，数据区最小为 46 B、最大为 1500 B。规定数据帧数据字段的最小字节数是为了定时，如果数据达不到最小字节数，则需要填充数据。

帧校验序列字段：帧校验序列（FCS）字段包含一个 4 B 的 CRC 结果。CRC 结果由源主机计算并存放在 FCS 字段中，然后由目标主机重新计算。目标主机将重新计算的结果与 FCS 字段中源主机存放的 CRC 结果进行比较，如果二者不相同，则表明此数据已经在传输过程中损坏了。

在 IEEE 802.3 标准之前，另外有一个以太网的标准——Ethernet（老的网络工程师都熟悉 Ethernet）。Ethernet 的数据帧格式与 IEEE 802.3 标准的数据帧格式的主要区别是长度/类型字段。在 Ethernet 的数据帧格式中，长度/类型字段用来表示上层协议的类型；在 IEEE 802.3 标准的数据帧格式中，长度/类型字段用来表示长度。后来 IEEE 802.3 标准逐渐成为以太网的主流标准，为了兼容 Ethernet，IEEE 802.3 标准用长度/类型字段表示长度和类型，区分这个字段表示的是长度还是类型，是用 0x0600 这个值来判定的。

必须注意，数据字段中的内容并不全是数据，还包含 IEEE 802.2 标准的数据帧的帧报头、IP 报头和 TCP 报头。不要惊叹一个数据帧中实际传输的数据如此之少，ATM 网络中的一个数据帧（改称为一个信元）只有 53 B，除去 5 B 的报头，一个信元中只有 48 B 的数据。

3.4.2　交换机

1．交换机的工作原理

交换机可以替代集线器，用于将计算机、服务器和外设连接成一个网络。

集线器是一个总线共享型的网络设备，在由集线器组成的网络中，当两台计算机通信时，其他计算机的通信就必须等待，这样的通信效率是很低的。交换机（见图 3-91）与集线器的主要区别是它能够同时提供多条点对点的通信链路，从而大大提高了网络的带宽。

图 3-91　交换机

交换机的核心是交换表（见图 3-92），交换表是一个交换机端口（Interface）与 MAC 地址的映射表。

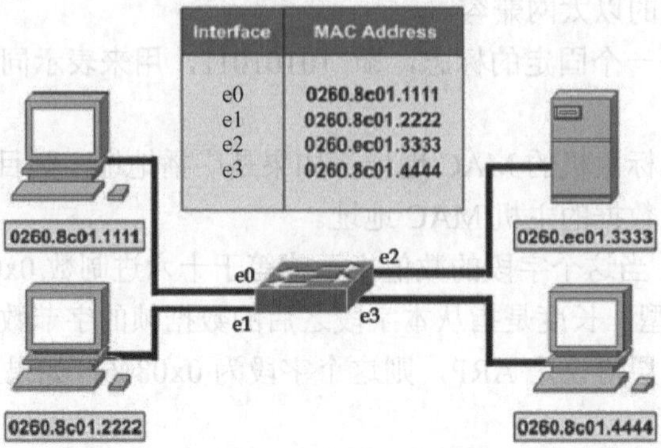

图 3-92 交换机中的交换表

当数据帧到达交换机后，交换机首先从数据帧的帧报头中取出目标 MAC 地址，然后通过查找交换表得知数据帧应该转发到哪个端口，最后将数据帧转发到指定的端口。在图 3-92 中，当左上方的计算机希望与右下方的计算机通信时，左上方主机将数据帧发给交换机；交换机从 e0 端口收到数据帧后，从其帧报头中取出目标 MAC 地址（0260.8c01.4444）；通过查交换表，得知应该向 e3 端口转发数据帧，进而将数据帧转发到 e3 端口。

我们可以看到，当 e0、e3 端口进行通信时，交换机的其他端口仍然可以通信，如 e1、e2 端口仍然可以进行通信。

如果交换机在自己的交换表中查不到该向哪个端口转发数据帧，则向所有端口都转发数据帧。当然，广播数据帧（目标 MAC 地址为 FF FF FF FF FF FF 的数据帧）到达交换机后，交换机将广播数据帧转发到所有的端口。交换机会将两种数据帧转发到所有的端口，广播数据帧和交换表无法确认转发端口的数据帧。

交换机的核心是交换表，那么交换表是如何得到的呢？交换表是通过自学习得到的，下面我们来看看交换机是如何通过自学习生成交换表的。

交换表放置在交换机的内存中。交换机刚上电时，交换表是空的。当 MAC 地址为 0260.8c01.1111 的计算机向 MAC 地址为 0260.ec01.2222 的计算机发送数据帧时，交换机无法通过交换表得知数据帧应转发到哪个端口，于是交换机将向所有端口转发数据帧。

虽然交换机不知道目标 MAC 地址 0260.ec01.2222 在自己的哪个端口，但它知道数据帧来自 e0 端口，因此交换机在转发数据帧后就把帧报头中的源 MAC 地址 0260.8c01.1111 加入其交换表 e0 端口中。

对于其他端口的计算机，交换机也是这样辨识 MAC 地址的。经过一段时间后，交换机通过自学习，便可得到完整的交换表。

交换机的各个端口是没有自己的 MAC 地址的，交换机各个端口的 MAC 地址是它所连接的计算机的 MAC 地址。

当不同的交换机级联时，连接到其他交换机的计算机 MAC 地址都会捆绑到交换机的级联端口，这时交换机的一个端口就会捆绑多个 MAC 地址，如图 3-93 中的 e1 端口。

为了避免交换表中的垃圾地址，交换机对交换表有遗忘功能，即交换机每隔一段时间就会清除交换表，重新通过自学习来建立新的交换表。这样做的代价是重新自学习花费的时间和带宽的浪费，但这也是迫不得已的做法。新的智能化交换机，可以有选择地遗忘那些长时间没有通信流量的 MAC 地址，进而提高交换机的性能。

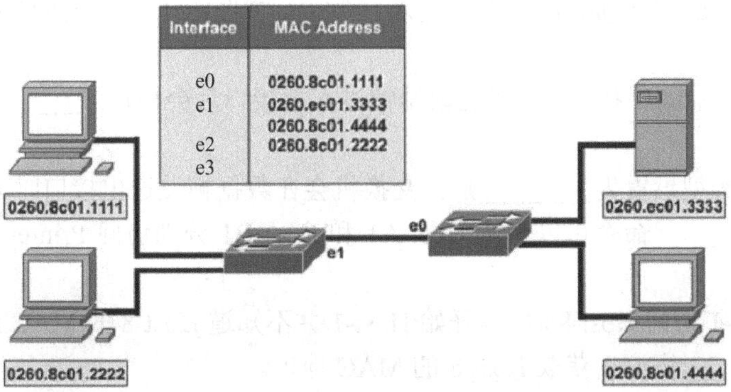

图 3-93　交换机的一个端口可以捆绑多个 MAC 地址

在由交换机连接的简单网络中，新的交换机不需要任何配置，将各个计算机连接到交换机上就可以工作了，这时使用交换机与使用集线器连接网络同样简单。

2. 交换机的类型

目前，交换机主要采用直通式（Cut Through）和存储转发式（Store And Forward）两种工作方式，因此交换机可分为直通式交换机和存储转发式交换机。

在直通式交换机中，当交换机接收到数据帧时，会读取帧报头中的目标 MAC 地址，在查询交换表后将数据帧转发到指定的端口。

在存储转发式交换机中，当交换机接收到数据帧后，首先进行循环冗余校验，然后根据帧报头中的目标 MAC 地址和交换表确定目标端口，最后将数据帧存放到目标端口的高速缓冲排队中等待转发。

直通式交换机在接收到数据帧后，只要帧报头中有目标 MAC 地址就立即转发，不需要接收所有的数据帧。存储转发式交换机需要接收到所有的数据帧并完成循环冗余校验后才转发数据帧，所以存储转发式交换机的缺点是延时相对大一些。但存储转发式交换机不再转发损坏的数据帧，可以节省网络带宽和占用 CPU 的时间。

存储转发式交换机的每个端口都有高速缓冲存储器，可靠性高，适用于速度不同链路之间的数据帧转发。另外，服务质量优先技术也只能在存储转发式交换机中实现。

3.5 课后练习

1. 操作部分练习

（1）通过查看交换机各接口所属 VLAN 的信息可以看到，在初始状态下，交换机所有接口的 PVID 值都是 1，即所有接口都默认属于 vlan 1，接口类型为________。

（2）双击 SW-1 打开交换机系统视图，首先进入________视图，更改交换机名称。

（3）在交换机 SW-1 上构建 VLAN 时，需要设置 Access 类型接口和________类型接口。

（4）通过查看交换机所有接口所属 VLAN 的信息可以看到，________类型的接口只属于一个 VLAN。

（5）在构建 VLAN 时，需要先关闭________，更改交换机名称。

（6）在配置 GE 0/0/1 接口时，需要进入________视图，开启当前接口并基于 MAC 地址划分 VLAN 的功能。

（7）在配置 GE 0/0/1 接口时，普通数据帧进入本接口后会根据________加上相应 VLAN 的标记。

（8）将接口类型设置为________后，交换机会在数据帧发送出接口时去掉 VLAN 标记。

（9）使用________命令可以测试 Host-A1 和 Host-B1 分别访问 Printer-A 和 Printer-B 的情况。

（10）当 Host-1 访问 Host-8 时，一开始 Host-1 并不知道 Host-8 的 MAC 地址，所以 Host-1 会首先通过________协议去获取 Host-8 的 MAC 地址。

2. 基础知识部分练习

（1）当集线器从一个端口收到数据帧时，它会简单地把数据帧向________转发。

（2）数据包在发送之前，需要被分成一个个的数据段，然后为每个数据段封装上帧报头、IP 报头、________和帧报尾。

（3）被封装帧报头和帧报尾的一个数据段，被称为一个________。

（4）对数据进行分段的目的有两个：便于数据________和通信线路的平衡。

（5）帧报头中封装了________和源 MAC 地址。

（6）在网卡接收数据帧后，将利用 4 B 的________进行数据校验。

（7）________是一个交换机端口与 MAC 地址的映射表，它是交换机的核心。

（8）当多个交换机级联时，连接到其他交换机的计算机的 MAC 地址都会被捆绑到交换机的________。

（9）直通式交换机在接收到数据帧时，先读出帧报头中的________，再通过查询交换表将数据帧转发到指定的端口。

（10）服务质量优先技术只能在________交换机中实现。

项目 4
基于交换机的校园网构建

4.1 典型应用场景

小 A 在为高校各个二级学院的教学楼构建简单的局域网后，需要在整个学校范围连接这些局域网并进行规划组网。经过分析，校园网的初步规划与构建可通过连接交换机来实现，于是开始了规划组网工作。本项目将基于交换机的校园网构建分解为以下 3 个任务。

任务 4.1：在 eNSP 中构建网络拓扑。

任务 4.2：配置交换机与主机。

任务 4.3：通过抓包分析路由器和交换机的工作过程

4.2 本项目实训目标

（1）熟悉在 eNSP 中构建网络拓扑的过程及方法。

（2）掌握配置交换机及主机的方法及步骤。

（3）理解路由器和交换机的工作过程。

4.3 实训过程

（任务 4.1）

4.3.1 任务 4.1：在 eNSP 中构建网络拓扑

步骤 1：新建网络拓扑

（1）双击桌面的 eNSP 图标，打开 eNSP。单击工具栏中的“”按钮，添加 6 台主机并分别命名为 Host-1～Host-6，添加 2 台型号为 S3700 的交换机并命名为 SW-1 和 SW-2，添加 1 台型号为 S5700 的三层交换机并命名为 RS-1，如图 4-1 所示。

（2）将 Host-1 接入 SW-1 的 Ethernet 0/0/1 接口，将 Host-2 接入 SW-1 的 Ethernet 0/0/2 接口，将 Host-3 接入 SW-1 的 Ethernet 0/0/3 接口，将 Host-4 接入 SW-2 的 Ethernet 0/0/1 接口，将 Host-5 接入 SW-2 的 Ethernet 0/0/2 接口，将 Host-6 接入 SW-2 的 Ethernet 0/0/3 接口，将 SW-1 接入 RS-1 的 GE 0/0/1 接口，将 SW-2 接入 RS-1 的 GE 0/0/2 接口，并使用铜连线（Copper 连线）连接这些设备，如图 4-2 所示。

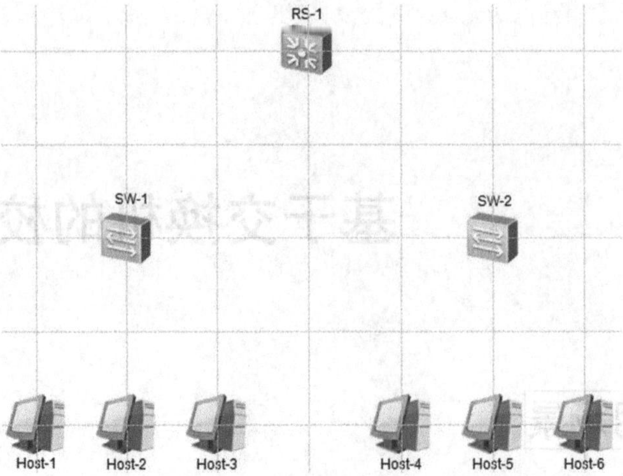

图 4-1 任务 4.1 步骤 1 的操作示意图（一）

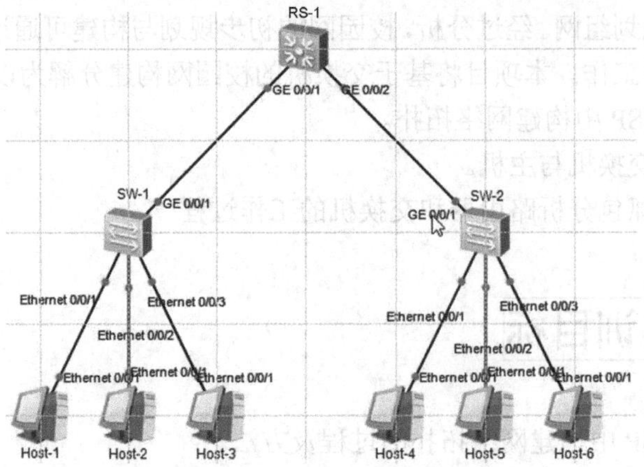

图 4-2 任务 4.1 步骤 1 的操作示意图（二）

步骤 2：保存拓扑

单击“▶”按钮启动设备，如图 4-3 所示，保存拓扑结构。

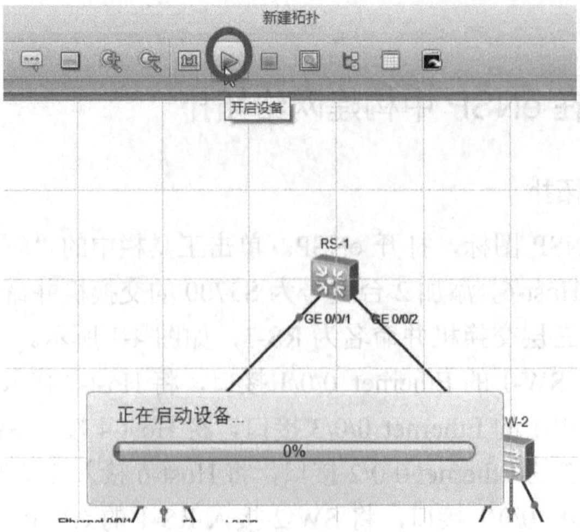

图 4-3 任务 4.1 步骤 2 的操作示意图

4.3.2　任务 4.2：配置交换机与主机

（任务 4.2）

步骤 1：配置主机网络参数

（1）构建网络拓扑，如图 4-4 所示。

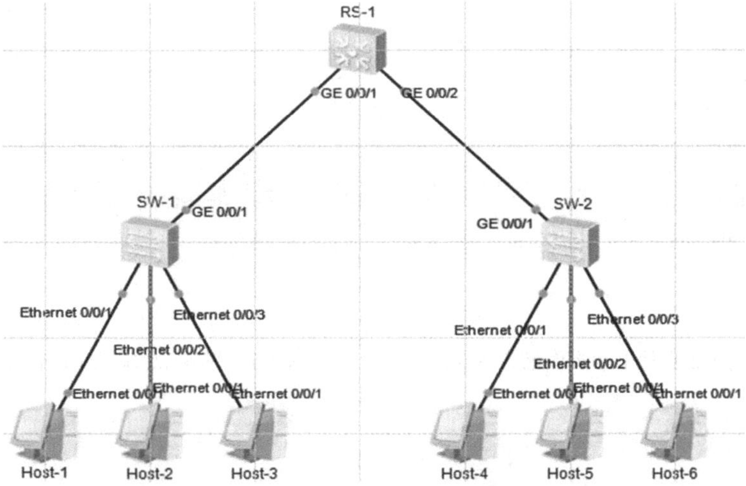

图 4-4　任务 4.2 步骤 1 的操作示意图（一）

（2）对主机 IP 地址、子网掩码及网关等参数进行设置。将 Host-1 的 IP 地址设置为 192.168.64.10/24，将 Host-2 的 IP 地址设置为 192.168.64.20/24，将 Host-1 和 Host-2 的网关全部设置 192.168.64.254，将 Host-3 的 IP 地址设置为 192.168.65.10/24，将 Host-3 的网关设置为 192.168.65.254，将 Host-4 的 IP 地址设置为 192.168.64.30/24，Host-5 的 IP 地址设置为 192.168.64.40/24，将 Host-4 和 Host-5 的网关设置为 192.168.64.254，将 Host-6 的 IP 地址设置为 192.168.65.20/24，将 Host-6 的网关设置为 192.168.65.254，如图 4-5 到图 4-10 所示。

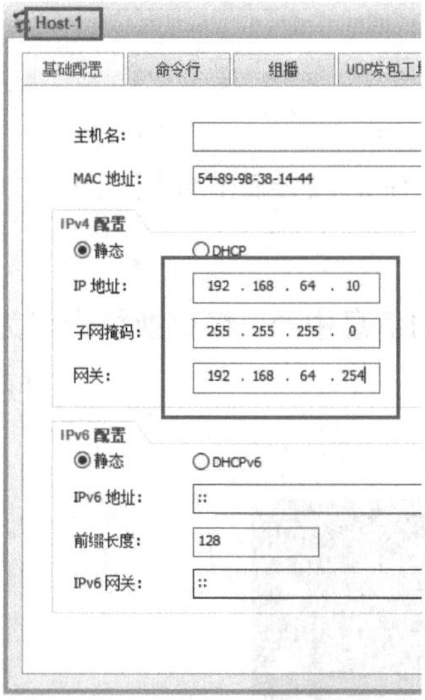

图 4-5　任务 4.2 步骤 1 的操作示意图（二）

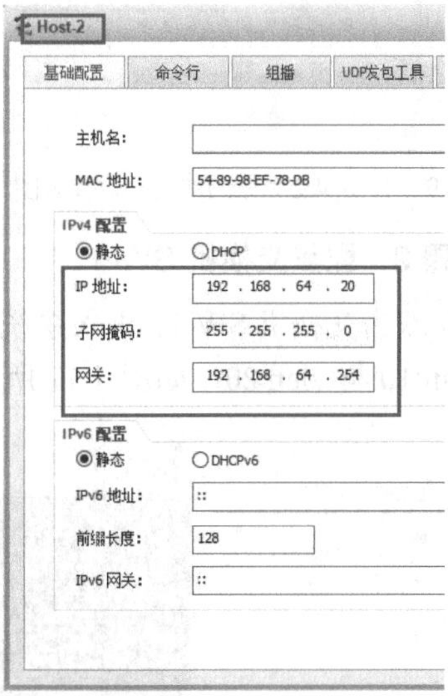

图 4-6　任务 4.2 步骤 1 的操作示意图（三）

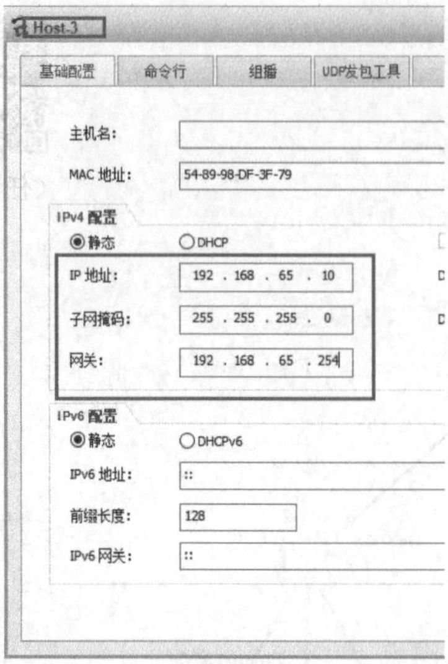

图 4-7 任务 4.2 步骤 1 的操作示意图（四）

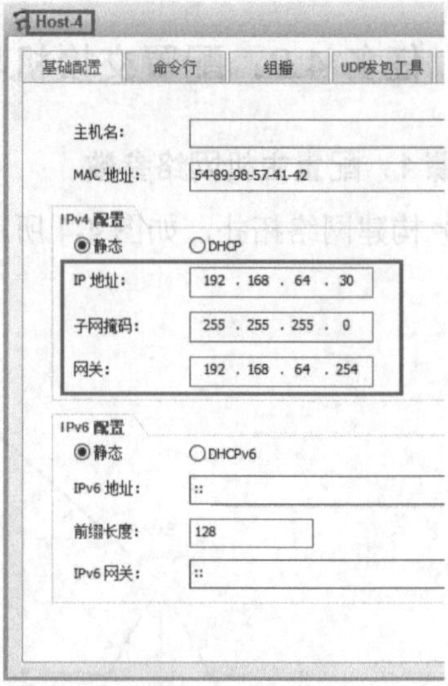

图 4-8 任务 4.2 步骤 1 的操作示意图（五）

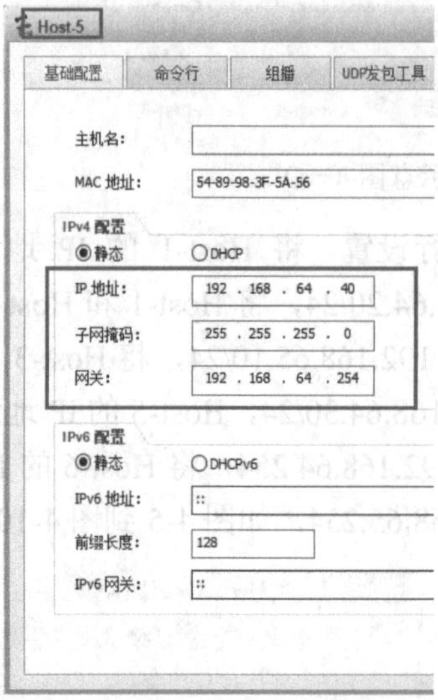

图 4-9 任务 4.2 步骤 1 的操作示意图（六）

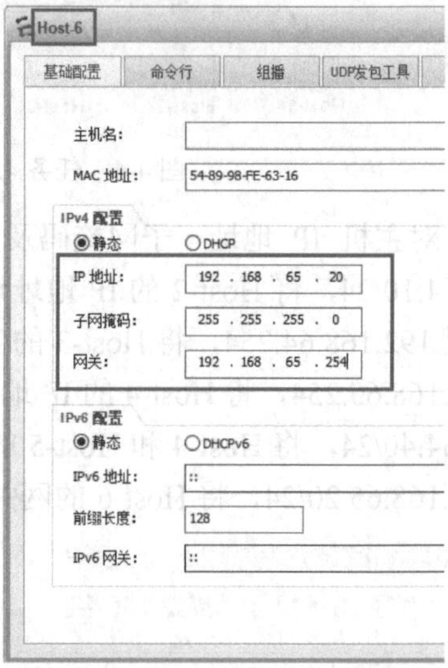

图 4-10 任务 4.2 步骤 1 的操作示意图（七）

步骤 2：配置交换机 SW-1

（1）双击交换机 SW-1，进入系统视图，关闭交换机的信息中心，将交换机命名为 SW-1，创建 vlan 10 与 vlan 20，如图 4-11 所示。

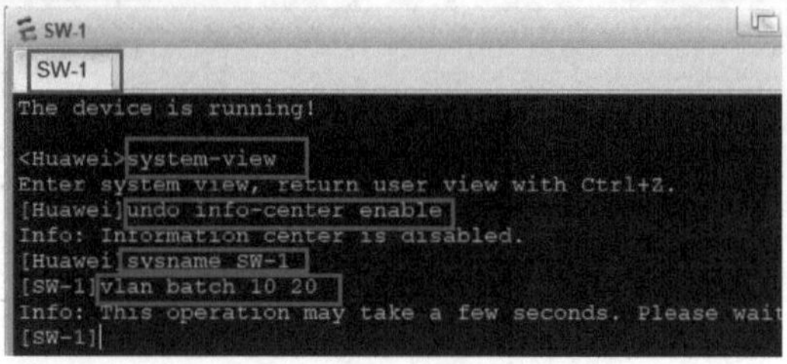

图 4-11 任务 4.2 步骤 2 的操作示意图（一）

（2）进入 Ethernet 0/0/1 接口，将接口类型设置为 Access 并划分入 vlan 10，如图 4-12 所示。

```
[SW-1]interface Ethernet0/0/1
[SW-1-Ethernet0/0/1]port link-type access
[SW-1-Ethernet0/0/1]port default vlan 10
[SW-1-Ethernet0/0/1]quit
```

图 4-12　任务 4.2 步骤 2 的操作示意图（二）

（3）将 Ethernet 0/0/2 和 Ethernet 0/0/3 接口的类型设置为 Access，并分别划入 vlan 10 和 vlan 20，如图 4-13 所示。

```
[SW-1]interface Ethernet0/0/2
[SW-1-Ethernet0/0/2]port link-type access
[SW-1-Ethernet0/0/2]port default vlan 10
[SW-1-Ethernet0/0/2]quit
[SW-1]interface Ethernet0/0/3
[SW-1-Ethernet0/0/3]port link-type access
[SW-1-Ethernet0/0/3]port default vlan 20
[SW-1-Ethernet0/0/3]quit
```

图 4-13　任务 4.2 步骤 2 的操作示意图（三）

（4）将 GE 0/0/1 接口的类型设置为 Trunk，并允许 vlan 10 和 vlan 20 的数据帧通过，如图 4-14 所示。

```
[SW-1]interface GigabitEthernet0/0/1
[SW-1-GigabitEthernet0/0/1]port link-type trunk
[SW-1-GigabitEthernet0/0/1]port trunk allow-pass vlan 10 20
[SW-1-GigabitEthernet0/0/1]quit
```

图 4-14　任务 4.2 步骤 2 的操作示意图（四）

（5）在华为设备中，可以通过 undo 命令按照倒序依次取消前面的命令，如图 4-15 与图 4-16 所示。

```
[SW-1]interface GigabitEthernet0/0/1
[SW-1-GigabitEthernet0/0/1]undo port trunk allow-pass vlan 10 20
[SW-1-GigabitEthernet0/0/1]undo port link-type
[SW-1-GigabitEthernet0/0/1]quit
[SW-1]interface GigabitEthernet0/0/1
[SW-1-GigabitEthernet0/0/1]port link-type trunk
[SW-1-GigabitEthernet0/0/1]port trunk allow-pass vlan 10 20
[SW-1-GigabitEthernet0/0/1]quit
[SW-1]display vlan
```

图 4-15　任务 4.2 步骤 2 的操作示意图（五）

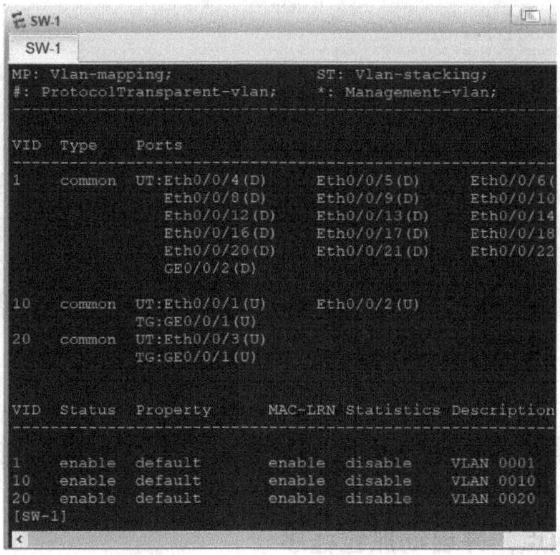

```
MP: Vlan-mapping;              ST: Vlan-stacking;
#: ProtocolTransparent-vlan;   *: Management-vlan;
--------------------------------------------------------

VID  Type    Ports
--------------------------------------------------------
1    common  UT:Eth0/0/4(D)     Eth0/0/5(D)     Eth0/0/6(
                Eth0/0/8(D)     Eth0/0/9(D)     Eth0/0/10
                Eth0/0/12(D)    Eth0/0/13(D)    Eth0/0/14
                Eth0/0/16(D)    Eth0/0/17(D)    Eth0/0/18
                Eth0/0/20(D)    Eth0/0/21(D)    Eth0/0/22
                GE0/0/2(D)

10   common  UT:Eth0/0/1(U)     Eth0/0/2(U)
             TG:GE0/0/1(U)
20   common  UT:Eth0/0/3(U)
             TG:GE0/0/1(U)


VID  Status  Property      MAC-LRN Statistics Description
--------------------------------------------------------

1    enable  default       enable  disable    VLAN 0001
10   enable  default       enable  disable    VLAN 0010
20   enable  default       enable  disable    VLAN 0020
[SW-1]
```

图 4-16　任务 4.2 步骤 2 的操作示意图（六）

（6）保存配置并退出，如图 4-17 所示。

```
[SW-1]quit
<SW-1>save
The current configuration will be written to the device.
Are you sure to continue?[Y/N]y
Info: Please input the file name ( *.cfg, *.zip ) [vrpcfg.zip]:
Now saving the current configuration to the slot 0.
Save the configuration successfully.
<SW-1>
```

图 4-17 任务 4.2 步骤 2 的操作示意图（七）

步骤 3：配置交换机 SW-2

（1）双击交换机 SW-2，进入系统视图，关闭交换机的信息中心，将交换机命名为 SW-2，并创建 vlan 10 与 vlan 20，将 Ethernet 0/0/1、Ethernet 0/0/2、Ethernet 0/0/3 接口的类型设置为 Access，将 Ethernet 0/0/1、Ethernet 0/0/2 接口划入 vlan 10，将 Ethernet 0/0/3 接口划入 vlan 20，如图 4-18 所示。

```
SW-2
SW-1 SW-2
The device is running!

<Huawei>system-view
Enter system view, return user view with Ctrl+Z.
[Huawei]undo info-center enable
Info: Information center is disabled.
[Huawei]sysname SW-2
[SW-2]interface Ethernet0/0/1
[SW-2-Ethernet0/0/1]quit
[SW-2]vlan batch 10 20
Info: This operation may take a few seconds. Please
[SW-2]interface Ethernet0/0/1
[SW-2-Ethernet0/0/1]port link-type access
[SW-2-Ethernet0/0/1]port default vlan 10
[SW-2-Ethernet0/0/1]quit
[SW-2]interface Ethernet0/0/2
[SW-2-Ethernet0/0/2]port link-type access
[SW-2-Ethernet0/0/2]port default vlan 10
[SW-2-Ethernet0/0/2]quit
[SW-2]interface Ethernet0/0/3
[SW-2-Ethernet0/0/3]port link-type access
[SW-2-Ethernet0/0/3]port default vlan 20
[SW-2-Ethernet0/0/3]quit
```

图 4-18 任务 4.2 步骤 3 的操作示意图（一）

（2）将 GE 0/0/1 接口的类型设置为 Trunk，并允许 vlan 10 和 vlan 20 的数据帧通过，保存配置后退出，如图 4-19 所示。

```
[SW-2]interface GigabitEthernet0/0/1
[SW-2-GigabitEthernet0/0/1]port link-type trunk
[SW-2-GigabitEthernet0/0/1]port trunk allow-pass vlan 10 20
[SW-2-GigabitEthernet0/0/1]quit
[SW-2]quit
<SW-2>save
The current configuration will be written to the device.
Are you sure to continue?[Y/N]y
Info: Please input the file name ( *.cfg, *.zip ) [vrpcfg.zip]:
Now saving the current configuration to the slot 0.
Save the configuration successfully.
<SW-2>
```

图 4-19 任务 4.2 步骤 3 的操作示意图（二）

4.3.3 任务 4.3：通过抓包分析路由器和交换机的工作过程

（任务 4.3）

步骤 1：设置抓包地点，并启动抓包程序

部署网络拓扑，如图 4-20 所示。

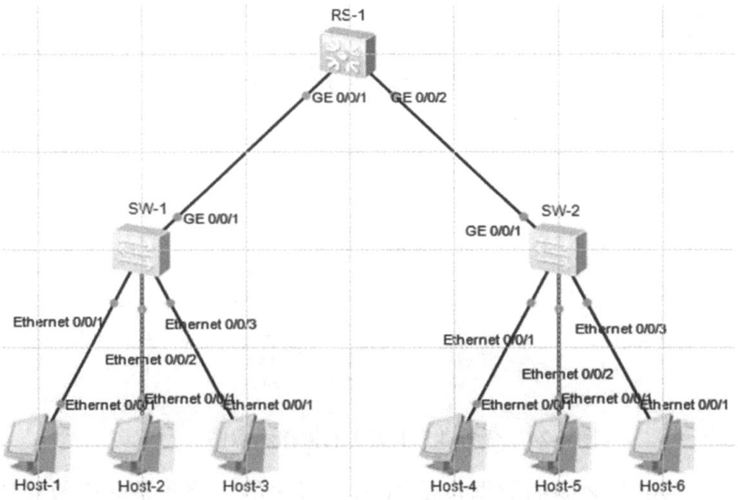

图 4-20　任务 4.3 步骤 1 的操作示意图

步骤 2：执行不同 VLAN 间的通信

(1)使用 ping 命令测试当前的通信情况，从测试结果可以看出，此时已经实现不同 VLAN 之间的通信，如图 4-21 与图 4-22 所示。

图 4-21　任务 4.3 步骤 2 的操作示意图（一）

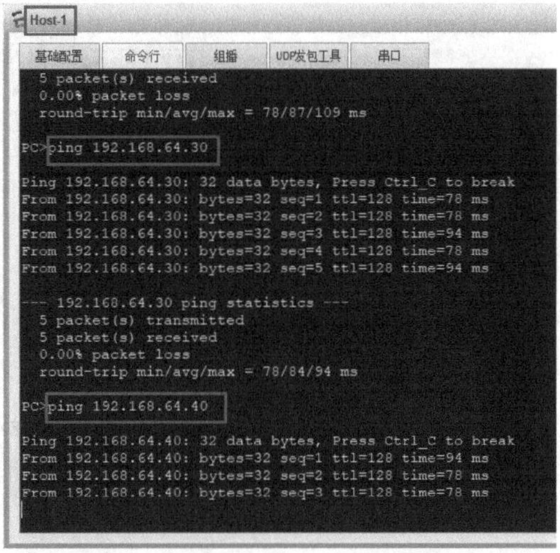

图 4-22　任务 4.3 步骤 2 的操作示意图（二）

（2）在 Host-1 的命令行界面中，执行 ping 192.168.65.20 -t 命令测试 Host-1（属于 vlan 10）与 Host-6（属于 vlan 20）通信。此时 Host-1 和 Host-6 能正常通信，如图 4-23 所示。

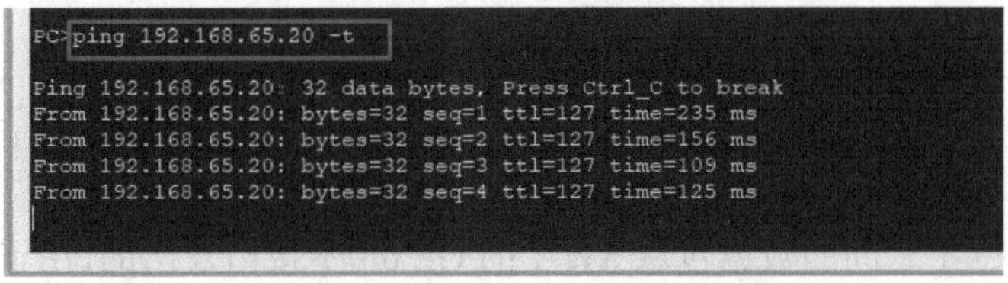

图 4-23　任务 4.3 步骤 2 的操作示意图（三）

步骤 3：分析抓取的报文

（1）抓取 Host-1 与 SW-1 之间的数据包，如图 4-24 所示。

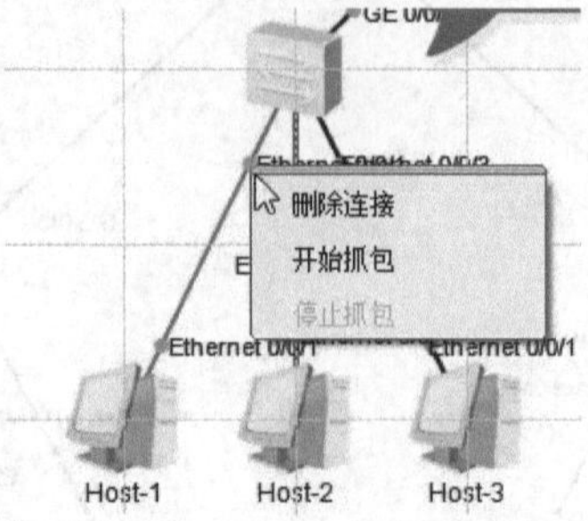

图 4-24　任务 4.3 步骤 3 的操作示意图（一）

（2）Host-1 与 SW-1 之间的数据包是 Host-1 发出的，因此是普通数据帧，不含 VLAN 标签。当 Host-1 发现目标 MAC 地址与自己的 MAC 地址不在同一个网段时，就将数据帧发往默认网关，即 RS-1 中 vlan 10 的交换机虚拟接口（Switch Virtual Interface，SVI），因此数据帧的目标 MAC 地址是 RS-1 的 MAC 地址，如图 4-25 所示。

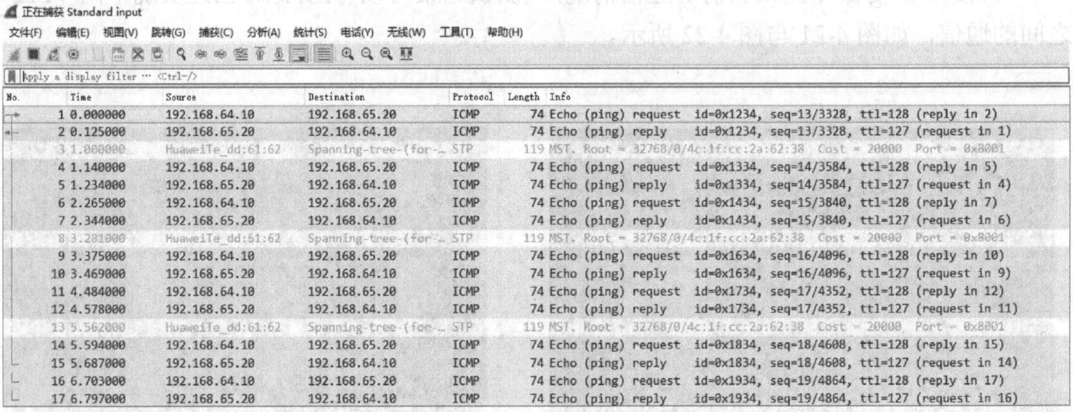

正在捕获 Standard input

文件(F) 编辑(E) 视图(V) 跳转(G) 捕获(C) 分析(A) 统计(S) 电话(Y) 无线(W) 工具(T) 帮助(H)

Apply a display filter … <Ctrl-/>

No.	Time	Source	Destination	Protocol	Length	Info
1	0.000000	192.168.64.10	192.168.65.20	ICMP	74	Echo (ping) request id=0x1234, seq=13/3328, ttl=128 (reply in 2)
2	0.125000	192.168.65.20	192.168.64.10	ICMP	74	Echo (ping) reply id=0x1234, seq=13/3328, ttl=127 (request in 1)
3	1.000000	HuaweiTe_dd:61:62	Spanning-tree-(for-…	STP	119	MST. Root = 32768/0/4c:1f:cc:2a:62:38 Cost = 20000 Port = 0x8001
4	1.140000	192.168.64.10	192.168.65.20	ICMP	74	Echo (ping) request id=0x1334, seq=14/3584, ttl=128 (reply in 5)
5	1.234000	192.168.65.20	192.168.64.10	ICMP	74	Echo (ping) reply id=0x1334, seq=14/3584, ttl=127 (request in 4)
6	2.265000	192.168.64.10	192.168.65.20	ICMP	74	Echo (ping) request id=0x1434, seq=15/3840, ttl=128 (reply in 7)
7	2.344000	192.168.65.20	192.168.64.10	ICMP	74	Echo (ping) reply id=0x1434, seq=15/3840, ttl=127 (request in 6)
8	3.281000	HuaweiTe_dd:61:62	Spanning-tree-(for-…	STP	119	MST. Root = 32768/0/4c:1f:cc:2a:62:38 Cost = 20000 Port = 0x8001
9	3.375000	192.168.64.10	192.168.65.20	ICMP	74	Echo (ping) request id=0x1634, seq=16/4096, ttl=128 (reply in 10)
10	3.469000	192.168.65.20	192.168.64.10	ICMP	74	Echo (ping) reply id=0x1634, seq=16/4096, ttl=127 (request in 9)
11	4.484000	192.168.64.10	192.168.65.20	ICMP	74	Echo (ping) request id=0x1734, seq=17/4352, ttl=128 (reply in 12)
12	4.578000	192.168.65.20	192.168.64.10	ICMP	74	Echo (ping) reply id=0x1734, seq=17/4352, ttl=127 (request in 11)
13	5.562000	HuaweiTe_dd:61:62	Spanning-tree-(for-…	STP	119	MST. Root = 32768/0/4c:1f:cc:2a:62:38 Cost = 20000 Port = 0x8001
14	5.594000	192.168.64.10	192.168.65.20	ICMP	74	Echo (ping) request id=0x1834, seq=18/4608, ttl=128 (reply in 15)
15	5.687000	192.168.65.20	192.168.64.10	ICMP	74	Echo (ping) reply id=0x1834, seq=18/4608, ttl=127 (request in 14)
16	6.703000	192.168.64.10	192.168.65.20	ICMP	74	Echo (ping) request id=0x1934, seq=19/4864, ttl=128 (reply in 17)
17	6.797000	192.168.65.20	192.168.64.10	ICMP	74	Echo (ping) reply id=0x1934, seq=19/4864, ttl=127 (request in 16)

图 4-25　任务 4.3 步骤 3 的操作示意图（二）

（3）抓取 SW-1 与 RS-1 之间的数据包，如图 4-26 所示。

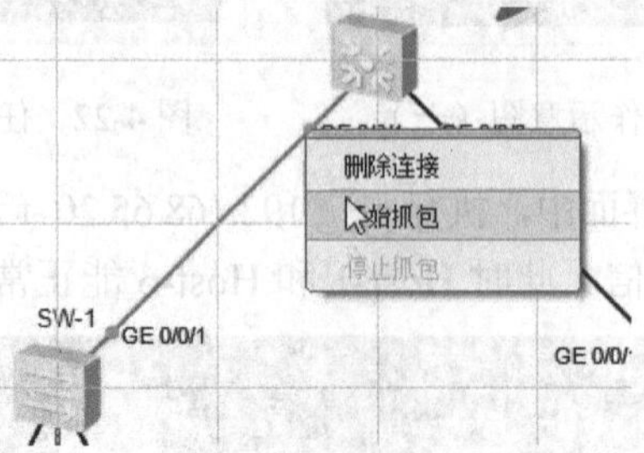

图 4-26　任务 4.3 步骤 3 的操作示意图（三）

（4）SW-1 与 RS-1 之间的数据包从 SW-1 的 GE 0/0/1 接口发出的，由于 SW-1 的 GE 0/0/1 接口的类型是 Trunk，因此从该接口发出的数据帧保留了原有的 VLAN 标签（即 vlan 10 的标签）。当数据帧到达 RS-1 的 GE 0/0/1 接口时，由于 RS-1 的 GE 0/0/1 接口的类型也是 Trunk，仍然保留了原有 VLAN 标签，所以此处抓取的数据帧是 802.1Q 帧，其 PVID（Port-base VLAN ID）值是 10，如图 4-27 所示。

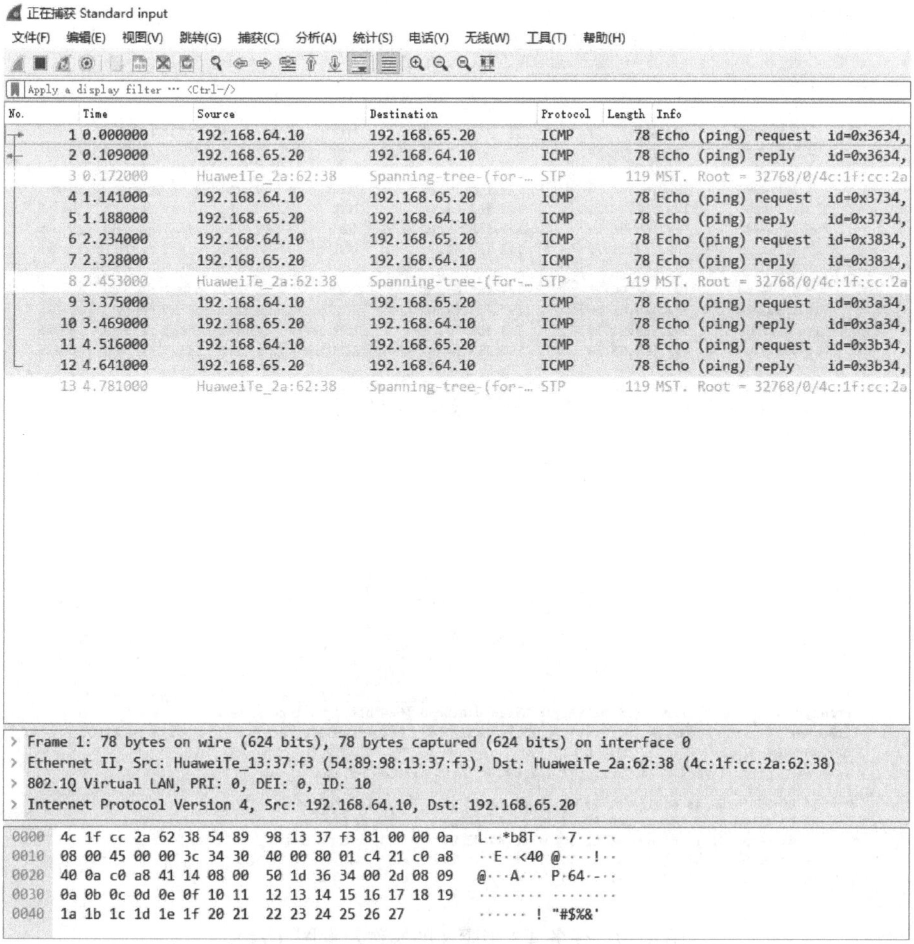

图 4-27　任务 4.3 步骤 3 的操作示意图（四）

（5）抓取 RS-1 与 SW-2 之间的数据包，如图 4-28 所示。

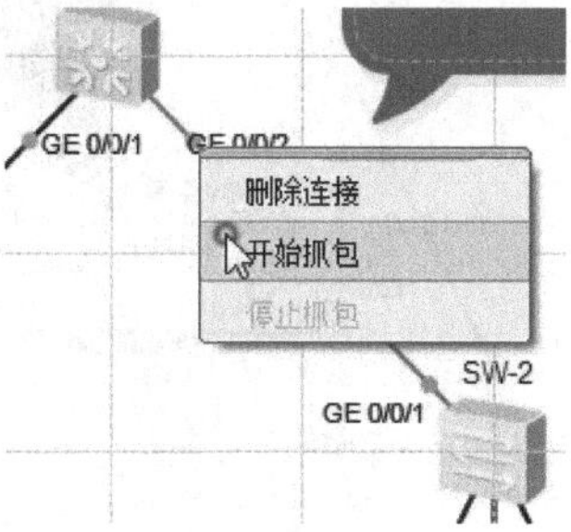

图 4-28　任务 4.3 步骤 3 的操作示意图（五）

（6）RS-1 与 SW-2 之间的数据包是从 RS-1 的 GE 0/0/2 接口发出的。当 RS-1 发现自己的 vlan 10 的 SVI 接收到数据包时，就会启动三层路由模块功能，根据路由表将数据包转发到目标子网的默认网关，也就是 vlan 20 的 SVI，并使用 vlan 20 的标签重新封装数据帧。由于 RS-1 的 GE 0/0/2 接口的类型是 Trunk，从该接口发出的数据帧保留了原有 VLAN 标签（此时是 vlan 20 的标签），所以此处的数据帧是 802.1Q 帧，其 PVID 值是 20，如图 4-29 所示。

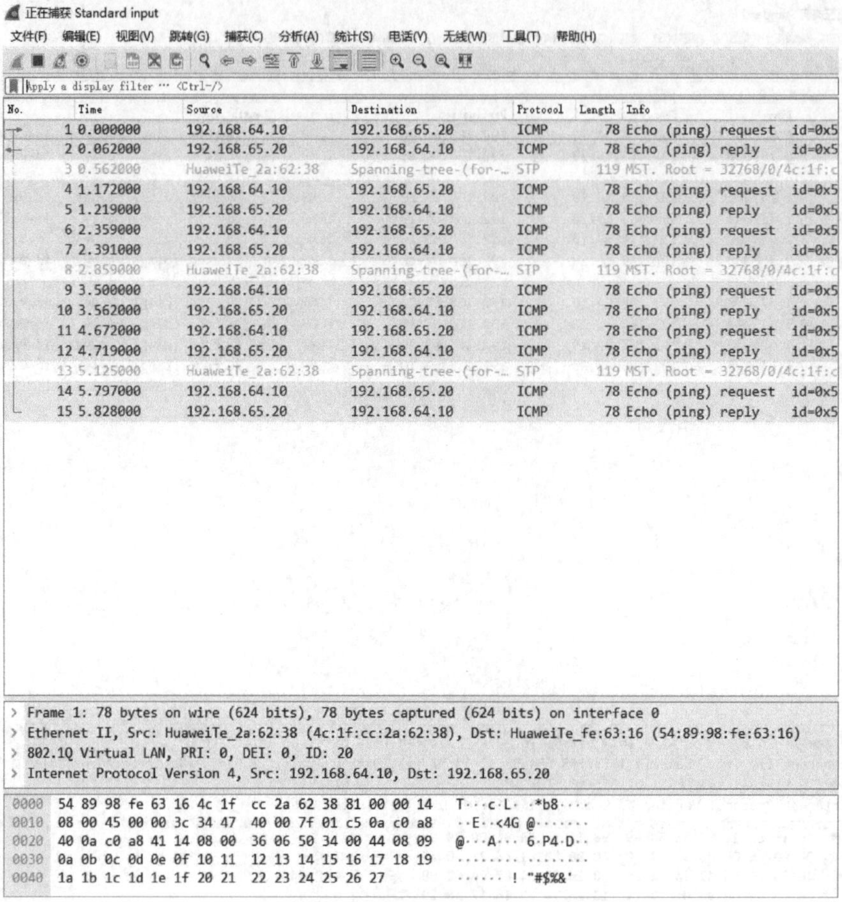
正在捕获 Standard input
文件(F) 编辑(E) 视图(V) 跳转(G) 捕获(C) 分析(A) 统计(S) 电话(Y) 无线(W) 工具(T) 帮助(H)
Apply a display filter … <Ctrl-/>
No. Time Source Destination Protocol Length Info
1 0.000000 192.168.64.10 192.168.65.20 ICMP 78 Echo (ping) request id=0x5
2 0.062000 192.168.65.20 192.168.64.10 ICMP 78 Echo (ping) reply id=0x5
3 0.562000 HuaweiTe_2a:62:38 Spanning-tree-(for-… STP 119 MST. Root = 32768/0/4c:1f:c
4 1.172000 192.168.64.10 192.168.65.20 ICMP 78 Echo (ping) request id=0x5
5 1.219000 192.168.65.20 192.168.64.10 ICMP 78 Echo (ping) reply id=0x5
6 2.359000 192.168.64.10 192.168.65.20 ICMP 78 Echo (ping) request id=0x5
7 2.391000 192.168.65.20 192.168.64.10 ICMP 78 Echo (ping) reply id=0x5
8 2.859000 HuaweiTe_2a:62:38 Spanning-tree-(for-… STP 119 MST. Root = 32768/0/4c:1f:c
9 3.500000 192.168.64.10 192.168.65.20 ICMP 78 Echo (ping) request id=0x5
10 3.562000 192.168.65.20 192.168.64.10 ICMP 78 Echo (ping) reply id=0x5
11 4.672000 192.168.64.10 192.168.65.20 ICMP 78 Echo (ping) request id=0x5
12 4.719000 192.168.65.20 192.168.64.10 ICMP 78 Echo (ping) reply id=0x5
13 5.125000 HuaweiTe_2a:62:38 Spanning-tree-(for-… STP 119 MST. Root = 32768/0/4c:1f:c
14 5.797000 192.168.64.10 192.168.65.20 ICMP 78 Echo (ping) request id=0x5
15 5.828000 192.168.65.20 192.168.64.10 ICMP 78 Echo (ping) reply id=0x5
Frame 1: 78 bytes on wire (624 bits), 78 bytes captured (624 bits) on interface 0
Ethernet II, Src: HuaweiTe_2a:62:38 (4c:1f:cc:2a:62:38), Dst: HuaweiTe_fe:63:16 (54:89:98:fe:63:16)
802.1Q Virtual LAN, PRI: 0, DEI: 0, ID: 20
Internet Protocol Version 4, Src: 192.168.64.10, Dst: 192.168.65.20
0000 54 89 98 fe 63 16 4c 1f cc 2a 62 38 81 00 00 14
0010 08 00 45 00 00 3c 34 47 40 00 7f 01 c5 0a c0 a8
0020 40 0a c0 a8 41 14 08 00 36 06 50 34 00 44 08 09
0030 0a 0b 0c 0d 0e 0f 10 11 12 13 14 15 16 17 18 19
0040 1a 1b 1c 1d 1e 1f 20 21 22 23 24 25 26 27

图 4-29　任务 4.3 步骤 3 的操作示意图（六）

（7）抓取 SW-2 与 Host-2 之间的数据包，如图 4-30 所示。

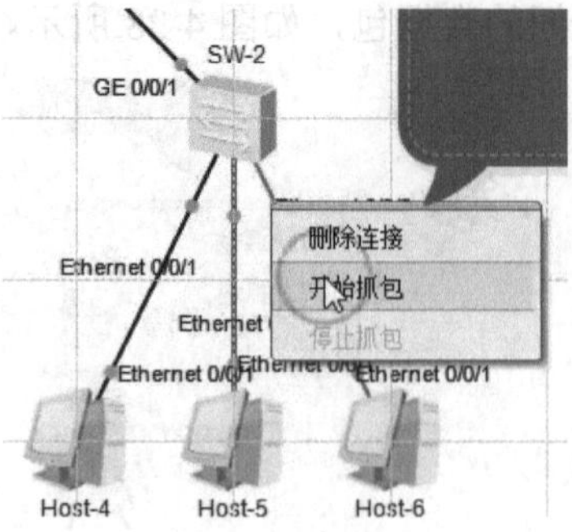

图 4-30　任务 4.3 步骤 3 的操作示意图（七）

（8）SW-2 与 Host-2 之间的数据包是从 SW-2 的 GE 0/0/3 接口发出的。由于 SW-2 的 GE 0/0/3 接口的类型是 Access，从该接口发出的数据帧会去掉 VLAN 标签，变成普通数据帧，所以此处抓取的数据帧是普通数据帧，如图 4-31 所示。

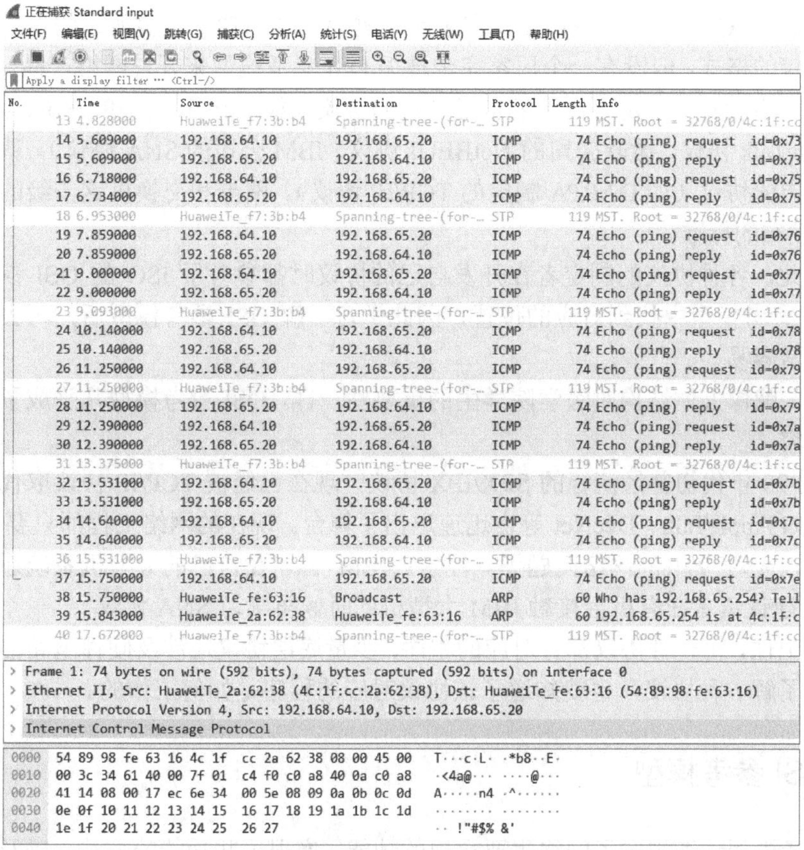

图 4-31　任务 4.3 步骤 3 的操作示意图（八）

4.4 基础知识拓展：网络协议与标准

TCP/IP 协议是一个协议集，由很多协议组成。TCP 和 IP 是这个协议集中的两个重要协议，因此 TCP/IP 协议是用这两个协议来命名的。

TCP/IP 协议中每一个协议涉及的功能是都用程序来实现的。TCP 协议和 IP 协议有对应的 TCP 程序和 IP 程序。TCP 协议规定了 TCP 程序需要完成的功能、如何完成这些功能，以及 TCP 程序所涉及的数据格式。

如果一个网络协议涉及硬件功能，通常就被叫做标准，而不再称为协议了，所以叫标准还是叫协议基本是一回事，都是一种功能、方法和数据格式的约定，只是网络标准还需要约定硬件的物理尺寸和电气特性。最典型的网络标准就是 IEEE 802.3，它是以太网的技术标准。

制定协议、标准的目的是让各个厂商的网络产品互相通用，尤其是完成具体功能的方法和通信格式，如果没有统一的标准，各个厂商的产品就无法通用。

为了完成网络通信，实现网络通信的软/硬件就需要完成一系列功能，如对数据进行封装、对出错数据进行重发、对源主机的发送速率进行控制等。每一个功能的实现都需要设计相应的协议，这样各个生产厂家就可以根据协议开发出能够互相通用的网络软/硬件产品。

国家化标准组织（ISO）于 1985 年发布了著名的开放系统互联（Open System Interconnection，

OSI）参考模型，OSI 参考模型详细规定了网络需要实现的功能、实现这些功能的方法，以及通信数据包的格式。但没有一个厂家完全遵循 OSI 参考模型来开发网络产品。不论网络操作系统还是网络设备，不是遵循厂家自己制定的协议（如 Novell 公司的 Novell 协议、苹果公司的 AppleTalk 协议、微软公司的 NetBEUI 协议、IBM 公司的 SNA 协议），就是遵循某个政府部门制定的协议（如 DARPA 制定的 TCP/IP 协议）。网卡和交换机这一级的产品则大多遵循 IEEE 发布的标准。

尽管如此，各种协议的制定者在开发自己的协议时都参考了 ISO 的 OSI 参考模型，并能够在 OSI 参考模型中找到对应的位置，因此学习了解 OSI 参考模型后，再去学习其他协议就变得非常容易。

事实上，就像人体结构对医学院学生的重要性一样，OSI 参考模型几乎成了网络工程教学的必备内容。

20 世纪 90 年代初曾经流行的 SPX/IPX 协议，现在已经被 TCP/IP 协议取代了，其他的网络协议，如 AppleTalk、DecNet 等也迅速退出了舞台。现在的网络工程师只要了解 TCP/IP 协议，就可以应对 99%的网络问题了。注意：IBM 公司在自己的大型机系统通信中仍坚持 SNA 协议，建议读者在有机会接触 IBM 大型机的时候再学习 SNA 协议。

我们要记住，每一种协议都有对应的程序，少量底层协议还涉及硬件电路的物理特性和电气特性。了解一种协议，也就知道了该协议对应的程序是如何工作的。

4.4.1 OSI 参考模型

OSI 参考模型详细规定了网络需要实现的功能、实现这些功能的方法，以及通信数据包的格式，几乎所有计算机网络图书都会介绍 OSI 参考模型，对 OSI 参考模型的介绍也都是在讨论它实现的功能。下面简要介绍 OSI 参考模型实现的功能，从而帮助读者理解这个模型。

OSI 参考模型如图 4-32 所示，从顶到底分为 7 层，这种结构正好描述了数据在发送前被加工的过程。待发送的数据首先被应用层的程序加工，然后下放到下面一层继续加工，最后数据被封装成数据帧发送到网络上。

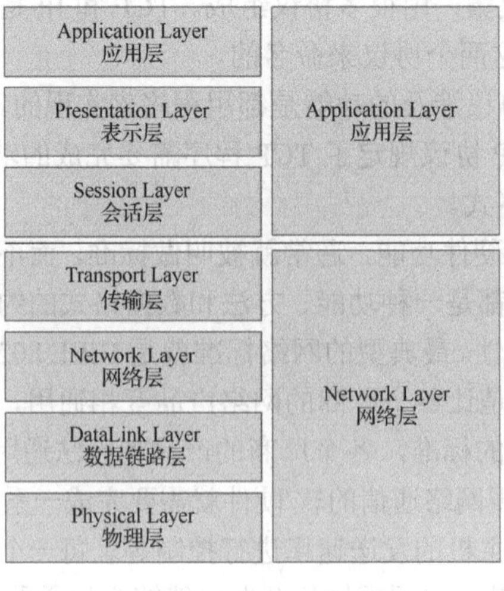

图 4-32 OSI 参考模型

OSI 参考模型是自下向上编号的，第 1 层是物理层，第 7 层是应用层。例如，当我们说出错重发是传输层的功能时，也可以说出错重发是第 4 层的功能。

在把一个数据发往另外一个主机之前，这个数据要经过 7 层的加工。例如，我们要把一封邮件发往服务器，在邮件应用程序（如 Outlook 软件）中编辑完邮件后单击发送按钮后，邮件就会被交给第 7 层中根据 POP3 或 SMTP 编写的程序。POP3 或 SMTP 程序按自己的协议整理数据格式，然后发给下面层的某个程序。每层的程序（除了物理层）都会对数据格式做一些加工，还会通过报头的形式增加一些信息，如传输层的 TCP 程序会把目标端口地址加到 TCP 报头中，网络层的 IP 程序会把目标 IP 地址加到 IP 报头中，链路层的程序会把目标 MAC 地址装配到帧报头中。经过加工后的数据以帧的形式交给物理层，物理层的电路再以比特流的形式将数据发送到网络中。

接收端主机的工作过程与发送端主机是相反的。在接收端主机中，物理层接收到数据后，以相反的顺序遍历 OSI 参考模型的所有层，最终使接收端收到这封电子邮件。

在发送端主机中，数据沿第 7 层向下传输时，每层（除了物理层）都会给数据加上自己的报头。在接收端主机中，每层（除了物理层）都会阅读对应的报头，拆除自己层的报头后将数据传输到上一层。

下面我们用表的形式概述 OSI 参考模型每层要实现的功能，如表 4-1 所示。

表 4-1　OSI 参考模型每层要实现的功能

层	要实现的功能
第 7 层应用层	提供用户应用程序的端口（Port），在数据中为每种应用添加必要的信息
第 6 层表示层	定义数据的表示方法，使数据以能够理解的格式发送和读取
第 5 层会话层	提供网络会话的顺序控制功能，用户名称和机器名称的解释也是在这层完成的
第 4 层传输层	提供端口地址寻址（TCP 寻址），建立、维护、拆除连接，控制流量，出错重发，数据分段等功能
第 3 层网络层	提供 IP 地址寻址，支持网间互联的所有功能，主要设备是路由器和三层交换机
第 2 层数据链路层	提供链路层地址（如 MAC 地址）寻址、媒介访问控制（如以太网的总线争用技术）、差错检测、控制数据的发送与接收等功能，主要设备是网桥和交换机
第 1 层物理层	提供建立网络通信所必需的硬件电路和传输媒介

ISO 在描述 OSI 参考模型各层要实现的功能时，使用了抽象的术语，读者可以暂时不在意表 4-1 的内容。实际上，了解网络通信的原理，主要需要了解第 7、4、3、2、1 层的功能和实现方法。OSI 参考模型的第 7、4、3 层在 TCP/IP 模型中都有对应的层，本书将在 4.4.2 节中详细介绍；对于 OSI 参考模型的第 2、1 层，IEEE 802 标准有具体的实现，本书在 4.4.3 节予以详细讨论。

待读者学习完 4.4.2 节和 4.4.3 节后，再回头看看表 4-1，就可以理解 OSI 参考模型各层要实现的功能了，我们现在需要做的只是记住各层的名字。

4.4.2　TCP/IP 协议

TCP/IP 协议是互联网中使用的协议，现在几乎成了 Windows、UNIX、Linux 等操作系统中唯一的网络协议了（微软似乎也放弃了自己的 NetBEUI 协议）。也就是说，操作系统不是按照 OSI 参考模型来编写自己的网络系统软件的，而是按照 TCP/IP 模型来编写的。OSI

参考模型和 TCP/IP 模型的对应关系如图 4-33 所示，图中给出的是 OSI 参考模型和 TCP/IP 模型各层的英文名称，了解这些层的英文名称是非常重要的。

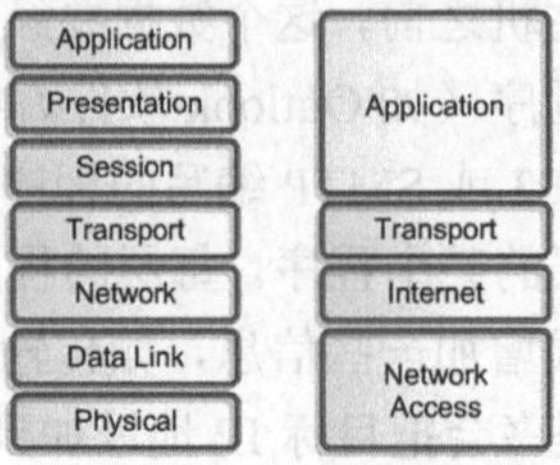

图 4-33 OSI 参考模型和 TCP/IP 模型的对应关系

TCP/IP 协议是一个协议集，它由十几种协议组成。从 TCP/IP 协议的名字上可以看到其中的两种协议，即 TCP 协议和 IP 协议。

图 4-34 是 TCP/IP 协议中各种协议之间的关系。

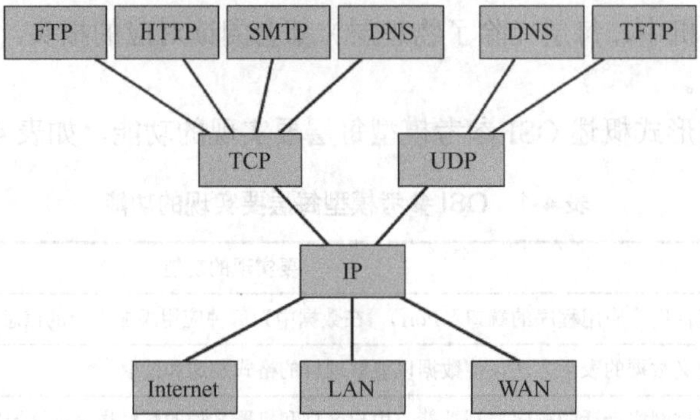

图 4-34 TCP/IP 协议中的各种协议之间的关系

TCP/IP 协议给出了 OSI 参考模型第三层以上的几乎所有协议，非常完整。现在，微软、HP、IBM、中软国际等操作系统开发商都在自己的网络操作系统实现了 TCP/IP 协议，编写了 TCP/IP 协议中每种协议对应的程序。

主要的 TCP/IP 协议有：

- 应用层协议：文件传输协议（File Transfer Protocol，FTP）、简易文件传送协议（Trivial File Transfer Protocol，TFTP）、超文本传输协议（Hypertext Transfer Protocol，HTTP）、简单邮件传输协议（Simple Mail Transfer Protocol，SMTP）、邮局协议版本 3（Post Office Protocol-Version 3，POP3）、简单网络管理协议（Simple Network Management Protocol，SNMP）、域名系统（Domain Name System，DNS）协议、远程终端（Telnet）协议、网络文件系统（Network File System，NFS）协议。
- 传输层协议：传输控制协议（Transmission Control Protocol，TCP）、用户数据报协议（User Datagram Protocol，UDP）。
- 网络层协议：网际互联协议（Internet Protocol，IP）、地址解析协议（Address Resolution Protocol，ARP）、逆向地址解析协议（Reverse Address Resolution Protocol，RARP）、动态主机配置协议（Dynamic Host Configuration Protocol，DHCP）、互联网控制报文协议（Internet Control Message Protocol，ICMP）、路由信息协议（Routing Information Protocol，RIP）、内部网关路由协议（Interior Gateway Routing Protocol，IGRP）、开

放最短路径优先（Open Shortest Path First，OSPF）协议。

POP3、DHCP、IGRP、OSPF 虽然不是 TCP/IP 协议的成员，但都是非常知名的网络协议。本书把它们放到 TCP/IP 协议中，可以帮助读者更清晰地了解网络协议的全貌。

TCP/IP 协议是由美国国防高级研究计划局（Defense Advanced Research Projects Agency，DARPA）开发的。美国军方委托不同企业开发的网络需要互联，但这些网络使用的协议都不相同，为此，需要开发一套标准化的协议，使得这些网络可以互联，同时也要求以后的承包商在竞标时承诺遵循这一协议。在 TCP/IP 协议出现以前，美国军方的网络系统的差异混乱是由其竞标体系所造成的，所以人们将 TCP/IP 协议戏称为“低价竞标协议”。

1. 应用层协议

（1）FTP：用于主机之间的文件交换。FTP 使用 TCP 协议传输数据，是一个可靠的、面向连接的文件传输协议。FTP 支持二进制文件和 ASCII 文件。

（2）TFTP：它比 FTP 简单，是一个非面向连接的协议，使用 UDP 传输数据的速率更快。TFTP 多用于局域网，交换机和路由器等设备通过 TFPT 把自己的配置文件传输到主机上。

（3）SMTP：简单邮件传输协议。

（4）POP3：本不属于 TCP/IP 协议，但 POP3 比 SMTP 更科学，微软等公司在编写网络操作系统的应用程序时采用了 POP3。

（5）Telnet：可以使一台主机远程登录到其他主机，成为远程主机的显示终端和输入终端。由于交换机和路由器等设备没有显示器和键盘，为了对这些设备进行配置，就需要使用 Telnet 协议。

（6）DNS 协议：根据域名解析出对应的 IP 地址。

（7）SNMP：用于搜集、了解网络中交换机、路由器等设备的工作状态。

（8）NFS 协议：允许网络上的主机共享某目录。

从图 4.34 可以看到，应用层协议有可能使用 TCP 协议进行通信，也可能使用更简易的传输层协议（如 UDP）进行通信。

2. 传输层协议

传输层是 TCP/IP 协议最少的一层，只有两个协议：TCP 协议和 UDP。

TCP 协议要完成的功能主要有 5 个：端口地址寻址，连接的建立、维护与拆除，流量控制，出错重发，数据分段。

网络中的交换机、路由器等设备需要分析数据帧中的 MAC 地址、IP 地址，甚至端口地址。也就是说，网络要转发数据，就需要 MAC 地址、IP 地址和端口地址的三重寻址。因此，在传输数据前，需要把这些地址封装到数据帧的报头中。

端口地址的作用是什么呢？可以想象数据帧到达目标主机后的情形，当数据帧到达目标主机后，链路层的程序会通过数据帧的帧报尾进行循环冗余校验，校验合格的数据帧被去掉帧报头后上交给 IP 程序。IP 程序去掉 IP 报头后，再把数据交给 TCP 程序。待 TCP 程序把 TCP 报头去掉后，它把数据交给谁呢？这时，TCP 程序就可以通过 TCP 报头中由源主机指定的端口地址，了解到源主机希望目标主机使用哪个应用层程序来接收这个数据帧。

因此我们说，端口地址寻址是对应用层程序的寻址。

图 4-35 给出了常用的端口地址。从图中我们看到，HTTP 的端口号（端口地址）是 80，DNS 协议的端口号是 53。TCP 和 UDP 的报头中都需要指定端口地址。目前，应用层程序的

开发者都接受TCP/IP协议对端口号的编排，详细的端口号编排可以在RFC 1700查到。RFC（Request For Comments）是由互联网工程任务组（The Internet Engineering Task Force，IETF）发布的一系列文件，这些文件对所有人都是开放的。

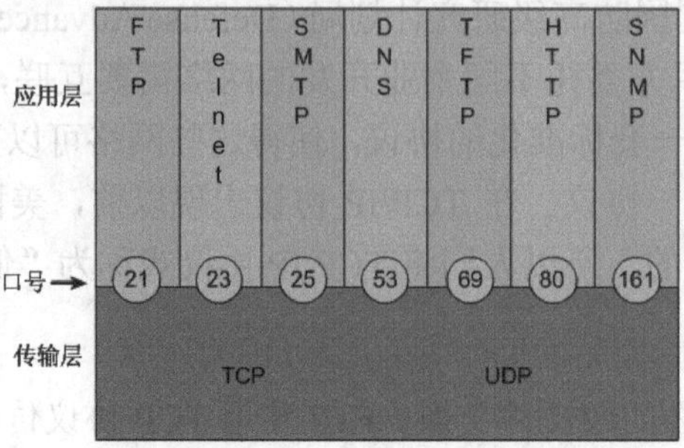

图4-35 常用的端口地址

TCP/IP协议编排端口号的方法如下：

- 低于255的端口号：用于FTP、HTTP等公共应用层协议。
- 255～1023的端口号：提供给操作系统开发商，为市场化的应用层协议编号。
- 大于1023的端口号：用于普通应用程序。

可以看到，社会公认度很高的应用层协议，才能使用1023以下的端口号。一般的应用程序需要使用1023以上的端口号。对于我们自己开发的软件，在涉及两个主机软件之间的通信时，可以自行选择一个1023以上的端口号，例如，知名的游戏软件CS的端口号是26350。

端口号的范围是0～65535，1024～49151的端口号需要注册，49152～65535的端口号可以自由使用。

端口地址被源主机在数据发送前封装在TCP报头或UDP报头中。图4.36给出了TCP报头的格式。从图中可以看到，端口地址包括源端口地址和目标端口地址，分别用16 bit的二进制数来表示，放在TCP报头的最前面。

```
 0                   1                   2                   3
 0 1 2 3 4 5 6 7 8 9 0 1 2 3 4 5 6 7 8 9 0 1 2 3 4 5 6 7 8 9 0 1
+-+-+-+-+-+-+-+-+-+-+-+-+-+-+-+-+-+-+-+-+-+-+-+-+-+-+-+-+-+-+-+-+
|          Source Port          |       Destination Port        |
+-+-+-+-+-+-+-+-+-+-+-+-+-+-+-+-+-+-+-+-+-+-+-+-+-+-+-+-+-+-+-+-+
|                        Sequence Number                        |
+-+-+-+-+-+-+-+-+-+-+-+-+-+-+-+-+-+-+-+-+-+-+-+-+-+-+-+-+-+-+-+-+
|                    Acknowledgment Number                      |
+-+-+-+-+-+-+-+-+-+-+-+-+-+-+-+-+-+-+-+-+-+-+-+-+-+-+-+-+-+-+-+-+
|  Data |       |C|E|U|A|P|R|S|F|                               |
| Offset| Rsrvd |W|C|R|C|S|S|Y|I|            Window             |
|       |       |R|E|G|K|H|T|N|N|                               |
+-+-+-+-+-+-+-+-+-+-+-+-+-+-+-+-+-+-+-+-+-+-+-+-+-+-+-+-+-+-+-+-+
|           Checksum            |         Urgent Pointer        |
+-+-+-+-+-+-+-+-+-+-+-+-+-+-+-+-+-+-+-+-+-+-+-+-+-+-+-+-+-+-+-+-+
|                           [Options]                           |
+-+-+-+-+-+-+-+-+-+-+-+-+-+-+-+-+-+-+-+-+-+-+-+-+-+-+-+-+-+-+-+-+
|                                                               :
:                             Data                              :
:                                                               |
+-+-+-+-+-+-+-+-+-+-+-+-+-+-+-+-+-+-+-+-+-+-+-+-+-+-+-+-+-+-+-+-+
```

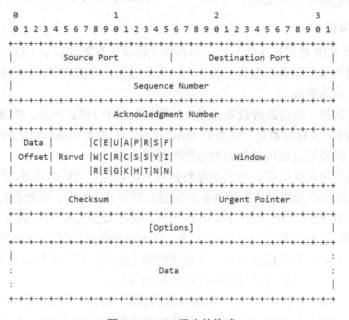

图4-36 TCP报头的格式

当一台主机（源主机）向另外一台主机（目标主机）发出连接请求时，源主机被视为客户端，目标主机被视为源主机的服务器。通常，客户端在给自己的应用程序设置端口地址时，可以随机使用一个大于 1023 的端口号，如客户端要访问 WWW 服务器，可在其 TCP 报头的源端口地址（Source Port）中写入 1391，在目标端口地址（Destination Port）中写入 80，表示要使用 HTTP。端口地址的使用如图 4-37 所示。

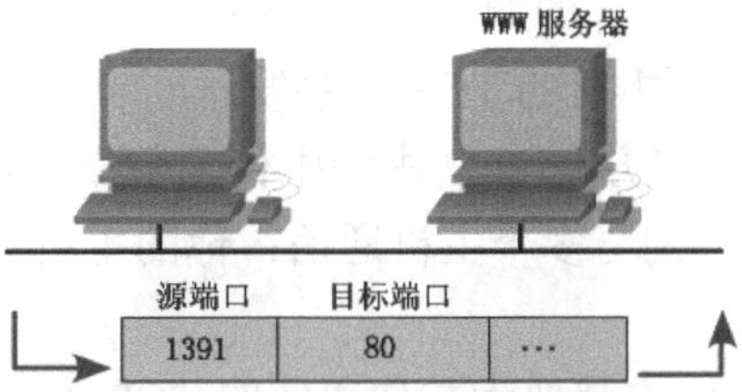

图 4-37　端口地址的使用

TCP 协议是一个面向连接的协议。所谓面向连接，是指一个主机在和另外一台主机通信时，需要先呼叫对方，请求与对方建立连接，只有对方同意，才能开始通信。这种呼叫与应答的操作非常简单。所谓呼叫，就是连接的发起方发送一个同步包给对方。对方如果同意这个连接，就简单地发回一个确认包，连接就建立起来了。

图 4-38 所示为 TCP 协议建立连接的过程。当主机 A 希望与主机 B 建立连接以交换数据时，主机 A 的 TCP 程序首先构造一个同步包给对方，同步包的数据帧 TCP 报头中的报文性质码标志位 SYN 置 1；其次，主机 B 的 TCP 程序收到主机 A 发送的同步包后，如果同意这个连接，就发回一个确认包给主机 A，主机 B 的确认包的数据帧 TCP 报头中的报文性质码标志位 ACK 置 1。

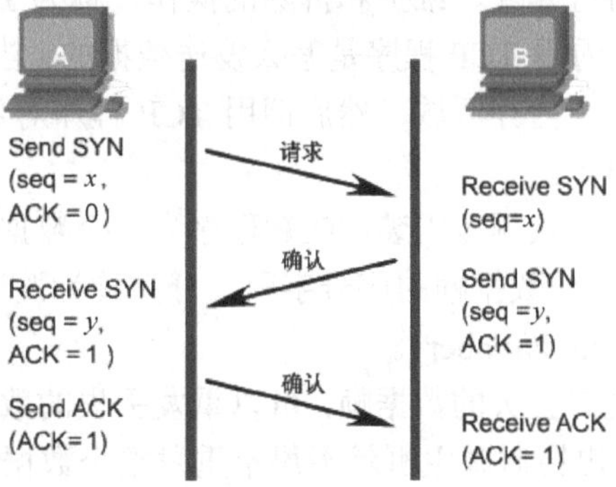

图 4-38　建立连接

SYN 和 ACK 是 TCP 协议报头的连接标志位（见图 4-36）。在建立 TCP 连接时，SYN 标志为置 1，ACK 标志为置 0，表示本数据包是个同步（Synchronization）包，在确认连接时，ACK 置 1，SYN 置 1，表示本数据包是个确认（Acknowledgment）包。

从图 4-38 可以看到，TCP 协议建立连接中有第三个数据包，即主机 A 对主机 B 的连接确认包。主机 A 为什么要发送第三个数据包呢？

考虑这样一种情况：主机 A 发送一个同步包，但这个同步包在传输过程中丢失了。主机 A 在约定的时间内未收到主机 B 的确认包，会怀疑数据包丢失，主机 A 将重发同步包，第二个同步包到达主机 B，保证了连接的建立。

但如果第一个同步包没有丢失，而只是网络速率慢而导致主机 A 超时呢？这就会使主机 B 收到两个同步包，使主机 B 误以为第二个同步包是主机 A 的又一个请求。第三个数据包就是为防止这样的错误而设计的。

这样的连接建立机制称为三次握手。

一些教科书给出的解释是：TCP 协议在数据通信之前要先建立连接，是为了确认对方是激活的（Active）并同意连接，这样的通信是可靠的。

但从 TCP 程序的设计看，源主机的 TCP 程序发送同步包是为了触发对方主机的 TCP 程序建立一个对应的 TCP 进程，双方在 TCP 进程中传输数据。这一点可以这样理解：对方主机中建立了多个 TCP 进程，分别与多个主机通信；你的主机也可以邀请对方建立多个 TCP 进程，同时进行多路通信。

对方同意与你建立连接，对方就要为与你通信的 TCP 进程分配一部分内存和 CPU 时间等资源。泛洪攻击无休止地邀请对方建立连接，使对方主机建立无数个 TCP 进程，从而耗尽对方主机的资源。

当通信结束时，发起连接的主机应该发送拆除连接的数据包，通知对方主机关闭相应的 TCP 进程，释放该进程占用的资源。拆除连接的数据包 TCP 报头中，报文性质码的 FIN 标志位置 1，表明是一个拆除连接的数据包。

为了防止某一方出现故障后异常关机，而另一方的 TCP 进程无休止地驻留，任何一方在发现对方长时间没有通信流量时就会拆除连接。但有的情况确实有一段时间没有通信流量，但还需要保持连接，就需要发送空的数据包，以维持这个连接。维持连接数据包的英语名称非常直观，即 Keepalive，该数据包就是为了在一段时间内没有数据发送但还需要保持连接而发送的，该过程也称为连接的维护。

为实现通信而对连接进行建立、维护和拆除的操作，称为 TCP 的传输连接管理。

最后，我们再回过头来看看 TCP 程序是怎么发送数据的。当应用程序需要发送数据时，就会把待发送的数据放在一个内存区域，然后调用 TCP 程序对数据进行分段、封装目标 IP 地址，最后把数据帧发送出去。

为了支持数据出错重发和数据段组装，TCP 程序为每个数据段封装了报头（封装报头后的数据段称为数据帧），并设计数据帧的序号字段，分别称为发送序号（Sequence Number）和确认序号（Acknowledgment Number）。

出错重发是指一旦发现有丢失的数据帧，可以重发丢失的数据帧，以保证数据传输的完整性。如果数据没有分段，出错后源主机就不得不重发整个数据。为了确认丢失的是哪个数据帧，报文就需要确认序号。

另外，数据分段可以使数据在网络中的传输变得非常灵活。一个数据的各个分段，可以选择不同的路径到达目标主机。由于网络中各条路径在传输速率上不一致性，有可能先发的数据帧后到达，后发的数据帧先到达。为了使目标主机能够按照正确的次序重新组装数据，也需要在数据帧的报头设置确认序号。

发送序号和确认序号在 TCP 报头中的第三、四字段。发送序号是指本数据帧是第几个数据帧。确认序号实际上是已经接收到的最后一个数据帧的发送序号加 1。如果 TCP 的设计者把确认序号定义为已经接收到的最后一个数据帧的发送序号，就可以让读者更容易理解一些。

发送序号和确认序号如图 4-39 所示，左侧主机通过 Telnet 程序发送数据，目标端口地址为 23，源端口地址为 1028，发送序号为 10（表明数据帧是第 10 个数据帧），确认序号为

1（表明左侧主机收到右侧主机发来的数据帧数为 0），右侧主机应该发送的数据帧是 1。右侧主机向左侧主机发送的数据帧中，发送序号是 1，确认序号是 11。确认序号是 11 表明右侧主机已经接收到左侧主机第 10 个数据帧以前的所有数据段。TCP 协议在报头中设置的两个序号字段是很精彩的，这样可以将对对方数据的确认随着本主机的数据发送过去，无须单独发送确认包，大大节省了网络带宽和占用接收主机（目标主机）CPU 的时间。

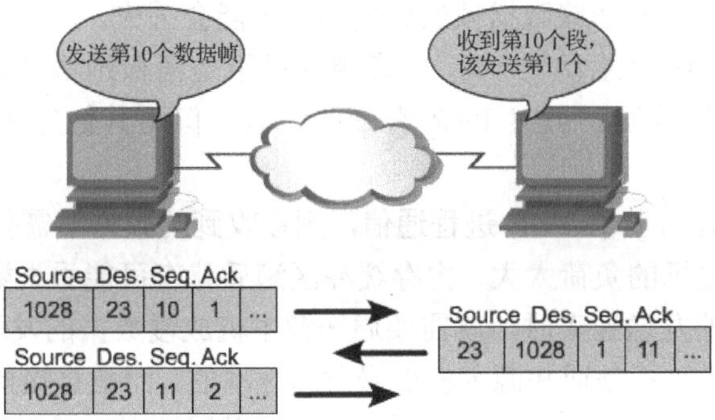

图 4-39　发送序号与确认序号

在网络中，丢失数据包的情况有两种：一种情况是，如果网络设备（交换机、路由器）的负荷太大，当其数据缓冲区满时，就会丢失数据包；另一种情况是，如果在传输中因为噪声干扰、数据碰撞或设备故障，数据包会受到损坏，在目标主机的链路层进行校验时就会被丢弃。

源主机应该发现丢失的数据段，并重发出错的数据。

TCP 协议使用的是名为主动确认和重传（Positive Acknowledgment and Retransmission，PAR）的出错重传方案，这个方案是许多协议都采用的方案。

TCP 程序在发送数据时，先把数据帧都放到发送窗口中，然后发送出去。PAR 会为发送窗口中每个数据帧启动定时器，被对方主机确认收到的数据帧将从发送窗口中删除。如果某数据帧的定时时间到，仍然没有收到确认，PAR 就会重发这个数据帧。

PAR 的机制如图 4-40 所示，源主机的 2 号数据帧丢失，目标主机只确认了 1 号数据帧。源主机从发送窗口中删除已确认的 1 号数据帧，放入 4 号数据帧（发送窗口的值为 3，没有地方放更多的待发送数据帧），将 2、3、4 号数据帧发送出去。其中，2、3 号数据帧是重发的数据帧。

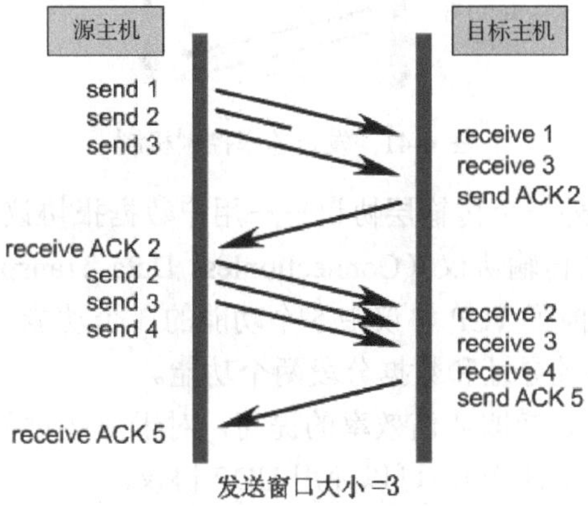

图 4-40　PAR 的机制

尽管 3 号数据帧已经被目标主机收到，但仍然被重发。这显然是一种浪费。但 PAR 机制只能这样处理。读者可能会问，为什么不能通知源主机哪个数据帧丢失呢？那样的话，源主机可以一目了然，只需要发送丢失的数据帧。好，我们来看一看：如果连续丢失了十几个数据帧，甚至更多，而 TCP 报头中只有一个确认序号字段，该通知源主机重发哪个丢失的数据帧呢？能不能单独设计一个数据帧，用来通知源主机所有丢失的数据帧呢？这样也不行，因为通知源主机该重发哪些数据帧的数据帧也可能会丢失。

主动确认和重传中的“主动”一词，是指源主机不是消极地等待目标主机的出错信息，是主动地发现问题实施重发。虽然 PAR 有一些缺点，但与其他方案相比，它仍然是最科学的。

如果目标主机同时与多个 TCP 进程通信，则接收到的数据帧需要在内存中排队以完成重新组装。如果目标主机的负荷太大，内存缓冲区满后就有可能丢失数据帧。因此，当目标主机无法承受源主机的发送速率时，就需要通知源主机放慢数据的发送速率。

事实上，目标主机并不是通知源主机放慢发送速率的，而是直接控制源主机的发送窗口大小。目标主机如果需要对方放慢数据的发送速率，就减小数据帧 TCP 报头中的 Window 字段的值。源主机必须使用这个数值，减小发送窗口大小，从而降低发送速率。

发送速率（流量）控制机制如图 4-41 所示，源主机发送窗口的大小开始是 3，每次发送 3 个数据帧。目标主机要求发送窗口大小变为 1 后，源主机调整了发送窗口的大小，每次只发送 1 个数据帧，从而降低了发送速率。在极端的情况下，如果目标主机把发送窗口大小设置为 0，则源主机将暂停发送数据。尽管源主机按照目标主机的要求降低了发送速率，但源主机自己会渐渐增加发送窗口大小，这样做的目的是尽可能地提高数据的发送速率。在实际中，TCP 报头中的发送窗口大小不是用数据帧的个数来表示的，而是用字节数来表示的。

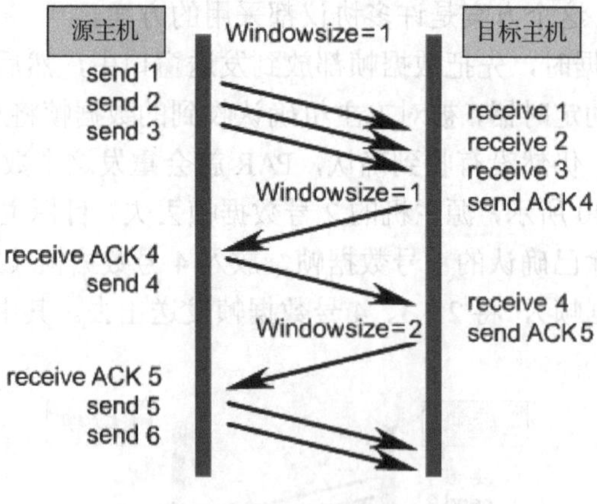

图 4-41 发送速率控制机制

TCP/IP 协议设计了另外一个传输层协议——用户数据报协议（User Datagram Protocol，UDP）。UDP 是无连接数据传输协议（Connectionless Data Transport Protocol），是一个简化了的传输层协议。UDP 去掉了 TCP 协议中 5 个功能的 3 个功能（连接建立、流量控制和出错重发），只保留了端口地址寻址和数据分段两个功能。

UDP 通过牺牲可靠性来换取通信效率的提高，对于那些对可靠性要求不高的数据传输（如 DNS、SNMP、TFTP、DHCP），可以使用 UDP 协议。

UDP 报头的格式如图 4-42 所示，核心内容只有源端口地址和目标端口地址两个字段。

```
 0      7 8     15 16    23 24    31
+--------+--------+--------+--------+
|     Source      |   Destination   |
|      Port       |      Port       |
+--------+--------+--------+--------+
|                 |                 |
|     Length      |    Checksum     |
+--------+--------+--------+--------+
|
|          data octets ...
+---------------- ...
```

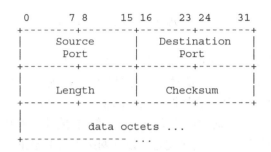

图 4-42　UDP 报头的格式

UDP 程序与 TCP 程序一样，需要完成端口地址寻址和数据分段两个功能，但 UDP 程序不知道数据帧是否到达目标主机，目标主机也不能抑制源主机发送数据的速率。由于数据帧中不再有报文序号，一旦数据帧沿不同路径到达目标主机的次序发送变化，目标主机也无法按正确的次序纠正这样的错误。

TCP 是一个面向连接的、可靠的传输层协议，UDP 是一个非面向连接的、简易的传输层协议。

3. 网络层协议

网络层中最重要的两种协议是 IP 和 ARP，除了这两种协议，网络层还有一些其他的协议，如 RARP、DHCP、ICMP、RIP、IGRP、OSPF 等。下面给出了常用的网络层协议及其说明。

（1）IP 协议。

- 地址分配和路由：IP 协议为连接到网络的设备分配唯一的 IP 地址，使这些设备能够在网络中相互识别和通信。IP 协议还负责路由数据包，确定数据包从发送端到接收端的传输路径。
- 分段和重组：IP 协议负责将数据分成大小适当的数据段后在网络上传输，并在接收端重新组合这些数据段。
- 寻址和标识：IP 协议使用 IP 地址进行寻址，并在数据帧中携带发送端和接收端的信息。
- 无连接性：IP 是一种无连接的协议，这意味着它不保证数据帧的传递或顺序，也不保证可靠交付。这些功能通常由更高层的协议（如 TCP 协议）来提供。
- 跨网络通信：IP 协议允许不同类型的网络通过网关进行通信，实现跨网络的数据传输。IP 协议是一种中立协议，不依赖于特定类型的物理网络。

（2）ARP。

- IP 地址到 MAC 地址的映射：ARP 用于确定本地网络中不同设备的 IP 地址与其相应的 MAC 地址之间的对应关系。当一个设备需要与另一个设备通信时，它会使用 ARP 来查找目标设备的 MAC 地址。
- ARP 请求和应答：当一个设备知道目标设备的 IP 地址但不知道其 MAC 地址时，它将广播一个 ARP 请求（ARP Request）。本地网络内的所有设备都会收到这个请求，但只有拥有所请求的 IP 地址的设备会响应，回复一个 ARP 应答（ARP Reply），并提供自己的 MAC 地址。
- 地址解析表：设备在接收到 ARP 应答后，会在自己的地址解析表中建立 IP 地址和

MAC 地址的映射。地址解析表允许设备将目标 IP 地址映射到正确的 MAC 地址，以便进行后续的通信。

- 缓存：ARP 会在设备中保留一个地址解析表的缓存，以免在每次通信时都需要发送 ARP 请求。这个缓存会在一定时间后过期并更新，确保表中的信息是最新的。

（3）RARP。RARP 的主要功能是根据已知的物理地址（如 MAC 地址）来获取相应设备的 IP 地址。通常，设备在启动时可能不知道自己的 IP 地址，尤其是嵌入式系统或某些旧版系统中的设备。在这种情况下，这些设备可以向网络上的 RARP 服务器发送请求，以获取自己的 IP 地址。

（4）引导程序协议（Bootstrap Protocol，BOOTP）。

- 引导信息：BOOTP 提供了引导信息，如设备所需的操作系统映像文件的位置（引导文件的路径）、启动服务器的位置，以及其他配置参数。这些信息在设备启动时至关重要。
- 服务定位：BOOTP 还可以帮助设备定位特定的引导服务器，以获取所需的引导和配置信息。
- 无状态协议：BOOTP 本身是无状态的，这意味着它不保留与设备相关的状态信息，只提供必要的信息来引导设备。
- 基础网络配置：BOOTP 用于提供基本的网络配置信息，确保设备能够在启动时连接到网络并获取所需的信息。

（5）DHCP。

- 动态地址分配：DHCP 允许网络中的设备自动获取 IP 地址，避免手动配置 IP 地址。当设备加入网络时，DHCP 服务器将动态地为该设备分配可用的 IP 地址。
- 子网掩码和网关配置：除了 IP 地址，DHCP 还负责分配子网掩码和网关，使设备能够识别本地网络，并与其他网络通信。
- 地址租约管理：DHCP 通过分配地址租约来管理 IP 地址的使用，这些地址租约是临时的，允许设备在一段时间内使用分配的 IP 地址。在地址租约过期后，设备需要重新获取新的地址租约。
- 动态更新和配置管理：DHCP 允许网络管理员动态地管理和更新网络配置信息，以适应网络的变化和设备连接状态的变化。

（6）ICMP。

- 错误报告和诊断：ICMP 用于报告网络中发生的错误情况。例如，当数据在传输过程中遇到问题（如目标不可达或生存时间超时）时，ICMP 会生成错误报告并将该报告发送到源主机。
- 网络工具和诊断：ICMP 支持网络诊断工具（如 ping 和 traceroute），通过发送特定类型的 ICMP 消息，可以检测设备的可达性，以及测量数据从一个节点到另一个节点的传输路径和延时。
- 生存时间控制：ICMP 的某些消息类型能够控制数据帧在网络中的生存时间。例如，当数据帧的生存时间超过预定的时间限制时，ICMP 会丢弃该数据帧并发送超时错误消息。
- 重定向消息：ICMP 也可以用来发送重定向消息，告知发送端将特定数据帧发送到更有效的路由或下一跳地址。

- 探测主机和服务：ICMP 还可用于探测网络上的主机或服务，例如，通过发送 ICMP Echo 请求并等待回应来检测主机是否在线。

（7）RIP：

- 路由信息交换：RIP 用于在局域网或小型网络中交换路由信息。路由器通过 RIP 交换彼此所知的路由信息，以确定到达目标网络的路径。
- 距离向量算法：RIP 使用距离向量算法来确定路径，这种算法是基于每个路由器维护的距离向量表实现的，距离向量表记录了到达目标网络的距离和下一跳路由器的信息。
- 路由更新和广播：路由器通过 RIP 周期性地向相邻路由器发送路由更新信息，告知它们自己所知的路径。这些更新信息以广播的方式发送，以确保所有的路由器都能够了解网络的最新状态。
- 最大跳数限制：RIP 限制了路径的最大跳数（通常为 15 跳），这意味着 RIP 只能处理一定规模的网络。如果路径超过了最大跳数限制，RIP 将认为这个路径是不可达的。
- 基于跳数的路径选择：RIP 使用跳数作为选择路径的标准，而不是其他更复杂的度量标准，如带宽或延时。这可能导致一些效率上的问题，因为 RIP 不一定能找到最佳路径。

（8）IGRP。

- 路由信息交换：IGRP 允许路由器在网络中交换路由信息，从而让路由器了解网络中其他路由器所知的路由信息，以便确定最佳路径。
- 支持多种度量标准：IGRP 不仅依赖于跳数（路径中的路由器数量）来评估路径的优劣，还考虑其他因素，如带宽、延时、可靠性和负载等，并综合这些因素来确定最佳路径。
- 可扩展性：相对于一些简单的距离向量协议（如 RIP）来说，IGRP 适用于更大型、更复杂的网络，它可以支持更多的路由器和更多的网络设备。
- 快速收敛：IGRP 能够快速适应网络拓扑的变化，能够在网络在出现故障或拓扑结构改变时迅速计算并选择最佳路径。

（9）OSPF 协议。

- 路由信息交换：OSPF 协议允许路由器交换路由信息，它通过派发链路状态通告（Link State Advertisements）来分享网络拓扑信息，并构建网络地图，使路由器能够理解整个网络的结构。
- 基于链路状态的路径选择：OSPF 协议使用基于链路状态的算法，根据最短路径来选择路径，它不仅考虑路径上的跳数，还考虑链路的带宽、成本、延时和可用性等因素。
- 支持分层设计：OSPF 协议支持分区（Area），使大型网络可以被划分成更小、更易管理的区域。这种分区可以减轻路由器的负担，提高网络性能。
- 快速收敛：OSPF 协议能够迅速适应网络拓扑的变化，因此能够在网络发生故障或拓扑结构改变时快速计算并选择最佳路径。
- 安全性和认证：OSPF 协议支持对路由器之间交换的信息进行认证，确保路由器接收到的信息是合法和可信的。

4.4.3 IEEE 802 系列标准

TCP/IP 协议没有规定 OSI 参考模型的最低两层的实现。TCP/IP 协议主要是在网络操作系统中实现的。主机在应用层、传输层和网络层中的任务是由 TCP/IP 程序来完成的，而 OSI 参考模型最低两层（数据链路层和物理层）的功能则是由网络设备厂商的程序和硬件电路来完成的。

厂商在制造网卡、交换机、路由器等网络设备时，数据链路层和物理层的功能是依照 IEEE 802 系列标准实现的，并没有按照 OSI 参考模型的分层结构来实现。

IEEE 802 系列标准规定的数据链路层和物理层的功能如下：

- 物理地址寻址：发送端需要将物理地址封装在数据帧的帧报头中，接收端能够根据帧报头中的物理地址判断数据帧是不是发给自己的。
- 媒介访问控制：实现传输媒介的共享、避免媒介使用冲突。知名的局域网媒介访问控制技术有以太网技术、令牌网技术、FDDI 技术等。
- 数据帧校验：检查数据帧在传输过程中是否受到损坏，并丢弃被损坏的数据帧。
- 数据的发送与接收：在发送端将内存中的待发送数据发送到物理层，在接收端完成相反的操作。

根据不同的应用，IEEE 制定了不同的标准，如以太网标准 IEEE 802.3、无线局域网标准 IEEE 802.11 等，这些标准统称为 IEEE 802 系列标准。

图 4.43 所示为 OSI 参考模型和 IEEE 802 系列标准的对应关系。从图中可以看到，OSI 参考模型把数据链路层划分为逻辑链路控制（Logical Link Control，LLC）层和媒介访问控制（Media Access Control，MAC）层。LLC 层的任务是提供网络层程序与数据链路层程序的接口，使得 MAC 层的程序设计独立于网络层的具体某个协议程序。这样的设计是必要的，例如新的网络层协议出现时，只需要为这个新的网络层协议编写对应的 LLC 层接口程序，就可以使用已有的数据链路层程序，而不需要编写数据链路层的所有程序。

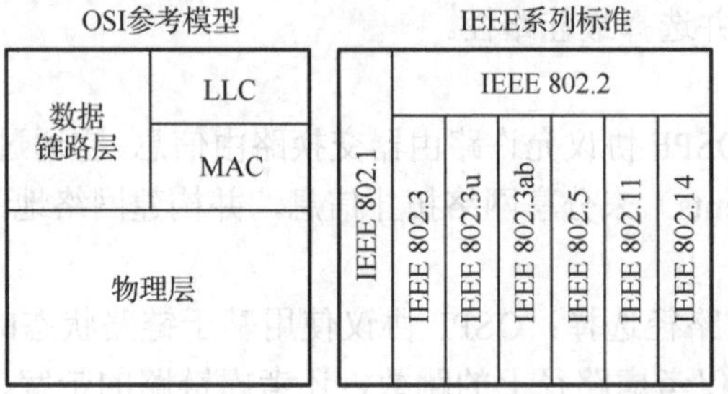

图 4-43　OSI 参考模型和 IEEE 802 系列关注的对应关系

MAC 层完成了数据链路层要求的所有功能：物理地址寻址、媒介访问控制、数据帧校验、数据发送与接收的控制。IEEE 遵循 OSI 参考模型，也把数据链路层分为两层，设计的 IEEE 802.2 标准与 OSI 参考模型的 LLC 层对应，并完成了相同的功能。事实上，OSI 参考模型把数据链路层分为 LLC 层和 MAC 层是非常科学的，IEEE 没有道理不借鉴 OSI 参考模型的设计。

IEEE 802.2 标准对应的程序是一个接口程序，提供了流行的网络层协议程序（如 IP、

ARP、IPX、RIP 等）与数据链路层的接口，使网络层独立于数据链路层所涉及的网络拓扑结构、媒介访问方式、物理寻址方式。

IEEE 802.1 标准有许多子协议，其中有些已经过时。但新的 IEEE 802.1q、IEEE 802.1d 协议则是最流行的 VLAN 技术和 QoS 技术的标准。

IEEE 802 系列标准的核心标准是十余个跨越 MAC 层和物理层的设计规范，目前我们关注的是以下几个著名的标准：

- IEEE 802.3：以太网标准规范，提供 10 Mbps 局域网的 MAC 层和物理层标准。
- IEEE 802.3u：快速以太网标准，提供 100 Mbps 局域网的 MAC 层和物理层标准。
- IEEE 802.3ab：千兆以太网标准，提供 1000 Mbps 局域网的 MAC 层和物理层标准。
- IEEE 802.5：令牌网标准，提供令牌网 MAC 层和物理层标准。
- IEEE 802.11：无线局域网标准，提供 2.4 GHz 微波波段 1～2 Mbps 低速无线局域网的 MAC 层和物理层标准。
- IEEE 802.11a：无线局域网标准，提供 5 GHz 微波波段 54 Mbps 高速无线局域网的 MAC 层和物理层标准。
- IEEE 802.11b：无线局域网标准，提供 2.4 GHz 微波波段 11 Mbps 无线局域网的 MAC 层和物理层标准。
- IEEE 802.11g：无线局域网标准，提供与 IEEE 802.11a 和 IEEE 802.11b 兼容的标准。
- IEEE 802.14：有线电视网标准，提供 Cable Modem 技术所涉及的 MAC 层和物理层标准。

这里并没有给出一些不常用的标准。尽管 IEEE 802.5 标准描述的是一个停滞了的技术，但它是以太网技术的一个对立面，因此我们仍然将它列出，以强调以太网媒介访问控制技术的特点。

另外一个曾经红极一时的数据链路层协议标准 FDDI，它不是由 IEEE 制定的（从名称上能够看出它不是 IEEE 的标准），而是 ANSI 为双闭环光纤令牌网开发的标准。

4.5 课后练习

1．操作部分练习

（1）进入 Ethernet 0/0/1 接口后，需要将其设置为________模式，并划分到 vlan 10。

（2）在华为设备中，可以通过________命令按照倒序依次取消前面的命令。

（3）进入系统视图后，关闭交换机的信息中心，重命名交换机，需要配置________接口，并将其划入相应的 VLAN。

2．基础知识部分练习

（1）TCP/IP 协议是一个协议集，其中两个最重要的协议分别是________协议和________协议。

（2）TFTP 属于________协议。

（3）地址解析协议属于________协议。

（4）传输层是 TCP/IP 协议最少的一层，只有两个协议：传输控制协议和________。

（5）________协议要完成的 5 个主要功能是：端口地址寻址，连接的建立、维护与拆除，流量控制，出错重发，数据分段。

（6）如果目标主机同时与多个 TCP 程序通信，数据帧的重新组装需要在________中排队。

（7）UDP 报头的格式非常简单，核心内容只有________地址和________地址两个字段。

（8）________是一个面向连接的、可靠的传输层协议；________是一个非面向连接的、简易的传输层协议。

（9）________是无线局域网标准，提供 2.4 GHz 的微波波段 1～2 Mbps 低速无线局域网的 MAC 层和物理层标准。

（10）________是标准以太网标准规范，提供 10 Mbps 局域网的 MAC 层和物理层标准。

项目 5
基于路由器的校园网构建

5.1 典型应用场景

小 A 在对整个校园进行规划组网的过程中，针对不同的学院、不同的教学楼和不同的行政部门分别建立子网，并在必要时进行子网的互联，以及数据的互相传输。经过分析，需要使用路由器进行组网，并进行路由配置。本项目将基于路由器的校园网构建分解为以下 5 个任务。

任务 5.1：在 eNSP 中部署校园网。
任务 5.2：配置交换机与主机。
任务 5.3：配置三层交换机并进行通信测试。
任务 5.4：配置路由器并进行通信测试。
任务 5.5：通过抓包分析路由器的工作过程。

5.2 本项目实训目标

（1）熟悉在 eNSP 中部署校园网的过程及方法。
（2）掌握配置交换机、路由器及主机的方法及步骤。
（3）理解路由器的工作过程。

（任务 5.1）

5.3 实训过程

5.3.1 任务 5.1：在 eNSP 中部署校园网

（1）双击桌面的 eNSP 图标，打开 eNSP。单击工具栏中的“ ”按钮，添加 8 台主机并分别命名为 Host-1～Host-8，添加 4 台型号为 S3700 的交换机并命名为 SW-1～SW-4，添加 4 台型号为 S5700 的三层交换机并命名为 RS-1～RS-4，添加 3 台路由器并命名为 R-1～R-3，如图 5-1 所示。

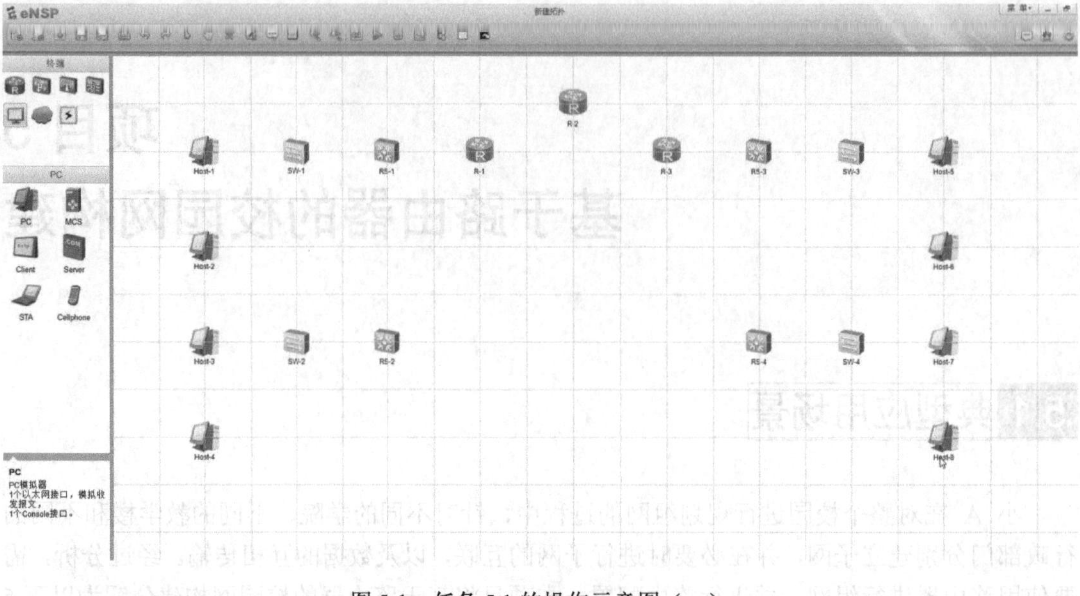

图 5-1　任务 5.1 的操作示意图（一）

（2）将 Host-1 接入 SW-1 的 Ethernet 0/0/1 接口，将 Host-2 接入 SW-1 的 Ethernet 0/0/2 接口，将 Host-3 接入 SW-2 的 Ethernet 0/0/1 接口，将 Host-4 接入 SW-2 的 Ethernet 0/0/2 接口，将 Host-5 接入 SW-3 的 Ethernet 0/0/1 接口，将 Host-6 接入 SW-3 的 Ethernet 0/0/2 接口，将 Host-7 接入 SW-4 的 Ethernet 0/0/1 接口，将 Host-8 接入 SW-4 的 Ethernet 0/0/2 接口；将 SW-1 的 GE 0/0/1 接口连接到 RS-1 的 GE 0/0/24 接口，将 SW-2 的 GE 0/0/1 接口连接到 RS-2 的 GE 0/0/24 接口，将 SW-3 的 GE 0/0/1 接口连接到 RS-3 的 GE 0/0/24 接口，将 SW-4 的 GE 0/0/1 接口连接到 RS-4 的 GE 0/0/24 接口；将 RS-1 的 GE 0/0/1 接口连接到 R-1 的 GE 0/0/1 接口，将 RS-2 的 GE 0/0/1 接口连接到 R-1 的 GE 0/0/2 接口，将 RS-3 的 GE 0/0/1 接口连接到 R-3 的 GE 0/0/1 接口，将 RS-4 的 GE 0/0/1 接口连接到 R-3 的 GE 0/0/2 接口；将 R-1 的 GE 0/0/0 接口连接到 R-2 的 GE 0/0/0 接口，将 R-3 的 GE 0/0/0 接口连接到 R-2 的 GE 0/0/1 接口，如图 5-2 所示。

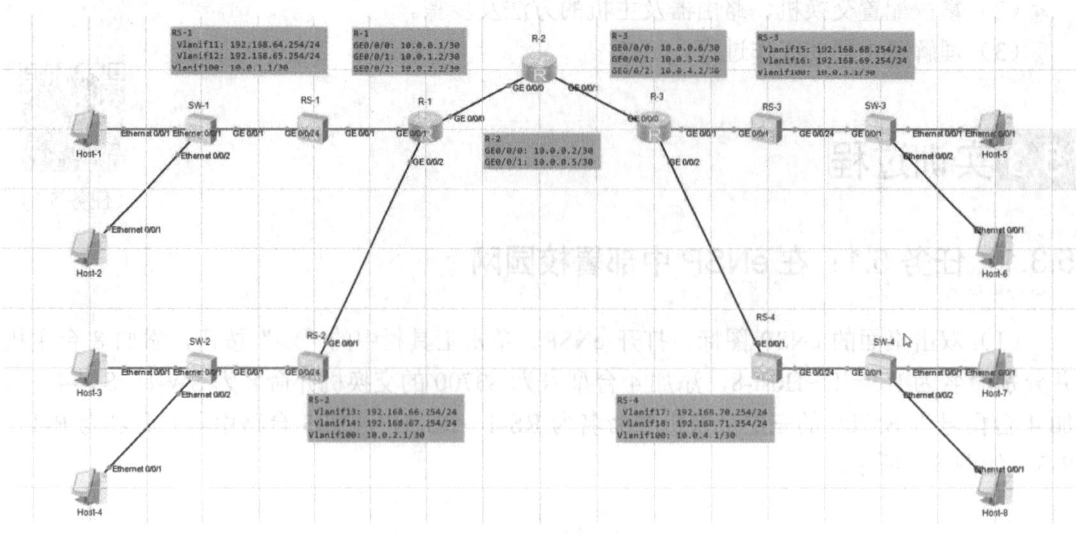

图 5-2　任务 5.1 的操作示意图（二）

5.3.2　任务 5.2：配置交换机与主机

（任务 5.2）

步骤 1：配置主机网络参数

按照表 5-1 所示的主机 IP 地址、子网掩码和默认网关配置 Host-1～Host-8。

表 5-1　主机 IP 地址规划表

主 机 名 称	IP 地址/子网掩码	默 认 网 关
Host-1	192.168.64.1/24	192.168.64.254
Host-2	192.168.65.1/24	192.168.65.254
Host-3	192.168.66.1/24	192.168.66.254
Host-4	192.168.67.1/24	192.168.67.254
Host-5	192.168.68.1/24	192.168.68.254
Host-6	192.168.69.1/24	192.168.69.254
Host-7	192.168.70.1/24	192.168.70.254
Host-8	192.168.71.1/24	192.168.71.254

步骤 2：配置交换机 SW-1

（1）双击交换机 SW-1，进入系统视图，关闭交换机的信息中心，将交换机命名为 SW-1，如图 5-3 所示。

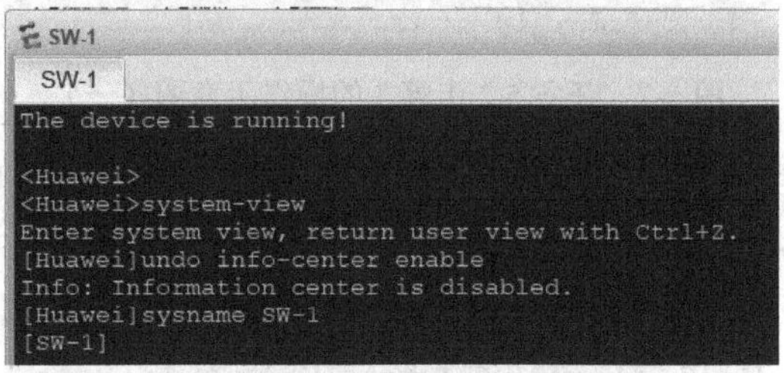

图 5-3　任务 5.2 步骤 2 的操作示意图（一）

（2）在 SW-1 上创建 vlan 11 及 vlan 12，并将 SW-1 的 Ethernet 0/0/1 和 Ethernet 0/0/2 接口的类型设置为 Access，并分别划入 vlan 11、vlan 12，如图 5-4 所示。

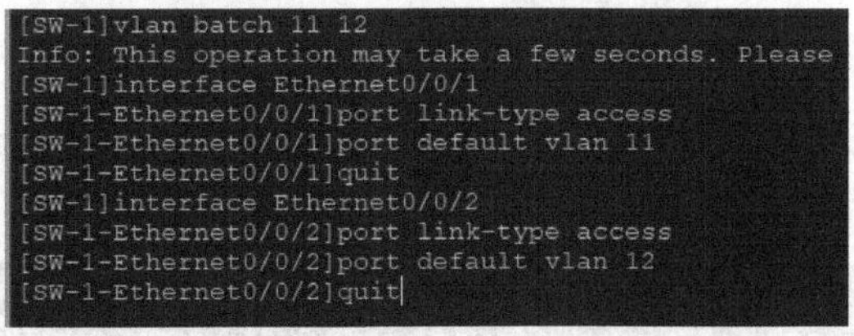

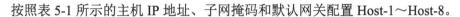

图 5-4　任务 5.2 步骤 2 的操作示意图（二）

（3）将 SW-1 的 GE 0/0/1 接口的类型设置为 Trunk，并允许 vlan 11 和 vlan 12 的数据帧通过，如图 5-5 所示。

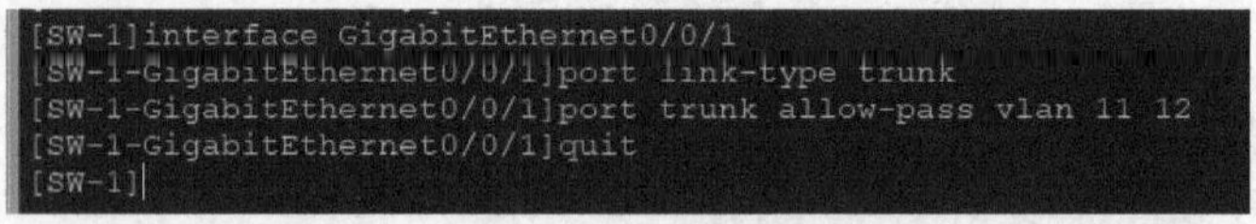

```
[SW-1]interface GigabitEthernet0/0/1
[SW-1-GigabitEthernet0/0/1]port link-type trunk
[SW-1-GigabitEthernet0/0/1]port trunk allow-pass vlan 11 12
[SW-1-GigabitEthernet0/0/1]quit
[SW-1]
```

图 5-5 任务 5.2 步骤 2 的操作示意图（三）

（4）保存配置，如图 5-6 所示。

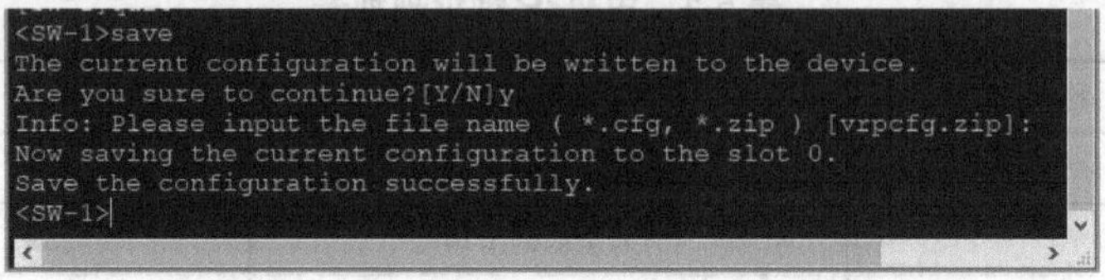

```
<SW-1>save
The current configuration will be written to the device.
Are you sure to continue?[Y/N]y
Info: Please input the file name ( *.cfg, *.zip ) [vrpcfg.zip]:
Now saving the current configuration to the slot 0.
Save the configuration successfully.
<SW-1>
```

图 5-6 任务 5.2 步骤 2 的操作示意图（四）

步骤 3：配置交换机 SW-2

（1）双击交换机 SW-2，进入系统视图，关闭交换机的信息中心，将交换机命名为 SW-2，如图 5-7 所示。

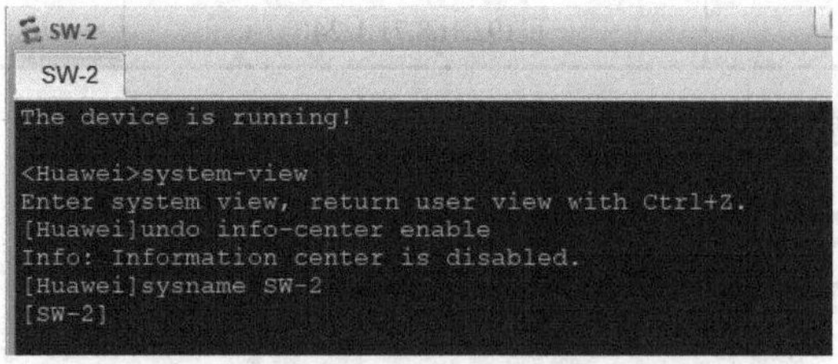

```
SW-2
The device is running!

<Huawei>system-view
Enter system view, return user view with Ctrl+Z.
[Huawei]undo info-center enable
Info: Information center is disabled.
[Huawei]sysname SW-2
[SW-2]
```

图 5-7 任务 5.2 步骤 3 的操作示意图（一）

（2）在 SW-2 上创建 vlan 13 及 vlan 14，并将 SW-2 的 Ethernet 0/0/1 和 Ethernet 0/0/2 接口的类型设置为 Access，并分别划入 vlan 13、vlan 14，如图 5-8 所示。

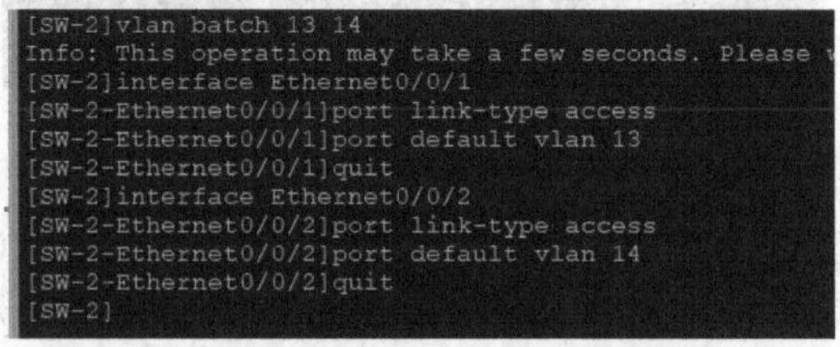

```
[SW-2]vlan batch 13 14
Info: This operation may take a few seconds. Please w
[SW-2]interface Ethernet0/0/1
[SW-2-Ethernet0/0/1]port link-type access
[SW-2-Ethernet0/0/1]port default vlan 13
[SW-2-Ethernet0/0/1]quit
[SW-2]interface Ethernet0/0/2
[SW-2-Ethernet0/0/2]port link-type access
[SW-2-Ethernet0/0/2]port default vlan 14
[SW-2-Ethernet0/0/2]quit
[SW-2]
```

图 5-8 任务 5.2 步骤 3 的操作示意图（二）

（3）将 SW-2 的 GE 0/0/1 接口的类型设置为 Trunk，并允许 vlan 13 和 vlan 14 的数据帧通过，如图 5-9 所示。

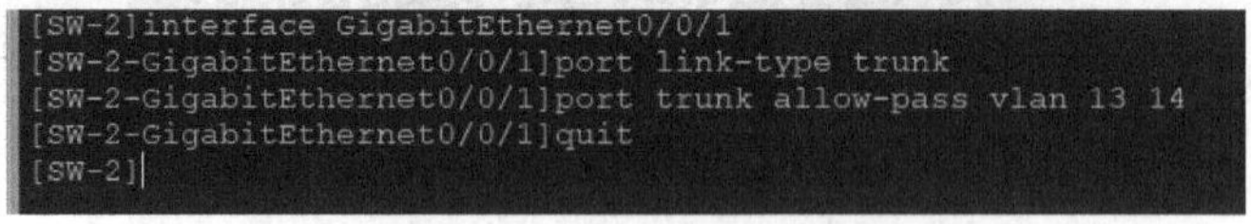

```
[SW-2]interface GigabitEthernet0/0/1
[SW-2-GigabitEthernet0/0/1]port link-type trunk
[SW-2-GigabitEthernet0/0/1]port trunk allow-pass vlan 13 14
[SW-2-GigabitEthernet0/0/1]quit
[SW-2]
```

图 5-9 任务 5.2 步骤 3 的操作示意图（三）

（4）保存配置，如图 5-10 所示。

```
<SW-2>save
The current configuration will be written to the device.
Are you sure to continue?[Y/N]y
Info: Please input the file name ( *.cfg, *.zip ) [vrpcfg.zip]:
Now saving the current configuration to the slot 0.
Save the configuration successfully.
<SW-2>
```

图 5-10　任务 5.2 步骤 3 的操作示意图（四）

步骤 4：配置交换机 SW-3

（1）双击交换机 SW-3，进入系统视图，关闭交换机的信息中心，将交换机命名为 SW-3，如图 5-11 所示。

```
SW-3
SW-3
The device is running!

<Huawei>system-view
Enter system view, return user view with Ctrl+Z.
[Huawei]undo info-center enable
Info: Information center is disabled.
[Huawei]sysname SW-3
```

图 5-11　任务 5.2 步骤 4 的操作示意图（一）

（2）在 SW-3 上创建 vlan 15 及 vlan 16，并将 SW-3 的 Ethernet 0/0/1 和 Ethernet 0/0/2 接口的类型设置为 Access，并分别划入 vlan 15、vlan 16，如图 5-12 所示。

```
[SW-3]vlan batch 15 16
Info: This operation may take a few seconds. Please
[SW-3]interface Ethernet0/0/1
[SW-3-Ethernet0/0/1]port link-type access
[SW-3-Ethernet0/0/1]port default vlan 15
[SW-3-Ethernet0/0/1]quit
[SW-3]interface Ethernet0/0/2
[SW-3-Ethernet0/0/2]port link-type access
[SW-3-Ethernet0/0/2]port default vlan 16
[SW-3-Ethernet0/0/2]quit
[SW-3]
```

图 5-12　任务 5.2 步骤 4 的操作示意图（二）

（3）将 SW-3 的 GE 0/0/1 接口的类型设置为 Trunk，并允许 vlan 15 和 vlan 16 的数据帧通过，如图 5-13 所示。

```
[SW-3]interface GigabitEthernet0/0/1
[SW-3-GigabitEthernet0/0/1]port link-type trunk
[SW-3-GigabitEthernet0/0/1]port trunk allow-pass vlan 15 16
[SW-3-GigabitEthernet0/0/1]quit
[SW-3]quit
```

图 5-13　任务 5.2 步骤 4 的操作示意图（三）

（4）保存配置，如图 5-14 所示。

```
<SW-3>save
The current configuration will be written to the device.
Are you sure to continue?[Y/N]y
Info: Please input the file name ( *.cfg, *.zip ) [vrpcfg.zip]:
Now saving the current configuration to the slot 0.
Save the configuration successfully.
<SW-3>
```

图 5-14　任务 5.2 步骤 4 的操作示意图（四）

步骤 5：配置交换机 SW-4

（1）双击交换机 SW-4，进入系统视图，关闭交换机的信息中心，将交换机命名为 SW-4，如图 5-15 所示。

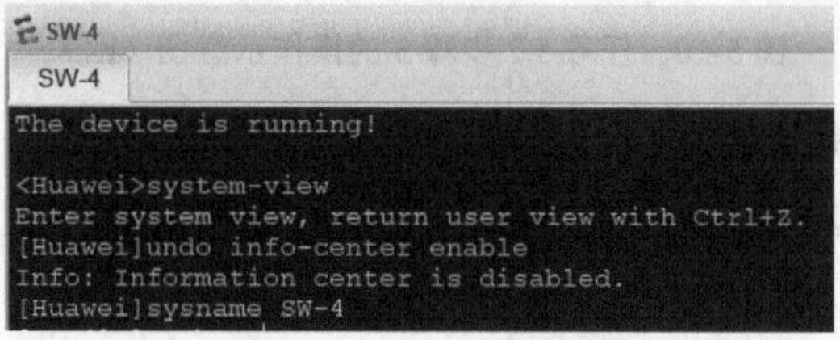

图 5-15 任务 5.2 步骤 5 的操作示意图（一）

（2）在 SW-4 上创建 vlan 17 及 vlan 18，并将 SW-4 的 Ethernet 0/0/1 和 Ethernet 0/0/2 接口的类型设置为 Access，并分别划入 vlan 17、vlan 18，如图 5-16 所示。

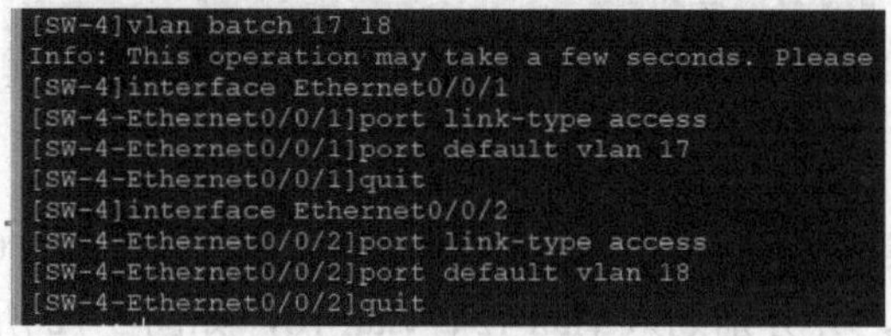

[SW-4]vlan batch 17 18
Info: This operation may take a few seconds. Please
[SW-4]interface Ethernet0/0/1
[SW-4-Ethernet0/0/1]port link-type access
[SW-4-Ethernet0/0/1]port default vlan 17
[SW-4-Ethernet0/0/1]quit
[SW-4]interface Ethernet0/0/2
[SW-4-Ethernet0/0/2]port link-type access
[SW-4-Ethernet0/0/2]port default vlan 18
[SW-4-Ethernet0/0/2]quit

图 5-16 任务 5.2 步骤 5 的操作示意图（二）

（3）将 SW-4 的 GE 0/0/1 接口的类型设置为 Trunk，并允许 vlan 17 和 vlan 18 的数据帧通过，如图 5-17 所示。

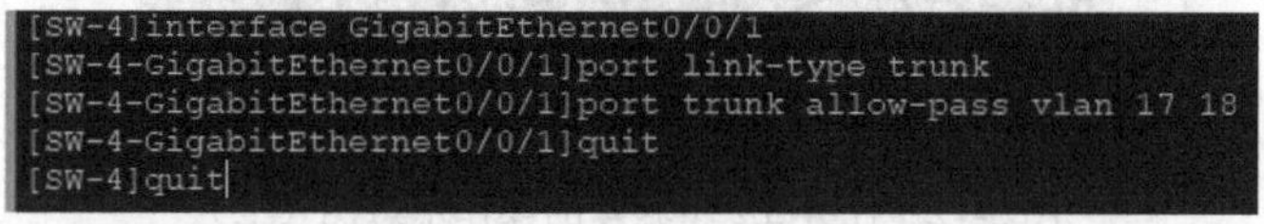

图 5-17 任务 5.2 步骤 5 的操作示意图（三）

（4）保存配置，如图 5-18 所示。

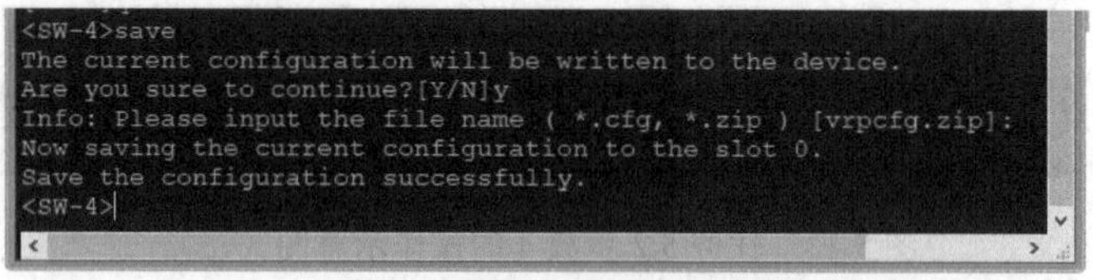

图 5-18 任务 5.2 步骤 5 的操作示意图（四）

5.3.3 任务 5.3：配置三层交换机并进行通信测试

（任务 5.3）

步骤 1：配置三层交换机 RS-1

（1）双击交换机 RS-1，进入系统视图，关闭交换机的信息中心，将交换机命名为 RS-1，如图 5-19 所示。

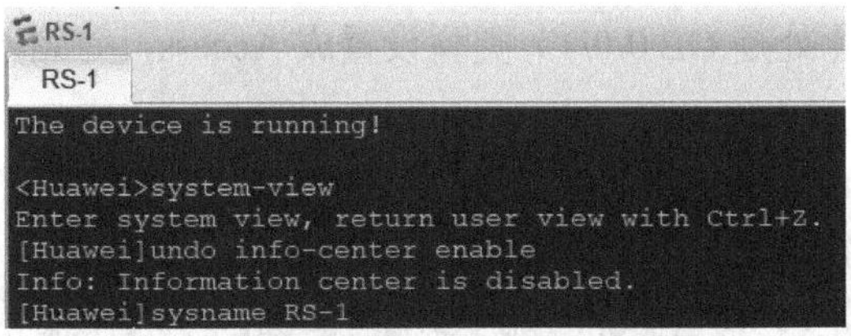

```
RS-1
RS-1
The device is running!

<Huawei>system-view
Enter system view, return user view with Ctrl+Z.
[Huawei]undo info-center enable
Info: Information center is disabled.
[Huawei]sysname RS-1
```

图 5-19　任务 5.3 步骤 1 的操作示意图（一）

（2）在 RS-1 上创建 vlan 11 和 vlan 12，进入 vlan 11 接口（vlan 11 的 SVI）并配置其 IP 地址，进入 vlan 12 接口（vlan 12 的 SVI）并配置其 IP 地址，如图 5-20 所示。

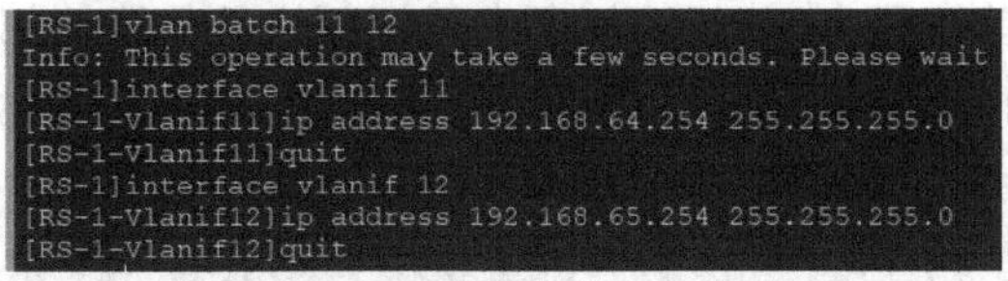

```
[RS-1]vlan batch 11 12
Info: This operation may take a few seconds. Please wait
[RS-1]interface vlanif 11
[RS-1-Vlanif11]ip address 192.168.64.254 255.255.255.0
[RS-1-Vlanif11]quit
[RS-1]interface vlanif 12
[RS-1-Vlanif12]ip address 192.168.65.254 255.255.255.0
[RS-1-Vlanif12]quit
```

图 5-20　任务 5.3 步骤 1 的操作示意图（二）

（3）将连接 SW-1 的接口类型设为 Trunk，并允许 vlan 11 和 vlan 12 的数据帧通过，如图 5-21 所示。

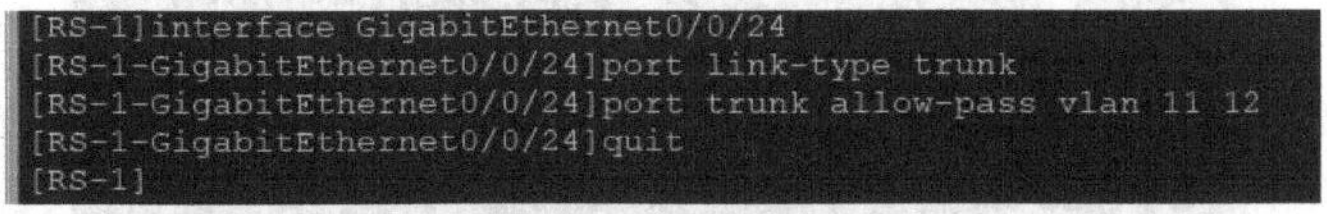

```
[RS-1]interface GigabitEthernet0/0/24
[RS-1-GigabitEthernet0/0/24]port link-type trunk
[RS-1-GigabitEthernet0/0/24]port trunk allow-pass vlan 11 12
[RS-1-GigabitEthernet0/0/24]quit
[RS-1]
```

图 5-21　任务 5.3 步骤 1 的操作示意图（三）

（4）使用 ping 命令测试通信状况，可以看到此时 Host-1 和 Host-2 之间可以正常通信，如图 5-22 所示。

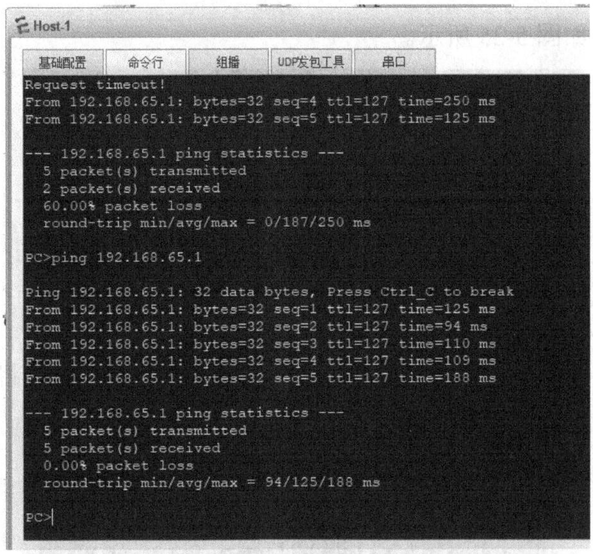

```
Host-1
基础配置 命令行 组播 UDP发包工具 串口
Request timeout!
From 192.168.65.1: bytes=32 seq=4 ttl=127 time=250 ms
From 192.168.65.1: bytes=32 seq=5 ttl=127 time=125 ms

--- 192.168.65.1 ping statistics ---
  5 packet(s) transmitted
  2 packet(s) received
  60.00% packet loss
  round-trip min/avg/max = 0/187/250 ms

PC>ping 192.168.65.1

Ping 192.168.65.1: 32 data bytes, Press Ctrl_C to break
From 192.168.65.1: bytes=32 seq=1 ttl=127 time=125 ms
From 192.168.65.1: bytes=32 seq=2 ttl=127 time=94 ms
From 192.168.65.1: bytes=32 seq=3 ttl=127 time=110 ms
From 192.168.65.1: bytes=32 seq=4 ttl=127 time=109 ms
From 192.168.65.1: bytes=32 seq=5 ttl=127 time=188 ms

--- 192.168.65.1 ping statistics ---
  5 packet(s) transmitted
  5 packet(s) received
  0.00% packet loss
  round-trip min/avg/max = 94/125/188 ms

PC>
```

图 5-22　任务 5.3 步骤 1 的操作示意图（四）

（5）配置三层交换机的上连接口（与路由器连接的接口）时分为三步：一是需要在三层交换机上创建一个 VLAN（此处创建的是 vlan 100）；二是给该 VLAN 配置接口地址；三是

将连接路由器的接口（此处是 GE 0/0/1）类型设置成 Access，并划入 vlan 100 中，如图 5-23 所示。

```
[RS-1]vlan 100
[RS-1-vlan100]quit
[RS-1]interface vlanif 100
[RS-1-Vlanif100]ip address 10.0.1.1 255.255.255.252
[RS-1-Vlanif100]quit
[RS-1]interface GigabitEthernet0/0/1
[RS-1-GigabitEthernet0/0/1]port link-type access
[RS-1-GigabitEthernet0/0/1]port default vlan 100
[RS-1-GigabitEthernet0/0/1]quit
```

图 5-23　任务 5.3 步骤 1 的操作示意图（五）

（6）在 RS-1 上配置默认路由，使得访问所有目标网络的数据帧都被 RS-1 发送到 10.0.1.2，这是路由器 R-1 的 GE 0/0/1 接口地址，并查看 RS-1 路由表，如图 5-24 所示。

```
[RS-1]ip route-static 0.0.0.0 0.0.0.0 10.0.1.2
[RS-1]quit
<RS-1>display ip routing-table
Route Flags: R - relay, D - download to fib
------------------------------------------------------------------
Routing Tables: Public
         Destinations : 9        Routes : 9

Destination/Mask    Proto   Pre  Cost      Flags NextHop

        0.0.0.0/0   Static  60   0           RD   10.0.1.2
       10.0.1.0/30  Direct  0    0            D   10.0.1.1
       10.0.1.1/32  Direct  0    0            D   127.0.0.
      127.0.0.0/8   Direct  0    0            D   127.0.0.
      127.0.0.1/32  Direct  0    0            D   127.0.0.
   192.168.64.0/24  Direct  0    0            D   192.168.
 192.168.64.254/32  Direct  0    0            D   127.0.0.
   192.168.65.0/24  Direct  0    0            D   192.168.
 192.168.65.254/32  Direct  0    0            D   127.0.0.

<RS-1>
```

图 5-24　任务 5.3 步骤 1 的操作示意图（六）

（7）保存配置，如图 5-25 所示。

```
<RS-1>save
The current configuration will be written to the device.
Are you sure to continue?[Y/N]y
Info: Please input the file name ( *.cfg, *.zip ) [vrpcfg.zip]:
flash:/vrpcfg.zip exists, overwrite?[Y/N]:y
Now saving the current configuration to the slot 0.
Save the configuration successfully.
<RS-1>
```

图 5-25　任务 5.3 步骤 1 的操作示意图（七）

步骤 2：配置三层交换机 RS-2

（1）双击交换机 RS-2，进入系统视图，关闭交换机的信息中心，将交换机命名为 RS-2，如图 5-26 所示。

```
RS-2
The device is running!

<Huawei>system-view
Enter system view, return user view with Ctrl+Z.
[Huawei]undo info-center enable
Info: Information center is disabled.
[Huawei]sysname RS-2
```

图 5-26　任务 5.3 步骤 2 的操作示意图（一）

（2）在 RS-2 上创建 vlan 13 和 vlan 14，进入 vlan 13 接口（vlan 13 的 SVI）并配置其 IP 地址，进入 vlan 14 接口（vlan 14 的 SVI）并配置其 IP 地址，如图 5-27 所示。

```
[RS-2]vlan batch 13 14
Info: This operation may take a few seconds. Please wait
[RS-2]interface vlanif 13
[RS-2-Vlanif13]ip address 192.168.66.254 255.255.255.0
[RS-2-Vlanif13]quit
[RS-2]interface vlanif 14
[RS-2-Vlanif14]ip address 192.168.67.254 255.255.255.0
[RS-2-Vlanif14]quit
[RS-2]
```

图 5-27　任务 5.3 步骤 2 的操作示意图（二）

（3）将连接 SW-2 的接口类型设为 Trunk，并允许 vlan 13 和 vlan 14 的数据帧通过，如图 5-28 所示。

```
[RS-2]interface GigabitEthernet0/0/24
[RS-2-GigabitEthernet0/0/24]port link-type trunk
[RS-2-GigabitEthernet0/0/24]port trunk allow-pass vlan 13 14
[RS-2-GigabitEthernet0/0/24]quit
```

图 5-28　任务 5.3 步骤 2 的操作示意图（三）

（4）配置连接路由器 RS-2 的接口 GE 0/0/1，如图 5-29 所示。

```
[RS-2]vlan 100
[RS-2-vlan100]quit
[RS-2]interface vlanif 100
[RS-2-Vlanif100]ip address 10.0.2.1 255.255.255.252
[RS-2-Vlanif100]quit
[RS-2]interface GigabitEthernet0/0/1
[RS-2-GigabitEthernet0/0/1]port link-type access
[RS-2-GigabitEthernet0/0/1]port default vlan 100
[RS-2-GigabitEthernet0/0/1]quit
[RS-2]
```

图 5-29　任务 5.3 步骤 2 的操作示意图（四）

（5）配置 RS-2 的默认路由，并查看路由表，如图 5-30 所示。

```
[RS-2]ip route-static 0.0.0.0 0.0.0.0 10.0.2.2
[RS-2]quit
<RS-2>display ip routing-table
Route Flags: R - relay, D - download to fib
------------------------------------------------------------
Routing Tables: Public
         Destinations : 9        Routes : 9

Destination/Mask    Proto   Pre  Cost      Flags NextHop

        0.0.0.0/0   Static  60   0           RD  10.0.2.2
       10.0.2.0/30  Direct  0    0            D  10.0.2.1
       10.0.2.1/32  Direct  0    0            D  127.0.0.1
      127.0.0.0/8   Direct  0    0            D  127.0.0.1
      127.0.0.1/32  Direct  0    0            D  127.0.0.1
   192.168.66.0/24  Direct  0    0            D  192.168.6
 192.168.66.254/32  Direct  0    0            D  127.0.0.1
   192.168.67.0/24  Direct  0    0            D  192.168.6
 192.168.67.254/32  Direct  0    0            D  127.0.0.1

<RS-2>
```

图 5-30　任务 5.3 步骤 2 的操作示意图（五）

（6）保存配置，如图 5-31 所示。

```
<RS-2>save
The current configuration will be written to the device.
Are you sure to continue?[Y/N]y
Info: Please input the file name ( *.cfg, *.zip ) [vrpcfg.zip]:
Now saving the current configuration to the slot 0.
Save the configuration successfully.
<RS-2>
```

图 5-31 任务 5.3 步骤 2 的操作示意图（六）

步骤 3：配置三层交换机 RS-3

（1）双击交换机 RS-3，进入系统视图，关闭交换机的信息中心，将交换机命名为 RS-3，如图 5-32 所示。

```
RS-3
The device is running!

<Huawei>
<Huawei>system-view
Enter system view, return user view with Ctrl+Z.
[Huawei]undo info-center enable
Info: Information center is disabled.
[Huawei]sysname RS-3
```

图 5-32 任务 5.3 步骤 3 的操作示意图（一）

（2）在 RS-3 上创建 vlan 15 和 vlan 16，进入 vlan 15 接口（vlan 15 的 SVI）并配置其 IP 地址，进入 vlan 16 接口（vlan 16 的 SVI）并配置其 IP 地址，如图 5-33 所示。

```
[RS-3]vlan batch 15 16
Info: This operation may take a few seconds. Please wait
[RS-3]interface vlanif 15
[RS-3-Vlanif15]ip address 192.168.68.254 255.255.255.0
[RS-3-Vlanif15]quit
[RS-3]interface vlanif 16
[RS-3-Vlanif16]ip address 192.168.69.254 255.255.255.0
[RS-3-Vlanif16]quit
[RS-3]
```

图 5-33 任务 5.3 步骤 3 的操作示意图（二）

（3）将连接 SW-3 的接口类型设置为 Trunk，并允许 vlan 15 和 vlan 16 的数据帧通过，如图 5-34 所示。

```
[RS-3]interface GigabitEthernet0/0/24
[RS-3-GigabitEthernet0/0/24]port link-type trunk
[RS-3-GigabitEthernet0/0/24]port trunk allow-pass vlan 15 16
[RS-3-GigabitEthernet0/0/24]quit
```

图 5-34 任务 5.3 步骤 3 的操作示意图（三）

（4）配置 RS-3 的接口 GE 0/0/1（用于连接路由器 R-3），如图 5-35 所示。

```
[RS-3]vlan 100
[RS-3-vlan100]quit
[RS-3]interface GigabitEthernet0/0/1
[RS-3-GigabitEthernet0/0/1]port link-type access
[RS-3-GigabitEthernet0/0/1]port default vlan 100
[RS-3-GigabitEthernet0/0/1]quit
[RS-3]interface vlanif 100
[RS-3-Vlanif100]ip address 10.0.3.1 255.255.255.252
[RS-3-Vlanif100]quit
```

图 5-35 任务 5.3 步骤 3 的操作示意图（四）

（5）配置 RS-3 的默认路由，如图 5-36 所示。

```
[RS-3]ip route-static 0.0.0.0 0.0.0.0 10.0.3.2
[RS-3]quit
```

图 5-36　任务 5.3 步骤 3 的操作示意图（五）

（6）保存配置，如图 5-37 所示。

```
<RS-3>save
The current configuration will be written to the device.
Are you sure to continue?[Y/N]y
Info: Please input the file name ( *.cfg, *.zip ) [vrpcfg.zip]:
flash:/vrpcfg.zip exists, overwrite?[Y/N]:y
Now saving the current configuration to the slot 0.
Save the configuration successfully.
<RS-3>
```

图 5-37　任务 5.3 步骤 3 的操作示意图（六）

步骤 4：配置三层交换机 RS-4

（1）双击交换机 RS-4，进入系统视图，关闭交换机的信息中心，将交换机命名为 RS-4，如图 5-38 所示。

```
RS-4
RS-4
The device is running!

<Huawei>
<Huawei>system-view
Enter system view, return user view with Ctrl+Z.
[Huawei]undo info-center enable
Info: Information center is disabled.
[Huawei]sysname RS-4
```

图 5-38　任务 5.3 步骤 4 的操作示意图（一）

（2）在 RS-4 上创建 vlan 17 和 vlan 18，进入 vlan 17 接口（vlan 17 的 SVI）并设置其 IP 地址，进入 vlan 18 接口（vlan 18 的 SVI）并设置其 IP 地址，如图 5-39 所示。

```
[RS-4]vlan batch 17 18
Info: This operation may take a few seconds. Please wait
[RS-4]interface vlanif 17
[RS-4-Vlanif17]ip address 192.168.70.254 255.255.255.0
[RS-4-Vlanif17]quit
[RS-4]interface vlanif 18
[RS-4-Vlanif18]ip address 192.168.71.254 255.255.255.0
[RS-4-Vlanif18]quit
[RS-4]
```

图 5-39　任务 5.3 步骤 4 的操作示意图（二）

（3）将连接 SW-4 的接口类型设置为 Trunk，并允许 vlan 17 和 vlan 18 的数据帧通过，如图 5-40 所示。

```
[RS-4]interface GigabitEthernet0/0/24
[RS-4-GigabitEthernet0/0/24]port link-type trunk
[RS-4-GigabitEthernet0/0/24]port trunk allow-pass vlan 17 18
[RS-4-GigabitEthernet0/0/24]quit
```

图 5-40　任务 5.3 步骤 4 的操作示意图（三）

（4）配置 RS-4 的接口 GE 0/0/1（用于连接路由器 R-3），如图 5-41 所示。

```
[RS-4]vlan 100
[RS-4-vlan100]quit
[RS-4]interface vlanif 100
[RS-4-Vlanif100]ip address 10.0.4.1 255.255.255.252
[RS-4-Vlanif100]quit
[RS-4]interface GigabitEthernet0/0/1
[RS-4-GigabitEthernet0/0/1]port link-type access
[RS-4-GigabitEthernet0/0/1]port default vlan 100
[RS-4-GigabitEthernet0/0/1]quit
```

图 5-41 任务 5.3 步骤 4 的操作示意图（四）

（5）配置 RS-4 的默认路由，如图 5-42 所示。

```
[RS-4]ip route-static 0.0.0.0 0.0.0.0 10.0.4.2
[RS-4]quit
```

图 5-42 任务 5.3 步骤 4 的操作示意图（五）

（6）保存配置，如图 5-43 所示。

```
<RS-4>save
The current configuration will be written to the device.
Are you sure to continue?[Y/N]y
Info: Please input the file name ( *.cfg, *.zip ) [vrpcfg.zip]:
flash:/vrpcfg.zip exists, overwrite?[Y/N]:y
Now saving the current configuration to the slot 0.
Save the configuration successfully.
<RS-4>
```

图 5-43 任务 5.3 步骤 4 的操作示意图（六）

步骤 5：测试通信结果

使用 ping 命令测试当前的通信情况，从测试结果可以看出，三层交换机下连的 VLAN 之间可以正常通信，如 Host-1 与 Host-2 可以正常通信。但路由器所连接的不同网络之间还不能正常通信，如 Host-1 和 Host-3 不能正常，这是因为尚未配置路由器的路由，如图 5-44 到图 5-50 所示。

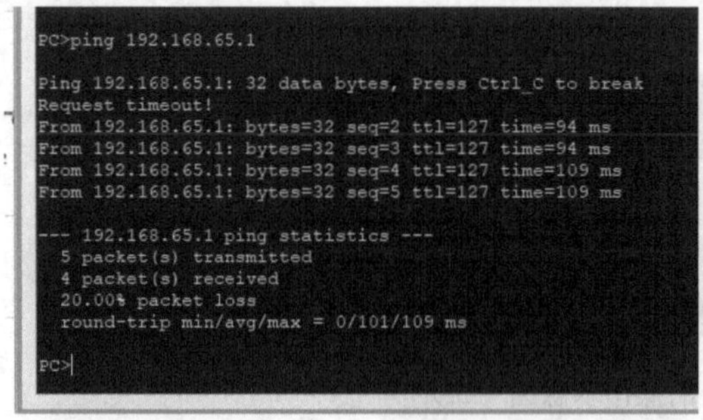

图 5-44 任务 5.3 步骤 5 的操作示意图（一）

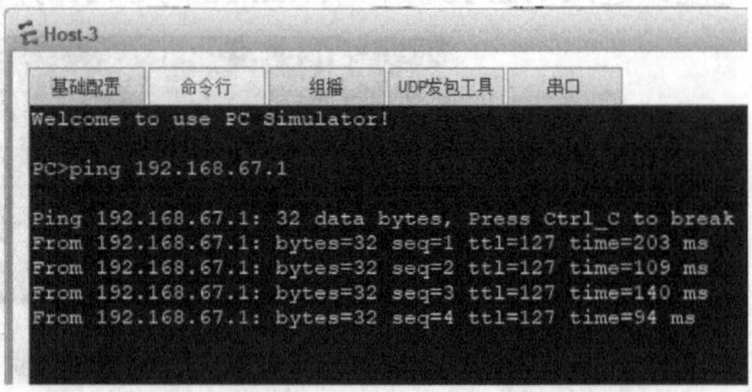

图 5-45 任务 5.3 步骤 5 的操作示意图（二）

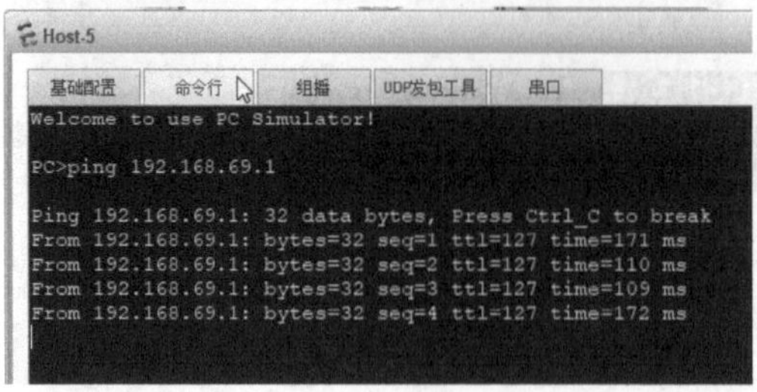

图 5-46 任务 5.3 步骤 5 的操作示意图（三）

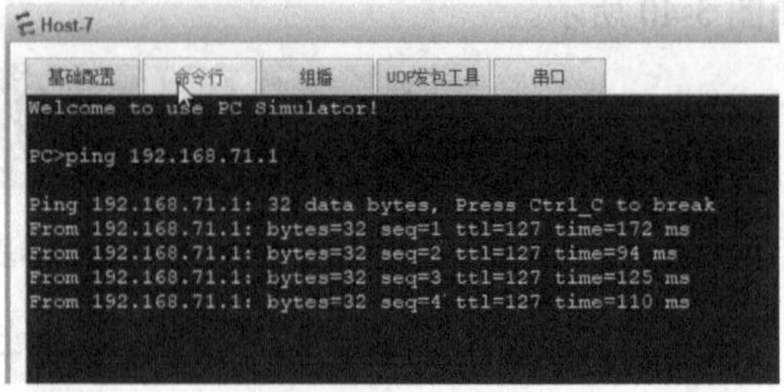

图 5-47 任务 5.3 步骤 5 的操作示意图（四）

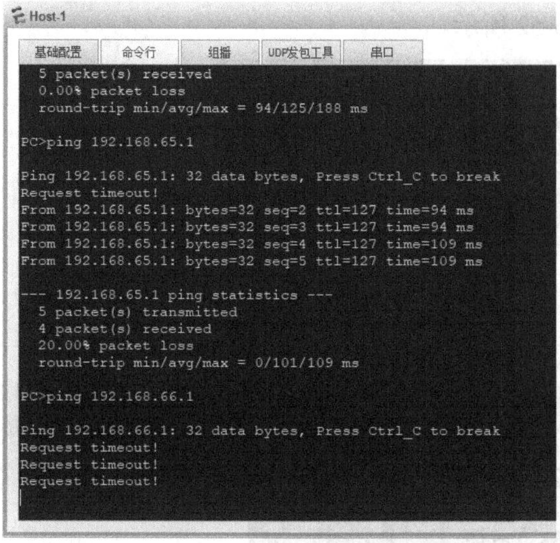

图 5-48　任务 5.3 步骤 5 的操作示意图（五）

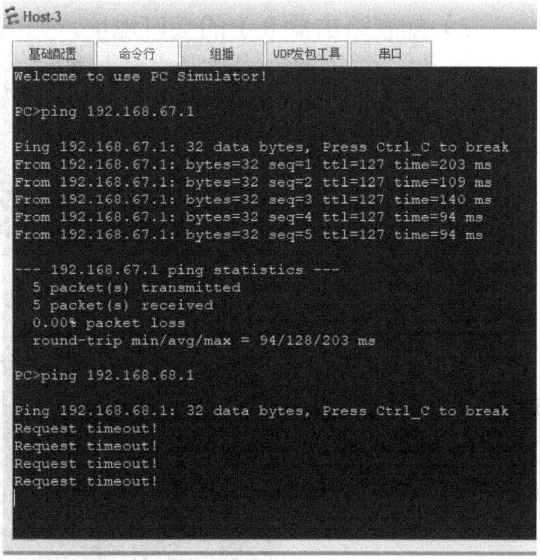

图 5-49　任务 5.3 步骤 5 的操作示意图（六）

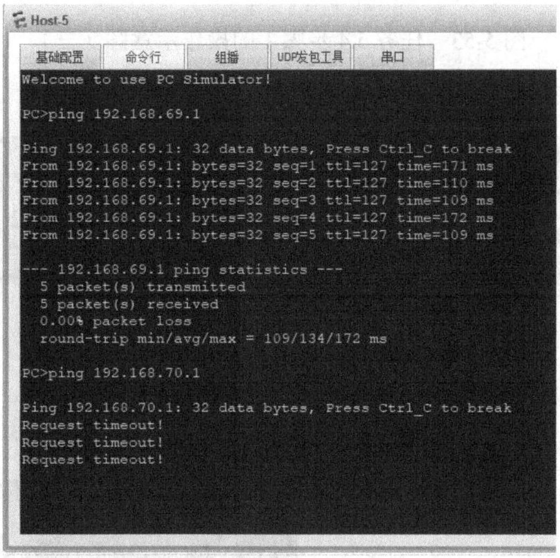

图 5-50　任务 5.3 步骤 5 的操作示意图（七）

5.3.4　任务 5.4：配置路由器并进行通信测试

（任务 5.4）

步骤 1：配置路由器 R-1

（1）双击路由器 R-1，进入系统视图，关闭路由器的信息中心，将路由器命名为 R-1，如图 5-51 所示。

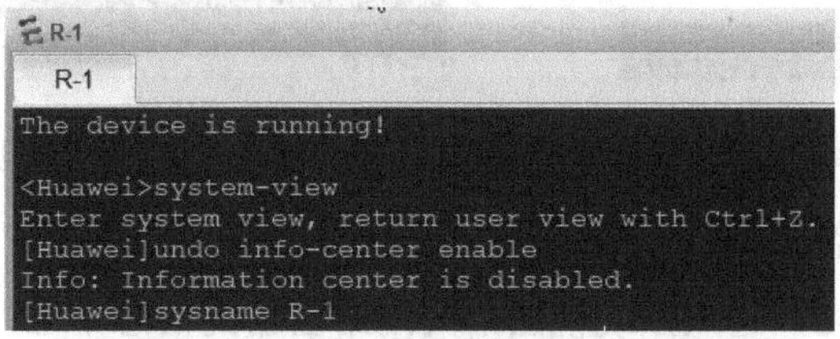

图 5-51　任务 5.4 步骤 1 的操作示意图（一）

（2）配置路由器 R-1 的接口地址，如图 5-52 所示。

```
[R-1]interface GigabitEthernet0/0/0
[R-1-GigabitEthernet0/0/0]ip address 10.0.0.1 255.255.255.252
[R-1-GigabitEthernet0/0/0]quit
[R-1]interface GigabitEthernet0/0/1
[R-1-GigabitEthernet0/0/1]ip address 10.0.1.2 255.255.255.252
[R-1-GigabitEthernet0/0/1]quit
[R-1]interface GigabitEthernet0/0/2
[R-1-GigabitEthernet0/0/2]ip address 10.0.2.2 255.255.255.252
[R-1-GigabitEthernet0/0/2]quit
```

图 5-52 任务 5.4 步骤 1 的操作示意图（二）

（3）在路由器 R-1 上配置静态路由。令代表目标网络的主机（192.168.64.0/23）的下一跳 IP 地址为 10.0.1.1，即 RS-1 的 GE 0/0/1 接口；令代表目标网络的主机（192.168.66.0/23）的下一跳 IP 地址为 10.0.2.1，即 RS-2 的 GE 0/0/1 接口；令代表目标网络的主机（192.168.68.0/22）的下一跳 IP 地址为 10.0.0.2，即 R-2 的 GE 0/0/0 接口，如图 5-53 所示。

```
[R-1]ip route-static 192.168.64.0 23 10.0.1.1
[R-1]ip route-static 192.168.66.0 23 10.0.2.1
[R-1]ip route-static 192.168.68.0 22 10.0.0.2
[R-1]quit
```

图 5-53 任务 5.4 步骤 1 的操作示意图（三）

（4）保存配置，如图 5-54 所示。

```
<R-1>save
The current configuration will be written to the device.
Are you sure to continue?[Y/N]y
Info: Please input the file name ( *.cfg, *.zip ) [vrpcfg.zip]:
Now saving the current configuration to the slot 17.
Save the configuration successfully.
<R-1>
```

图 5-54 任务 5.4 步骤 1 的操作示意图（四）

（5）显示路由器 R-1 的路由表，如图 5-55 与图 5-56 所示。

```
<R-1>display ip routing-table
```

图 5-55 任务 5.4 步骤 1 的操作示意图（五）

```
R-1
        Destinations : 11        Routes : 11

Destination/Mask    Proto   Pre  Cost      Flags NextHop

      10.0.0.0/30   Direct  0    0           D   10.0.0.1
0/0/0
      10.0.0.1/32   Direct  0    0           D   127.0.0.1
0/0/0
      10.0.1.0/30   Direct  0    0           D   10.0.1.2
0/0/1
      10.0.1.2/32   Direct  0    0           D   127.0.0.1
0/0/1
      10.0.2.0/30   Direct  0    0           D   10.0.2.2
0/0/2
      10.0.2.2/32   Direct  0    0           D   127.0.0.1
0/0/2
     127.0.0.0/8    Direct  0    0           D   127.0.0.1
     127.0.0.1/32   Direct  0    0           D   127.0.0.1
  192.168.64.0/23   Static  60   0          RD   10.0.1.1
0/0/1
  192.168.66.0/23   Static  60   0          RD   10.0.2.1
0/0/2
  192.168.68.0/22   Static  60   0          RD   10.0.0.2
0/0/0

<R-1>
```

图 5-56 任务 5.4 步骤 1 的操作示意图（六）

步骤 2：配置路由器 R-2

（1）双击路由器 R-2，进入系统视图，关闭路由器的信息中心，将路由器命名为 R-2，如图 5-57 所示。

```
The device is running!

<Huawei>system-view
Enter system view, return user view with Ctrl+Z.
[Huawei]undo info-center enable
Info: Information center is disabled.
[Huawei]sysname R-2
[R-2]
```

图 5-57　任务 5.4 步骤 2 的操作示意图（一）

（2）配置路由器 R-2 的接口地址，并配置静态路由，如图 5-58 所示。

```
[R-2]interface GigabitEthernet0/0/0
[R-2-GigabitEthernet0/0/0]ip address 10.0.0.2 255.255.255.
[R-2-GigabitEthernet0/0/0]quit
[R-2]interface GigabitEthernet0/0/1
[R-2-GigabitEthernet0/0/1]ip address 10.0.0.5 255.255.255.
[R-2-GigabitEthernet0/0/1]quit
[R-2]ip route-static 192.168.64.0 22 10.0.0.1
[R-2]ip route-static 192.168.68.0 22 10.0.0.6
[R-2]quit
```

图 5-58　任务 5.4 步骤 2 的操作示意图（二）

（3）保存配置，如图 5-59 所示。

```
<R-2>save
The current configuration will be written to the device.
Are you sure to continue?[Y/N]y
Info: Please input the file name ( *.cfg, *.zip ) [vrpcfg.zip]:
Now saving the current configuration to the slot 17.
Save the configuration successfully.
<R-2>
```

图 5-59　任务 5.4 步骤 2 的操作示意图（三）

步骤 3：配置路由器 R-3

（1）双击路由器 R-3，进入系统视图，关闭路由器的信息中心，将路由器命名为 R-3，如图 5-60 所示。

```
The device is running!

<Huawei>
<Huawei>system-view
Enter system view, return user view with Ctrl+Z.
[Huawei]undo info-center enable
Info: Information center is disabled.
[Huawei]sysname R-3
```

图 5-60　任务 5.4 步骤 3 的操作示意图（一）

（2）配置路由器 R-3 的接口地址，并配置静态路由，如图 5-61 所示。

```
[R-3]interface GigabitEthernet0/0/0
[R-3-GigabitEthernet0/0/0]ip address 10.0.0.6 255.255.255.
[R-3-GigabitEthernet0/0/0]quit
[R-3]interface GigabitEthernet0/0/1
[R-3-GigabitEthernet0/0/1]ip address 10.0.3.2 255.255.255.
[R-3-GigabitEthernet0/0/1]quit
[R-3]interface GigabitEthernet0/0/2
[R-3-GigabitEthernet0/0/2]ip address 10.0.4.2 255.255.255.
[R-3-GigabitEthernet0/0/2]quit
[R-3]ip route-static 192.168.68.0 23 10.0.3.1
[R-3]ip route-static 192.168.70.0 23 10.0.4.1
[R-3]ip route-static 192.168.64.0 22 10.0.0.5
[R-3]quit
```

图 5-61　任务 5.4 步骤 3 的操作示意图（二）

（3）保存配置，如图 5-62 所示。

```
<R-3>save
The current configuration will be written to the device.
Are you sure to continue?[Y/N]y
Info: Please input the file name ( *.cfg, *.zip ) [vrpcfg.zip]:
Now saving the current configuration to the slot 17.
Save the configuration successfully.
<R-3>
```

图 5-62 任务 5.4 步骤 3 的操作示意图（三）

步骤 4：测试通信结果

使用 ping 命令测试当前的通信情况，此时各个主机之间可正常通信，如图 5-63 到图 5-69 所示。

Host-1

基础配置 | 命令行 | 组播 | UDP发包工具 | 串口

```
Welcome to use PC Simulator!

PC>ping 192.168.65.1

Ping 192.168.65.1: 32 data bytes, Press Ctrl_C to break
From 192.168.65.1: bytes=32 seq=1 ttl=127 time=219 ms
From 192.168.65.1: bytes=32 seq=2 ttl=127 time=172 ms
From 192.168.65.1: bytes=32 seq=3 ttl=127 time=125 ms
From 192.168.65.1: bytes=32 seq=4 ttl=127 time=125 ms
```

图 5-63 任务 5.4 步骤 4 的操作示意图（一）

```
PC>ping 192.168.66.1

Ping 192.168.66.1: 32 data bytes, Press Ctrl_C to break
From 192.168.66.1: bytes=32 seq=1 ttl=125 time=312 ms
From 192.168.66.1: bytes=32 seq=2 ttl=125 time=187 ms
From 192.168.66.1: bytes=32 seq=3 ttl=125 time=156 ms
```

图 5-64 任务 5.4 步骤 4 的操作示意图（二）

```
PC>ping 192.168.67.1

Ping 192.168.67.1: 32 data bytes, Press Ctrl_C to break
From 192.168.67.1: bytes=32 seq=1 ttl=125 time=297 ms
From 192.168.67.1: bytes=32 seq=2 ttl=125 time=204 ms
From 192.168.67.1: bytes=32 seq=3 ttl=125 time=156 ms
From 192.168.67.1: bytes=32 seq=4 ttl=125 time=172 ms
```

图 5-65 任务 5.4 步骤 4 的操作示意图（三）

```
PC>ping 192.168.68.1

Ping 192.168.68.1: 32 data bytes, Press Ctrl_C to break
From 192.168.68.1: bytes=32 seq=1 ttl=123 time=516 ms
From 192.168.68.1: bytes=32 seq=2 ttl=123 time=359 ms
From 192.168.68.1: bytes=32 seq=3 ttl=123 time=312 ms
From 192.168.68.1: bytes=32 seq=4 ttl=123 time=375 ms
```

图 5-66 任务 5.4 步骤 4 的操作示意图（四）

```
PC>ping 192.168.69.1

Ping 192.168.69.1: 32 data bytes, Press Ctrl_C to break
From 192.168.69.1: bytes=32 seq=1 ttl=123 time=375 ms
From 192.168.69.1: bytes=32 seq=2 ttl=123 time=219 ms
From 192.168.69.1: bytes=32 seq=3 ttl=123 time=281 ms
From 192.168.69.1: bytes=32 seq=4 ttl=123 time=282 ms
```

图 5-67 任务 5.4 步骤 4 的操作示意图（五）

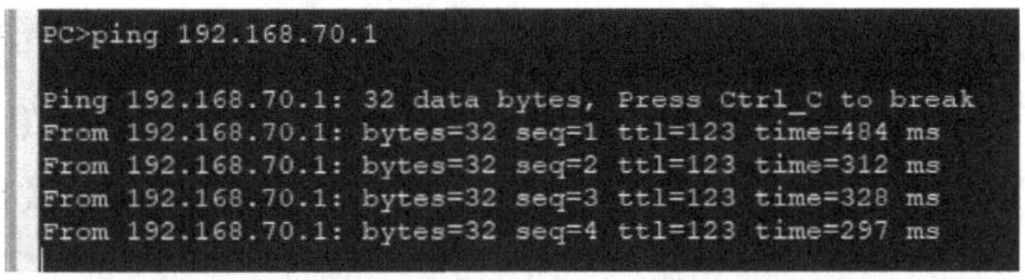

图 5-68　任务 5.4 步骤 4 的操作示意图（六）

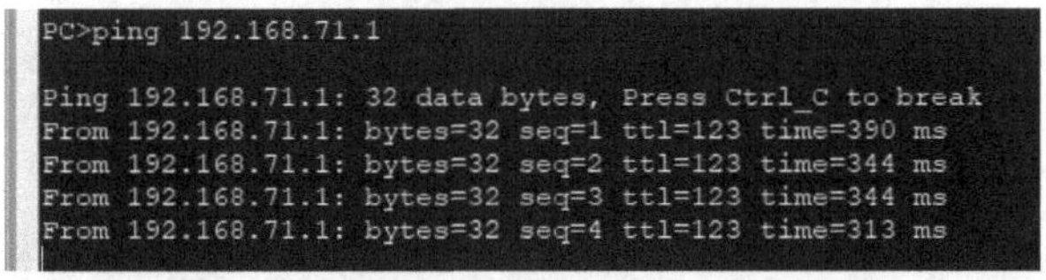

PC>ping 192.168.71.1
Ping 192.168.71.1: 32 data bytes, Press Ctrl_C to break
From 192.168.71.1: bytes=32 seq=1 ttl=123 time=390 ms
From 192.168.71.1: bytes=32 seq=2 ttl=123 time=344 ms
From 192.168.71.1: bytes=32 seq=3 ttl=123 time=344 ms
From 192.168.71.1: bytes=32 seq=4 ttl=123 time=313 ms

图 5-69　任务 5.4 步骤 4 的操作示意图（七）

5.3.5　任务 5.5：通过抓包分析路由器的工作过程

（任务 5.5）

步骤 1：设计抓包点并启动抓包程序

（1）使用 display interface 命令显示路由器某接口信息，并从中查到该接口的 MAC 地址，下面的示例为路由器 R-3 的 GE 0/0/2 接口信息，如图 5-70 所示。

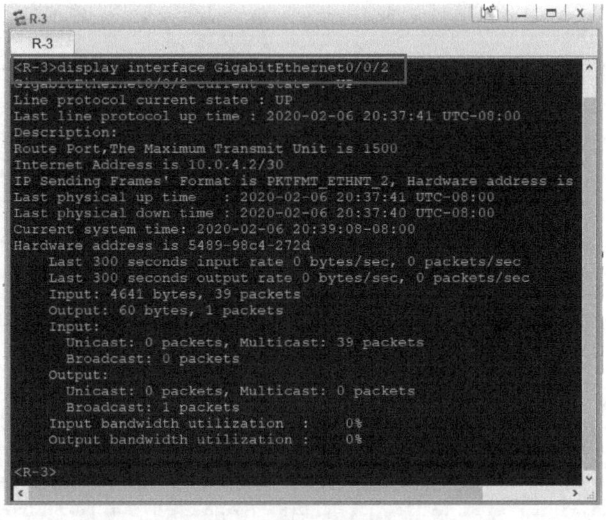

图 5-70　任务 5.5 步骤 1 的操作示意图（一）

（2）在 Host-1 的命令行界面的“命令行”选项卡中，执行 ping 192.1 68.71.1 -t 命令，即测试 Host-1 与 Host-8 之间的通信。注意，此时 Host-1 和 Host-8 能正常通信，如图 5-71 所示。

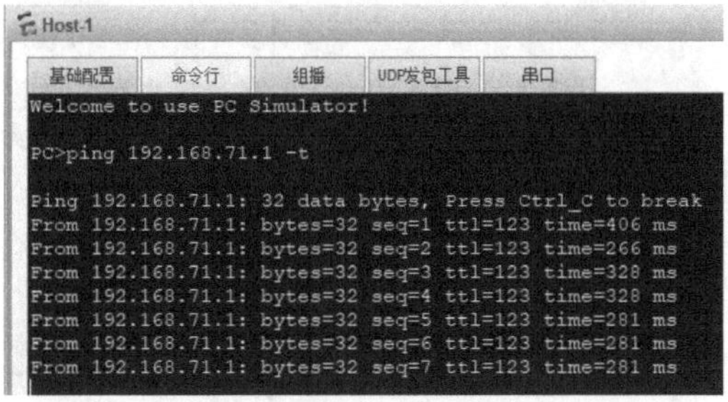

Host-1
基础配置
命令行
组播
UDP发包工具
串口
Welcome to use PC Simulator!
PC>ping 192.168.71.1 -t
Ping 192.168.71.1: 32 data bytes, Press Ctrl_C to break
From 192.168.71.1: bytes=32 seq=1 ttl=123 time=406 ms
From 192.168.71.1: bytes=32 seq=2 ttl=123 time=266 ms
From 192.168.71.1: bytes=32 seq=3 ttl=123 time=328 ms
From 192.168.71.1: bytes=32 seq=4 ttl=123 time=328 ms
From 192.168.71.1: bytes=32 seq=5 ttl=123 time=281 ms
From 192.168.71.1: bytes=32 seq=6 ttl=123 time=281 ms
From 192.168.71.1: bytes=32 seq=7 ttl=123 time=281 ms

图 5-71　任务 5.5 步骤 1 的操作示意图（二）

（3）在图 5-2 所示的网络拓扑结构中添加 4 个抓包点，如图 5-72 所示。抓包点①位于三层交换机 RS-1 的 GE0/0/1 接口，抓包点②位于路由器 R-2 的 GE 0/0/0 接口，抓包点③位于路由器 R-2 的 GE 0/0/1 接口，抓包点④位于路由器 R-3 的 GE 0/0/2 接口。

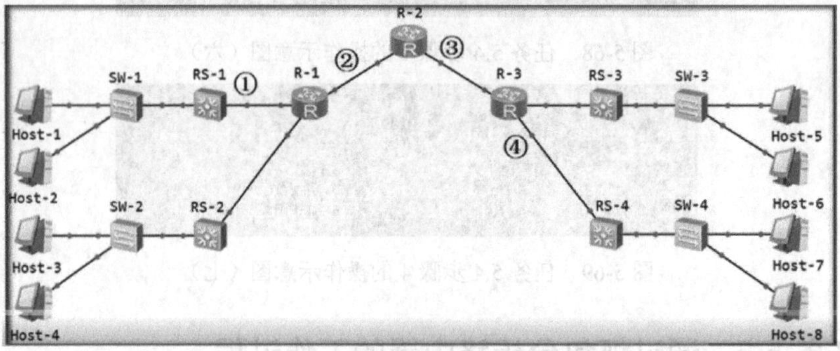

图 5-72 任务 5.5 步骤 1 的操作示意图（三）

步骤 2：分析跨路由器通信时报头中 MAC 地址的变化

（1）在抓包点①处进行抓包分析，选择 21 号报文。该报文的源 MAC 地址为 54:89:98:70:66:6d，目标 MAC 地址为 4c:1f:cc:6c:40:9c，如图 5-73 和图 5-74 所示。

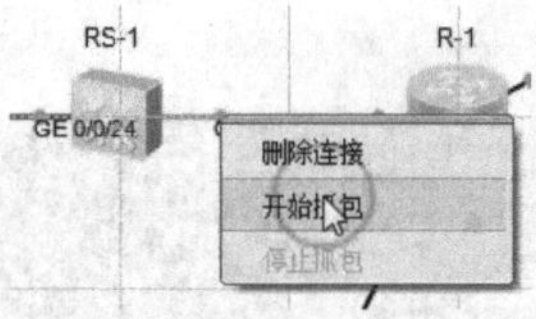

图 5-73 任务 5.5 步骤 2 的操作示意图（一）

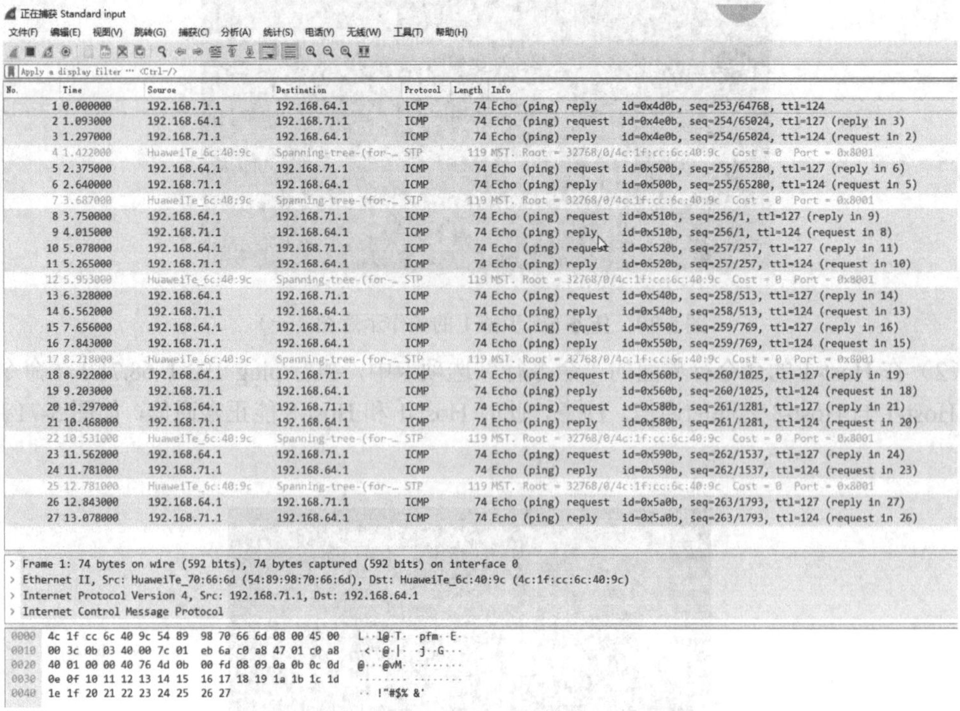

图 5-74 任务 5.5 步骤 2 的操作示意图（二）

（2）在抓包点②处进行抓包分析，选择 1 号报文，该报文的源 MAC 地址为 54:89:98:70:66:6c，目标 MAC 地址为 54:89:98:11:1f:a1，如图 5-75 和图 5-76 所示。

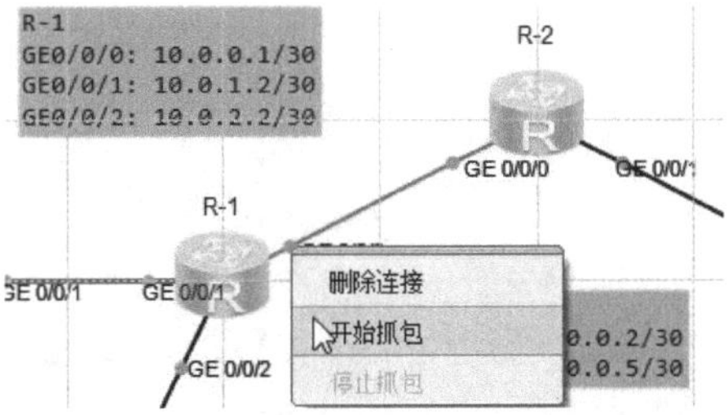

图 5-75　任务 5.5 步骤 2 的操作示意图（三）

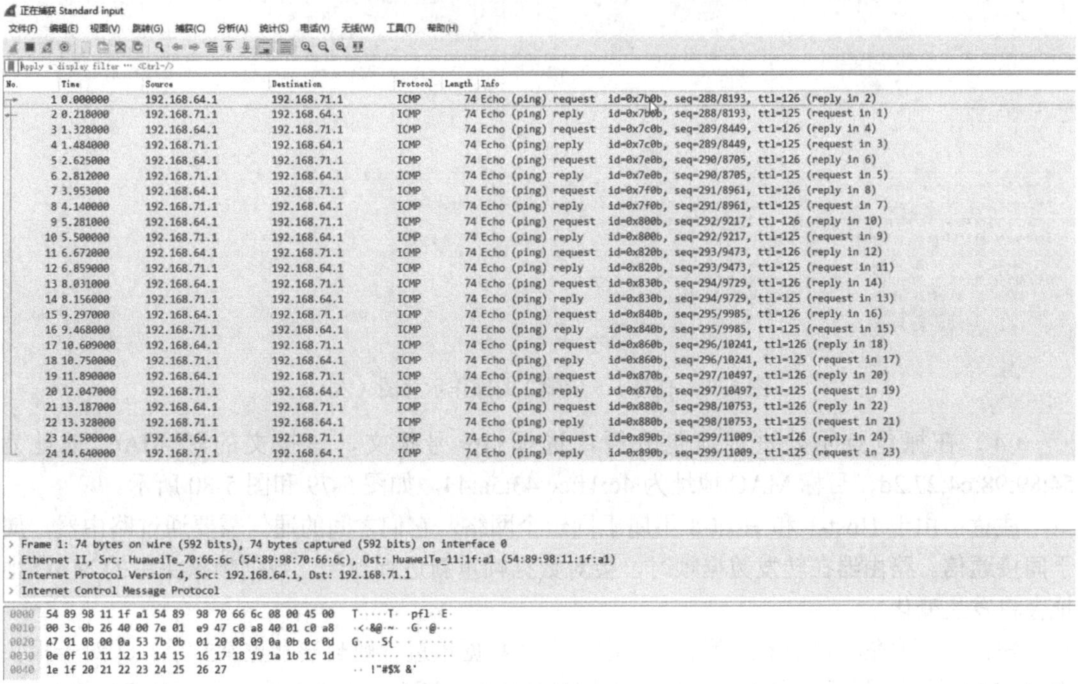

图 5-76　任务 5.5 步骤 2 的操作示意图（四）

（3）在抓包点③处进行抓包分析，选择 1 号报文，该报文的源 MAC 地址为 54:89:98:11:1f:a2，目标 MAC 地址为 54:89:98:c4:27:2b，如图 5-77 和图 5-78 所示。

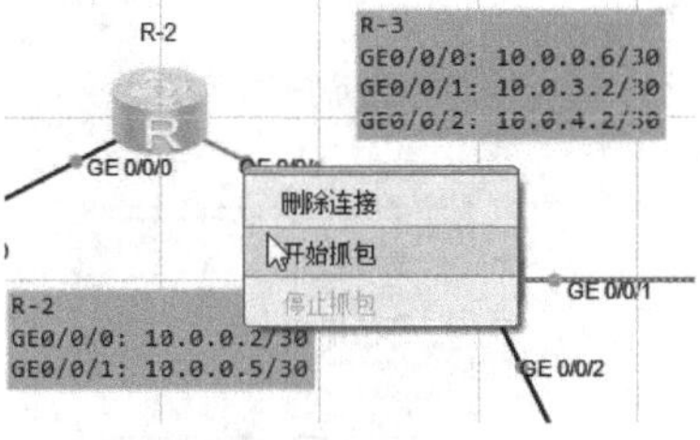

图 5-77　任务 5.5 步骤 2 的操作示意图（五）

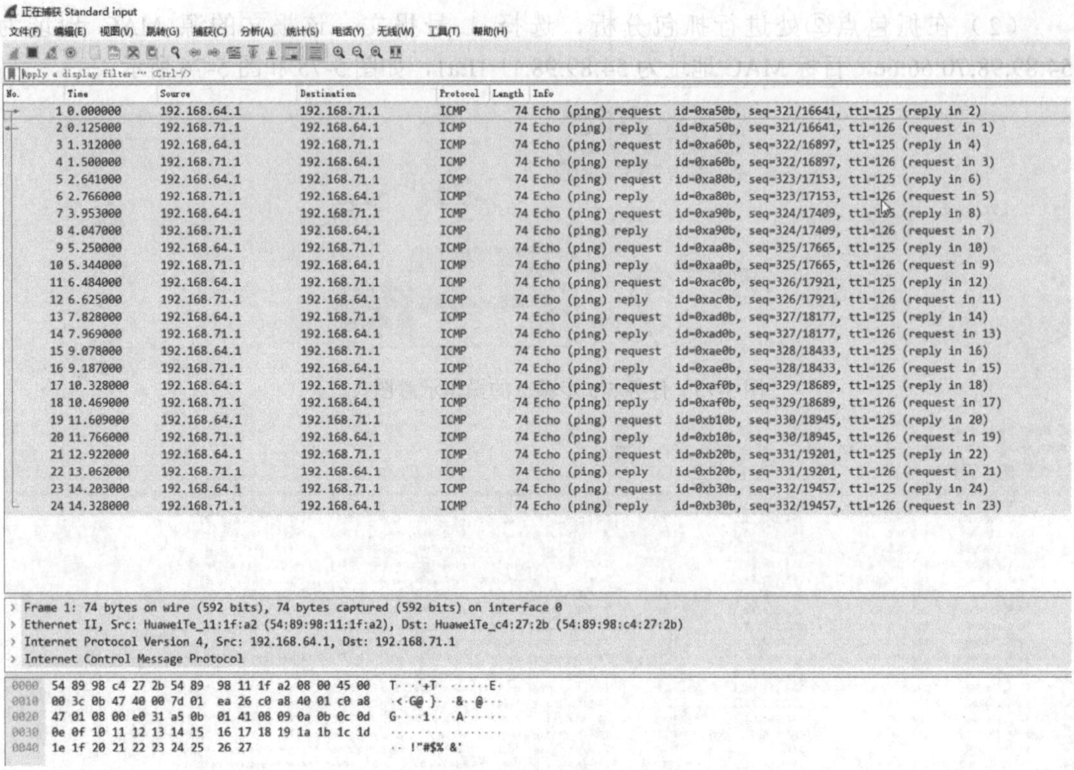

图 5-78　任务 5.5 步骤 2 的操作示意图（六）

（4）在抓包点④处进行抓包分析，选择 16 号报文，该报文的源 MAC 地址为 54:89:98:c4:27:2d，目标 MAC 地址为 4c:1f:cc:43:5a:44，如图 5-79 和图 5-80 所示。

注意：由于 Host-1 和 Host-8 不属于同一个网络，它们之间的通信需要通过路由器，属于间接通信。路由器在转发数据帧时，会对数据帧重新进行封装，数据帧报头中的 MAC 地址会将发生变化。

知识点：①在跨路由器通信时，路由器会对数据帧进行解封装和重新封装；②对于报头中的 MAC 地址，数据帧从路由器的某个接口发出时，源 MAC 地址是路由器出接口的 MAC 地址，目标 MAC 地址是路由表中相应的下一跳路由接口的 MAC 地址；③对于报头中的 IP 地址，整个通信过程中的源 IP 地址和目标 IP 地址始终保持不变，从而确保路由器在收到数据帧时，能够知道正确的目的地。

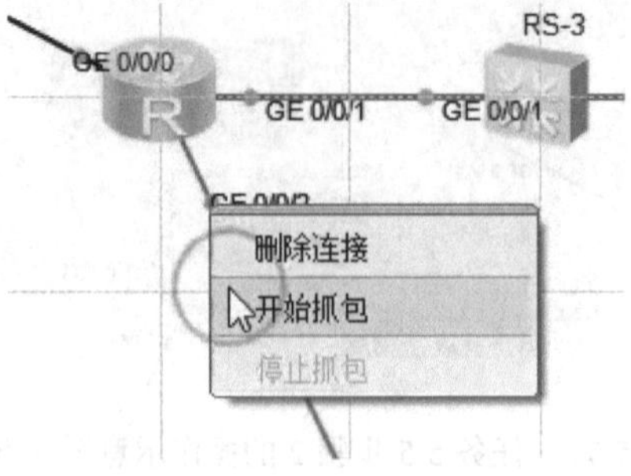

图 5-79　任务 5.5 步骤 2 的操作示意图（七）

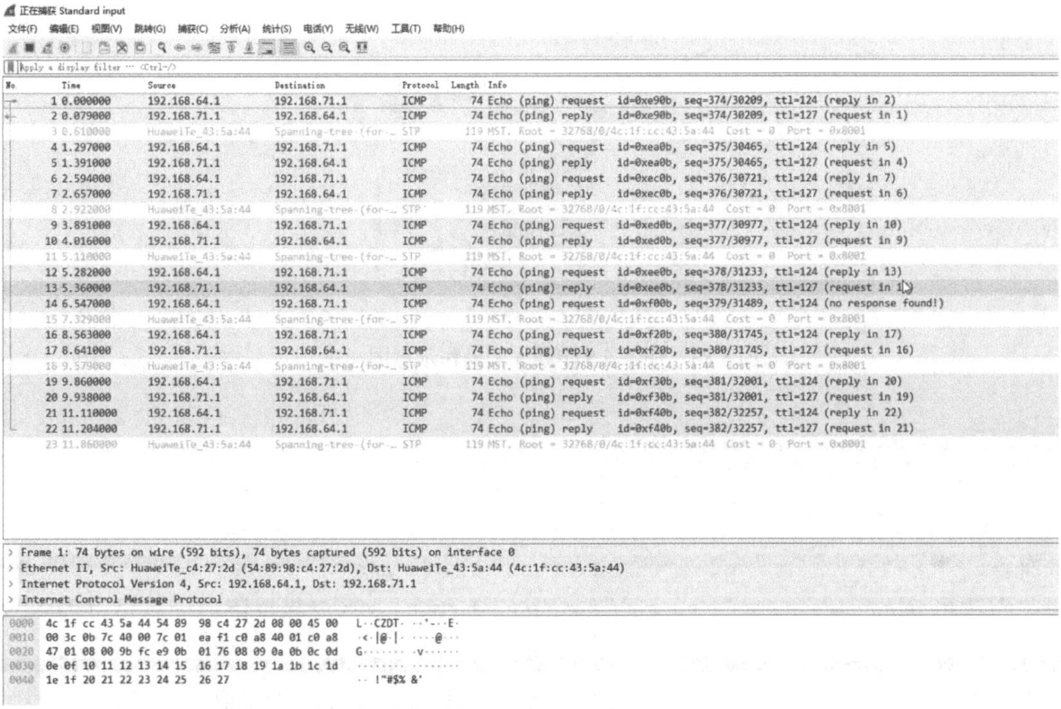
正在捕获 Standard input
文件(F) 编辑(E) 视图(V) 跳转(G) 捕获(C) 分析(A) 统计(S) 电话(Y) 无线(W) 工具(T) 帮助(H)
No. Time Source Destination Protocol Length Info
1 0.000000 192.168.64.1 192.168.71.1 ICMP 74 Echo (ping) request id=0xe90b, seq=374/30209, ttl=124 (reply in 2)
2 0.079000 192.168.71.1 192.168.64.1 ICMP 74 Echo (ping) reply id=0xe90b, seq=374/30209, ttl=127 (request in 1)
Frame 1: 74 bytes on wire (592 bits), 74 bytes captured (592 bits) on interface 0
Ethernet II, Src: HuaweiTe_c4:27:2d (54:89:98:c4:27:2d), Dst: HuaweiTe_43:5a:44 (4c:1f:cc:43:5a:44)
Internet Protocol Version 4, Src: 192.168.64.1, Dst: 192.168.71.1
Internet Control Message Protocol

图 5-80　任务 5.5 步骤 2 的操作示意图（八）

步骤 3：通过抓包分析路由表对路由器转发数据帧的影响

（1）使用任务 5.5 步骤 1 中的 4 个抓包点（见图 5-72）。

（2）在路由器 R-3 上，删除到达目标网络 192.168.64.0/22 的静态路由并保存配置，保存之后可以发现，Host-1 不能与 Host-8 正常通信，如图 5-81 和图 5-82 所示。

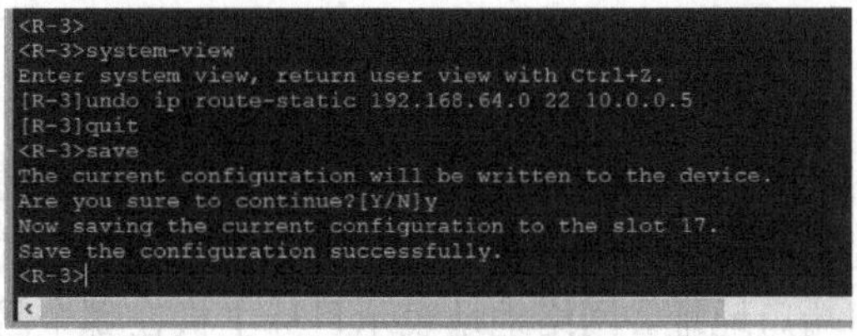
<R-3>
<R-3>system-view
Enter system view, return user view with Ctrl+Z.
[R-3]undo ip route-static 192.168.64.0 22 10.0.0.5
[R-3]quit
<R-3>save
The current configuration will be written to the device.
Are you sure to continue?[Y/N]y
Now saving the current configuration to the slot 17.
Save the configuration successfully.
<R-3>

图 5-81　任务 5.5 步骤 3 的操作示意图（一）

Host-1
基础配置
命令行
组播
UDP发包工具
串口
Request timeout!
From 192.168.71.1: bytes=32 seq=474 ttl=123 time=250 ms
From 192.168.71.1: bytes=32 seq=487 ttl=123 time=297 ms
Request timeout!

图 5-82　任务 5.5 步骤 3 的操作示意图（二）

（3）删除掉 R-3 中到达 192.168.64.0/22 网络的路由后，再次在抓包点④处抓包，可以发现，由于现在 R-3 的路由表中没有到达目标网络 192.168.64.0/24 的路由，因此 R-3 会丢掉数据帧，并向 RS-4 发回“网络不可到达”的反馈报文，如图 5-83 和图 5-84 所示。

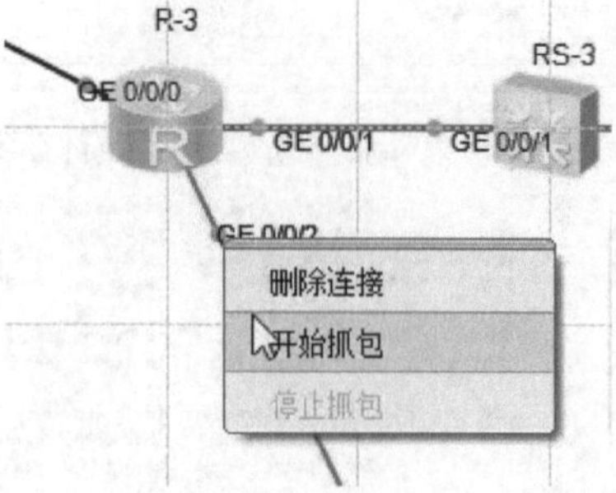

图 5-83　任务 5.5 步骤 3 的操作示意图（三）

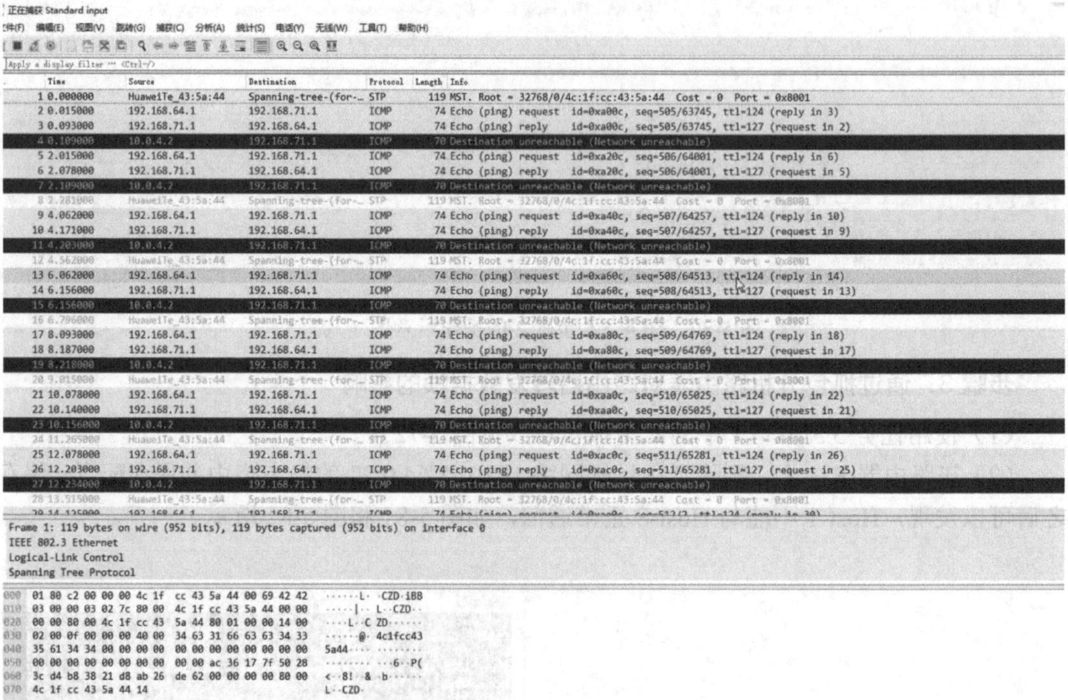

图 5-84　任务 5.5 步骤 3 的操作示意图（四）

5.4 基础知识拓展：网络寻址

与邮政通信一样，网络通信也需要对传输内容进行封装，并注明接收端的地址。邮政通信的地址结构是有层次的，要分出城市名称、街道名称、门牌号码和收信人。网络通信中的地址也是有层次的，分为网络地址、物理地址和端口地址。网络地址表示目标主机在哪个网络上；物理地址表示目标网络中哪一台主机是数据帧的目标主机；端口地址表示目标主机中的哪个应用程序接收数据帧。我们可以通过比较网络通信的地址结构与邮政通信的地址结构来理解网络通信的地址结构：将网络地址看成城市和街道的名称，将物理地址看成门牌号码，将端口地址看成同一个门牌下哪个人接收信件。

标识目标主机在哪个网络的地址是 IP 地址。IP 地址用 4 个点分十进制数表示，如 172.155.32.120。IP 地址是个复合地址，完整的 IP 地址是一台主机的地址。IP 地址的前半部分表示网络地址。例如，IP 地址 172.155.32.120 表示一台主机的地址，172.155.0.0 表示这台主机所在网络的网络地址。

IP 地址被封装在数据帧的 IP 报头中。IP 地址有两个用途：一是，网络中的路由器使用 IP 地址确定目标网络地址，进而确定该向哪个端口转发报文；二是，源主机用目标主机的 IP 地址来查询目标主机的物理地址。

物理地址封装在数据帧的帧报头中。典型的物理地址是以太网中的 MAC 地址。MAC 地址在两个地方使用：一是，主机的网卡通过报头中的目标 MAC 地址判断网络发送的数据帧是不是发给自己的；二是，网络的交换机通过报头中的目标 MAC 地址确定数据帧该向哪个端口转发。其他的物理地址实例是帧中继网中的 DLCI 地址和 ISDN 中的 SPID。

端口地址封装在数据帧的 TCP 报头或 UDP 报头中。端口地址是源主机告诉目标主机本数据帧是发给对方的哪个应用程序的。如果 TCP 报头中的目标端口地址是 80，则表示数据帧是发给 WWW 服务器程序的；如果目标端口地址是 25130，则表示数据帧是发给对方主机的 CS 游戏程序的。

计算机网络是靠网络地址、物理地址和端口地址的联合寻址来完成数据传输的。缺少其中的任何一个地址，网络都无法完成寻址。点对点连接的通信是一个例外。在点对点通信中，两台主机使用一条物理线路直接连接，源主机发送的数据只会沿这条物理线路到达对端的主机。

IP 地址是一个 4 B 的地址码，一个典型的 IP 地址为 200.1.25.7（用点分十进制数表示）。IP 地址既可以用点分十进制数表示，也可以用二进制数来表示。例如，200.1.25.7 和 11001000 00000001 00011001 00000111 表示的 IP 地址是一样的。

IP 地址被封装在数据帧的 IP 报头中，供路由器在网间寻址时使用。

因此，网络中的每个主机，既有自己的 MAC 地址，也有自己的 IP 地址，如图 5-85 所示，MAC 地址用于网内寻址，IP 地址则用于网间寻址。

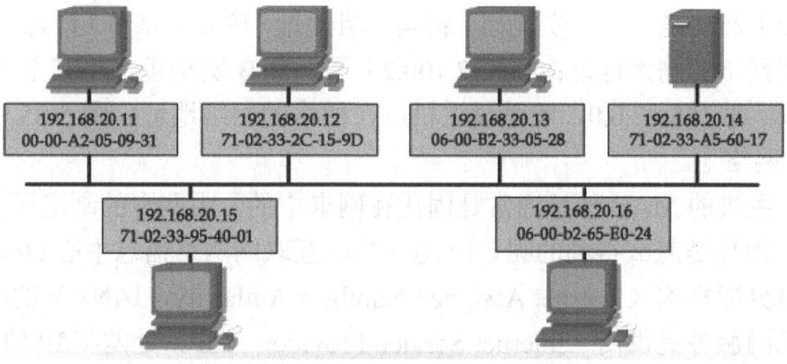

图 5-85 MAC 地址和 IP 地址

IP 地址可分为 5 类，即 A、B、C、D、E 类地址，前三类是我们经常使用的 IP 地址。分辨一个 IP 地址是哪一类地址可以通过 IP 地址的第 1 个字节来区别，如表 5-2 所示。

表 5-2 通过 IP 地址的第 1 个字节来判断其类型

IP 地址的类型	IP 地址的范围（第 1 个字节的十进制数）
A 类	1～126（00000001～01111110）
B 类	128～191（10000000～10111111）
C 类	192～223（11000000～11011111）
D 类	224～239（11100000～11101111）
E 类	240～255（11110000～11111111）

A 类地址的第 1 个字节为 1～126，B 类地址的第 1 个字节为 128～191，C 类地址的第 1 个字节为 192～223。例如，200.1.25.7 是一个 C 类地址，155.22.100.25 是一个 B 类地址。

A、B、C 类地址是我们常用于分配给主机的 IP 地址，D 类地址用于组播，E 类地址是 IETF（Internet Engineering Task Force）保留的 IP 地址。

一个 IP 地址分为两部分：网络（Network）地址和主机（Host）地址，如图 5-86 所示。A 类地址用第 1 个字节表示网络地址，第 2～4 个字节表示主机地址。B 类地址用第 1、2 个字节表示网络地址，第 3、4 个字节表示主机地址。C 类地址用第 1～3 个字节表示网络地址，第 4 个字节表示主机地址。

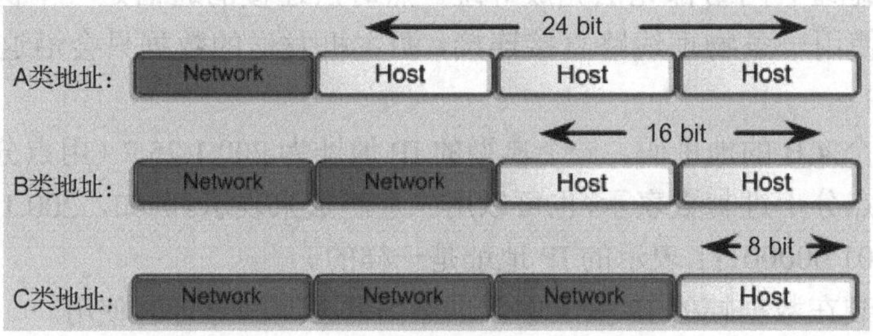

图 5-86 网络地址和主机地址

把一个主机的 IP 地址中主机地址置为 0 后得到的地址，就是这台主机所在网络的网络地址。例如，200.1.25.7 是一个 C 类地址，将其主机地址（第 4 个字节）置为 0，即 200.1.25.0，就是该主机所在网络的网络地址；155.22.100.25 是一个 B 类地址，将其主机地址（第 3、4 个字节）置为 0，即 155.22.0.0，就是该主机所在网络的网络地址。图 5-85 中的 6 台主机都在 192.168.20.0 网络上。

我们知道，主机的 MAC 地址通常是固化在网卡中的，由网卡的制造厂家按照一定的规则生成。那么 IP 地址是怎么得到的呢？IP 地址是由互联网网络信息中心（InterNIC）分配的，它在互联网编号分配机构（Internet Assigned Numbers Authority，IANA）的授权下操作。我们通常是从互联网服务提供商（Internet Service Provider，ISP）处购买 IP 地址的，ISP 可以分配它所购买的 IP 地址。

A 类地址通常分配给大型网络，因为 A 类地址有 3 个字节的主机地址，能够提供 1600 万多个主机地址。也就是说 61.0.0.0 这个网络可以容纳 1600 万多台主机。全球一共只有 126 个 A 类地址，目前已经没有 A 类地址可供分配了。当用户使用 IE 浏览器查询一个国外网站时，留心观察一下左下方的地址栏，就可以看到一些网站分配了 A 类地址。

B 类地址通常分配给大机构和大型企业，采用 B 类地址的网络可容纳 6.5 万多台主机，全球一共有 16384 个 B 类地址。

C 类地址用于小型网络，全球大约有 200 万个 C 类地址。C 类地址只用 1 个字节来表示主机地址，因此每个 C 类网络地址只能提供 254 个主机地址。

你可能注意到了，A 类地址第 1 个字节最大为 126，而 B 类地址的第 1 个字节最小为 128。第 1 个字节为 127 的 IP 地址，既不是 A 类地址也不是 B 类地址。第 1 个字节为 127 的 IP 地址实际上被保留，用于回返测试，即主机把数据发送给自己。例如，127.0.0.1 是一个用于回返测试的 IP 地址。

有两类地址不能分配给主机：网络地址和广播地址（见图 5-87）。

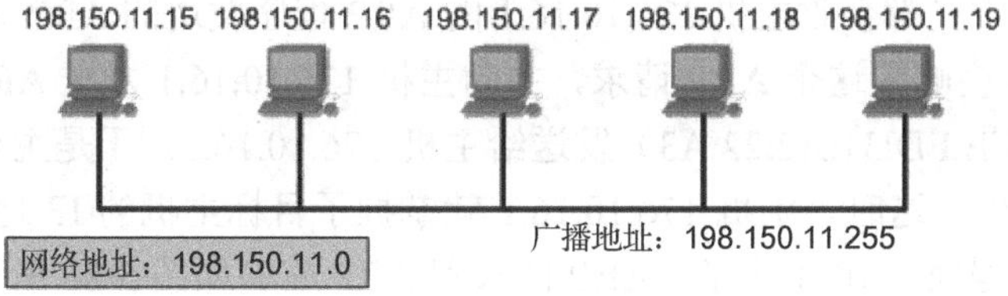

图 5-87　网络地址和广播地址

广播地址是主机地址全为 1 的 IP 地址，如 198.150.11.255 就是 198.150.11.0 网络中的广播地址。在图 5-87 中，198.150.11.0 网络中的主机地址只能选择 198.150.11.1～198.150.11.254，198.150.11.0 和 198.150.11.255 不能分配给主机。

有些 IP 地址不必从 IP 地址注册机构 IANA 处申请得到，这类 IP 地址是内部地址，内部地址的分类及其范围如表 5-3 所示。

表 5-3　内部地址的分类及其范围

内部地址	范围（RFC 1918 的建议）
A 类地址中的内部地址	10.0.0.0～10.255.255.255
B 类地址中的内部地址	172.16.0.0～172.31.255.255
C 类地址中的内部地址	192.168.0.0～192.168.255.255

RFC 1918 分别在 A、B、C 三类地址中各指定了一部分 IP 地址作为内部地址，这些内部地址可以在局域网中任意使用，但不能用在互联网中使用。

IP 地址是在 20 世纪 80 年代开始由 TCP/IP 协议使用的，但 TCP/IP 协议的设计者没有预见到这个协议会在全球得到如此广泛的应用。在 2019 年 11 月 25 日 15:35，最后一个 4 B 的 IP 地址（IPv4 地址）被分配了，至此 IPv4 地址被耗尽了。

A 类地址和 B 类地址占整个 IP 地址的 75%，却只能分配给 1.7 万个机构使用，只有占整个 IP 地址 12.5%的 C 类地址留给新的网络使用。

新版本的 IP 协议已经开发出来，被称为 IPv6，旧版本的 IP 协议被称为 IPv4。IPv6 中的 IP 地址使用了 16 B，可以提供 3.4×10^{38} 个 IP 地址，拥有足够的地址空间满足未来的需要。

由于现有的数以千万计的网络设备不支持 IPv6，所以如何平滑地从 IPv4 迁移到 IPv6 仍然是个难题。不过，在 IPv4 地址已经耗尽情况下，人们最终会改用 IPv6 地址描述主机地址和网络地址。

我们知道，主机在发送数据前，需要为这个数据封装报头。在报头中，最重要的内容就是地址。在数据帧的 3 个报头中，需要封装目标 MAC 地址、目标 IP 地址和目标端口地址。

要发送数据，应用程序要么给出目标主机的 IP 地址，要么给出目标主机的主机名或域名，否则就无法确定数据该发送给哪台主机。

但是，如何给出目标 MAC 地址呢？目标 MAC 地址是一个随机数，且固化在主机的网卡中。事实上，应用程序在发送数据时，只知道目标主机的 IP 地址，无法知道目标 MAC 地址。

ARP 程序可以根据目标主机的 IP 地址查到目标 MAC 地址。当主机 176.10.16.1 需要向主机 176.10.16.6 发送数据时，主机 176.10.16.1 的 ARP 程序就会发出 ARP 请求广播报文，询问网络中哪台主机是的 IP 地址是 176.10.16.6，并请它应答自己的请求。

网络中的所有主机都会收主机 176.10.16.1 的 ARP 程序发送的 ARP 请求广播报文，但只有主机 176.10.16.6 会响应这个 ARP 请求，并向主机 176.10.16.1 发送 ARP 应答报文，把自己的 MAC 地址（FE:ED:31:A2:22:A3）发送给主机 176.10.16.1，于是主机 176.10.16.1 便得到了目标 MAC 地址。这时，主机 176.10.16.1 就掌握了目标主机的 IP 地址和目标 MAC 地址，就可以封装数据帧的 IP 报头了。ARP 请求和 ARP 应答如图 5-88 所示。

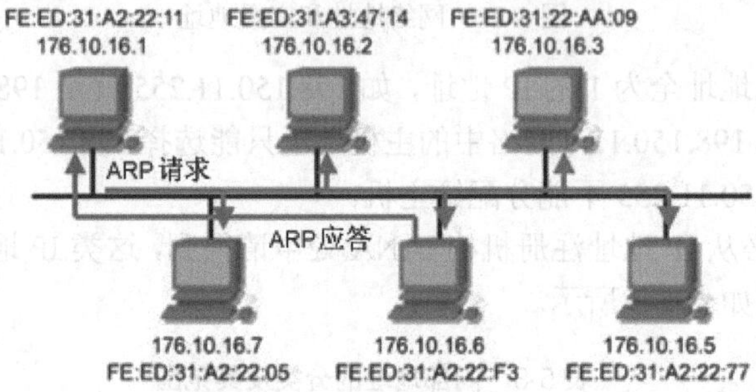

图 5-88　ARP 请求和 ARP 应答

为了下次再向主机 176.10.16.6 发送数据时不用再查询目标 MAC 地址，ARP 程序会将这次查询到的目标 MAC 地址保存起来。在 ARP 程序中，保存网络中其他主机 MAC 地址的表称为 ARP 表，如图 5-89 所示。

```
1: ipNetToPhysicalState.622.1.4.192.168.80.1 (integer) reachable(1)
2: ipNetToPhysicalState.622.1.4.192.168.80.182 (integer) reachable(1)
3: ipNetToPhysicalState.626.1.4.10.1.1.1 (integer) reachable(1)
4: ipNetToPhysicalState.626.1.4.10.1.1.2 (integer) reachable(1)
5: ipNetToPhysicalState.626.1.4.10.1.1.4 (integer) reachable(1)
6: ipNetToPhysicalState.642.1.4.2.1.1.1 (integer) reachable(1)
7: ipNetToPhysicalState.652.1.4.192.168.87.182 (integer) reachable(1)
8: ipNetToPhysicalState.656.1.4.22.23.1.2 (integer) reachable(1)
9: ipNetToPhysicalState.689.1.4.30.1.1.1 (integer) reachable(1)
10: ipNetToPhysicalState.693.1.4.20.1.1.1 (integer) reachable(1)
11: ipNetToPhysicalState.693.1.4.20.1.1.2 (integer) reachable(1)
12: ipNetToPhysicalState.703.1.4.172.1.1.2 (integer) reachable(1)
```

图 5-89　ARP 表

当用户给 ARP 程序一个 IP 地址，要求它查询这个 IP 地址对应的主机 MAC 地址时，ARP 程序先查自己的 ARP 表，如果 ARP 表中有这个 IP 对应的 MAC 地址，则能够轻松、快速地给出主机 MAC 地址。如果 ARP 表中没有这个 IP 对应的 MAC 地址，则需要通过 ARP 请求和 ARP 应答的机制来获取对应的主机的 MAC 地址。

ARP 程序的工作流程如图 5-90 所示

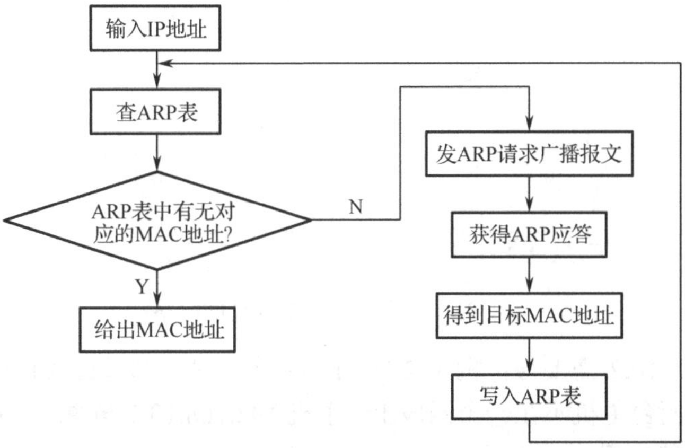

图 5-90　ARP 程序的工作流程

ARP 程序是局域网中的一个非常重要的程序。没有 ARP 程序，我们就无法得到目标 MAC 地址，也就无法封装数据帧报头。这种通过 IP 地址获得 MAC 地址方法称为地址解析协议（Address Resolution Protocol，ARP）。从本节开始，我们将逐步学习很多协议。协议（Protocol）是对数据格式和计算机之间交换数据时必须遵守的规则的正式描述。一个协议一般要说明三个东西：程序或硬件要完成什么功能，实现这个功能的方法是什么，实现这个功能需要什么样的数据格式。例如，ARP 规定了 ARP 程序完成通过 IP 地址获得 MAC 地址的功能，规定了通过广播报文查询目标主机并由目标主机应答源主机的方法，还规定了 ARP 请求和 ARP 应答的报文格式。

ARP 程序在哪里呢？是由谁编写的呢？

主机中的 ARP 程序是操作系统的一部分。Windows2000、UNIX、Linux 等操作系统都有 ARP 程序。Windows2000 中的 ARP 程序是微软公司的工程师们编写的。

在 Windows2000 中，可以在命令行窗口中通过 ipconfig/all 命令查看本机 MAC 地址，通过 ARP -a 命令查看 ARP 表，如图 5-91 所示。

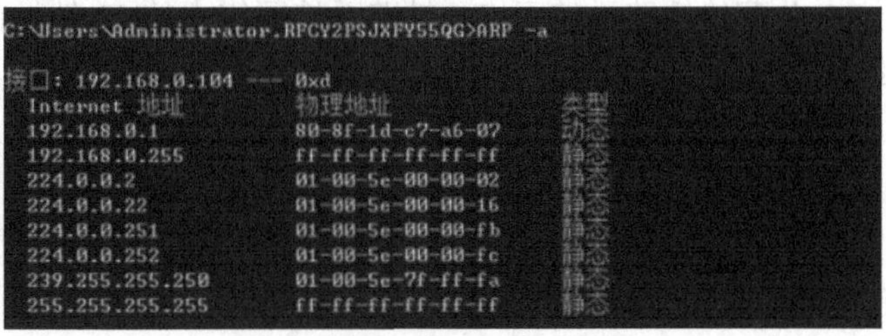

图 5-91　通过 ARP -a 命令查看 ARP 表

IP 地址是一个层次化的地址，既能表示主机的地址，也能表示该主机所在网络的网络地址。

图 5-92 所示为有 3 个 C 类地址的网络，即 192.168.10.0、192.168.11.0 和 192.168.12.0，该网络由路由器互联在一起，可以通过路由器交换数据。

C 类地址的前 3 个字节是网络地址。图 5-92 中，192.168.10.0、192.168.11.0 和 192.168.12.0 这 3 个 C 类地址的最后 1 个字节都是 0，这三个 C 类地址不表示任何主机，表示的是一个网络地址。

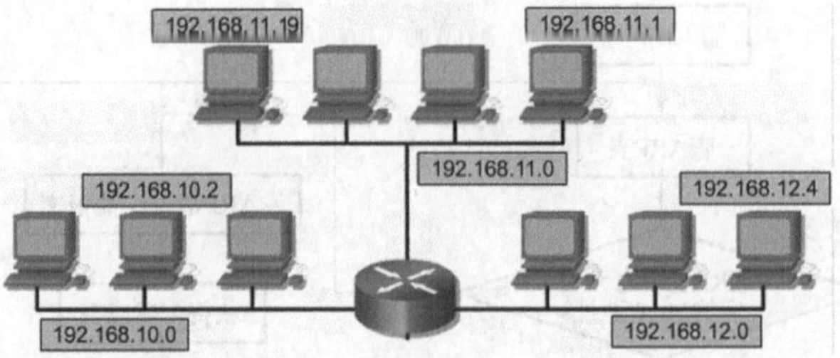

图 5-92 包含 3 个 C 类地址的网络

当主机 192.168.10.2 需要与主机 192.168.11.19 通信时，通过比较目标主机 IP 地址的网络地址，即可知道两台主机不在一个网段上。主机 192.168.10.2 与主机 192.168.11.19 的通信需要通过路由器才能实现。

每个网络都必须有自己的网络地址。事实上，在组网时，我们都是先获取网络地址，再用网络地址为该网络上的各台主机分配主机地址的。

如果某单位申请获得了一个 B 类地址，如 172.50.0.0，那么该单位网络中所有的主机地址都将在这个网络地址下分配，如 172.50.0.1、172.50.0.2、172.50.0.3 等。B 类地址的网络能容纳多少台主机呢？我们知道，B 类地址中的第 3、4 个字节用于主机地址，因此可以容纳的主机数量为 $2^{16}-2$，即 6 万多台主机。计算 IP 地址数量时需要减 2，是因为第 3、4 字节全为 0（如 172.50.0.0）或全为 1（172.50.255.255）的 B 类地址是用于网络回返测试或广播的，不能分配给主机。

您能想象 6 万多台主机在同一个网络内的情景吗？它们在同一个网络内共享媒介时的冲突，以及类似 ARP 请求之类的广播报文会让网络根本无法工作。因此，需要把网络进一步划分成更小的子网络，以便在子网络之间隔离媒介访问冲突和广播报文。

将一个大的网络划分成多个子网络的另外一个目的是满足网络管理和网络安全的需要。在组网时，通常会把财务部门和档案部门的网络与其他部门的网络分割开，进入财务部门、档案部门的数据应该受到限制。

假设将 172.50.0.0 分配给铁路系统网络，铁路系统网络中的 IP 地址的前 2 个字节都是 172.50，在组建网络时需要把铁路系统网络分成郑州机务段、济南机务段、长沙机务段等多个机构的子网络。这样的网络层次体系是任何一个大型网络所需要的。

郑州机务段、济南机务段、长沙机务段等机构的子网络的地址是什么呢？怎么才能让主机和路由器分清目标主机在哪个子网络中呢？这就需要给每个子网络分配 IP 地址。

常用的解决方法是将 IP 地址的主机地址的一些位用来作为子网编码。例如，在 172.50.0.0 中，用第 3 个字节来表示各个子网络，这样就可以用 172.50.1.0 表示郑州机务段的子网络，用 172.50.2.0 表示济南机务段的子网络等，于是 172.50.0.0 网络中就有 172.50.1.0、172.50.2.0、172.50.3.0 等子网络，如图 5-93 所示。

172.50.0.0	铁路系统机关子网络
172.50.1.0	郑州机务段子网络
172.50.2.0	济南机务段子网络
……	

→ 172.50.0.0铁路系统网络

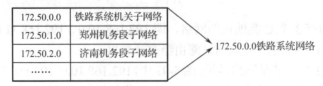

图 5-93 铁路系统各个机构的子网络地址

事实上，为了解决媒介访问冲突和广播风暴的问题，一个子网络超过 200 台主机的情况是很少的。在一个规划得比较好的网络中，每个子网络的主机数一般都不超过 80 个。

因此，划分子网络是网络设计与规划中的一项非常重要的工作。

为了给子网络分配地址，就需要挪用主机地址的编码位。在上面的例子中，我们挪用了 1 个字节。

我们再看看下面的例子：某小型企业申请了一个 C 类地址 202.33.150.0，准备根据市场部、生产部、车间、财务部分成 4 个子网络。现在需要从 C 类地址的主机地址中借用 2 位（2^2=4）来为 4 子网络编址。子网络的地址是：

市场部子网络的地址：202.33.150.00000000==202.33.150.0。

生产部子网络的地址：202.33.150.01000000==202.33.150.64。

车间子网络的地址：202.33.150.10000000==202.33.150.128。

财务部子网络的地址：202.33.150.11000000==202.33.150.192。

在上面的子网络地址中，用下画线表示我们从主机地址挪用的位。现在根据上面的设计，我们把 202.33.150.0、202.33.150.64、202.33.150.128 和 202.33.150.192 作为 4 个子网络的地址，而不是主机 IP 地址。可是，其他主机怎么知道这 4 个地址不是普通的主机地址呢？

我们需要设计一种辅助编码，用这个编码来告诉别人子网络地址是什么。这个编码就是掩码。一个子网络的掩码（子网掩码）是这样编排的：用 4 个字节的点分二进制数来表示时，其网络地址部分全置为 1，它的主机地址部分全置为 0。如上例的子网掩码为 11111111.11111111.11111111.11000000。通过子网掩码，我们就可以知道网络地址是 26 位的，而主机地址是 6 位的。

子网掩码在发布时并不是用点分二进制数来表示的，而是将点分二进制数表示的子网掩码翻译成与 IP 地址一样的用 4 个点分十进制数来。上面的子网掩码在发布时写为 255.255.255.192，11000000 对应的十进制数为 192。8 位二进制数转换为十进制数的简便方法是：把 8 位二进制数分为高 4 位和低 4 位两部分，用高 4 位对应的十进制数乘以 16 后加上低 4 位对应的十进制数。例如，将 11000000 拆成高 4 位和低 4 位两部分，即 1100 和 0000，1100 对应的十进制数为 12，12×16+0=192（低 4 位二进制数对应的十进制数为 0）。子网掩码通常和 IP 地址一起使用，用来说明 IP 地址所在的子网络的地址。子网掩码的使用如图 5-94 所示。

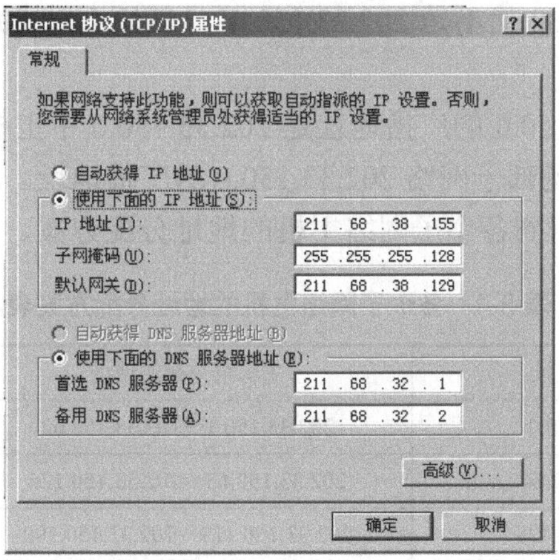

图 5-94　子网掩码的使用

图 5-94 给出了 Windows2000 的主机 IP 地址配置情况，图中的主机 IP 地址和子网掩码是 211.68.38.155 和 255.255.255.128，子网掩码 255.255.255.128 是主机 211.68.38.155 所在子网络的地址。

通过子网掩码 255.255.255.128 无法直接看出主机 211.68.38.155 是属于哪个子网络的，需要通过逻辑与运算来获得主机 211.68.38.155 所属子网络的网络地址，方法如下：

主机 211.68.38.155 对应的二进制数为 11010011.0100100.00100110.10011011，子网掩码 255.255.255.128 对应的二进制数为 11111111.11111111.11111111.10000000，对两个二进制数进行逻辑与运算，结果为 11010011.0100100.00100110.10000000，即 211.68.38.128。因此，我们可知主机 211.68.38.155 在网络 211.68.38.0 的子网络 211.68.38.128 上。

如果不知道子网掩码，仅通过主机 IP 地址 211.68.38.155，就只能知道该主机在网络 211.68.38.0 上，但不知道在哪个子网络上。

在计算子网掩码时，经常要进行二进制数与十进制数之间的转换。使用 Windows 的计算器可以轻松完成二者之间的转换，如图 5-95 所示。

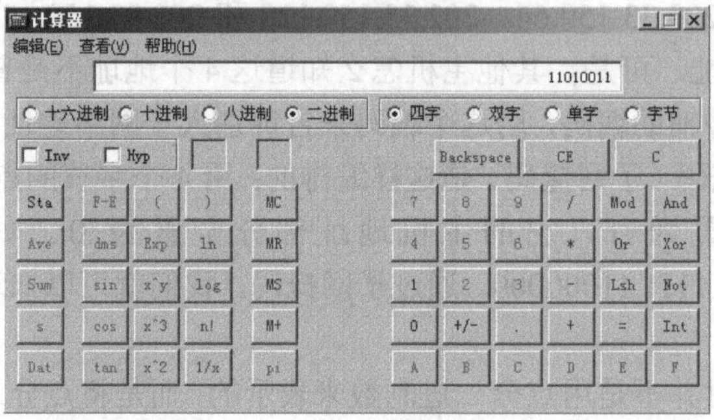

图 5-95 使用 Windows 的计算器完成二进制数与十进制数的转换

子网掩码在路由器设备上非常重要。路由器要从数据帧的 IP 报头中取出目标主机 IP 地址，通过对子网掩码和目标主机 IP 地址进行逻辑与操作，可以得到目标主机 IP 地址所在网络的地址。路由器是根据目标网络地址来工作的。

下面我们为市场部的主机分配 IP 地址。市场部子网络的地址是 202.33.150.0，第 1 台主机的 IP 地址为 202.33.150.1，第 2 台主机的 IP 地址为 202.33.150.2，依次类推。最后一台主机的 IP 地址是 202.33.150.62 而不是 202.33.150.63，其原因是 202.33.150.63 是 202.33.150.0 子网的广播地址。

市场部子网络 202.33.150.0 的广播地址是 202.33.150.0 中主机地址全为 1 时的地址，因此可知 202.33.150.63 是市场部子网络 202.33.150.0 的广播地址。

使用同样的方法可以得到各个子网络主机的地址分配方案，如表 5-4 所示。

表 5-4 各个子网络主机的地址分配方案表

子 网 络	子网络地址	主机可分配的地址	广 播 地 址
市场部子网络	202.33.150.0	202.33.150.1～202.33.150.62	202.33.150.63
生产部子网络	202.33.150.64	202.33.150.65～202.33.150.126	202.33.150.127
车间子网络	202.33.150.128	202.33.150.129～202.33.150.190	202.33.150.191
财务部子网络	202.33.150.192	202.33.150.193～202.33.150.254	202.33.150.255

每个子网络中可分配的主机地址数量是 $2^6-2=62$，减 2 的原因是需要减去网络回返测试地址和广播地址，这两个地址是不能分配给主机的。

所有子网络的子网掩码都是 255.255.255.192，各个主机在配置自己的 IP 地址时，要连同子网掩码 255.255.255.192 一起配置。

企业或者机关从 ISP 那里申请的 IP 地址是网络地址，如 179.130.0.0，企业或机关的网络管理员将在这个网络地址的基础上为本单位的主机分配 IP 地址。在为主机分配 IP 地址前，首先需要根据本单位的行政关系、网络拓扑结构划分网络，为各个子网络分配地址；然后才能在子网络地址的基础上为各个子网络中的主机分配 IP 地址。

从 ISP 那里申请的网络地址也称为主网地址，这是一个没有挪用主机地址位的网络地址，需要挪用主网地址中的主机地址位来为各个子网络编址。

下面我们通过一个示例来介绍完整的 IP 地址设计。

设某单位申请得到一个 C 类地址，即 200.210.95.0，需要将该单位的网络分为 6 个子网络。我们需要先为这 6 个子网络分配地址，然后计算子网掩码、各个子网络中主机 IP 地址的分配范围、可用 IP 地址数量和广播地址。

（1）计算需要挪用的主机地址位数。挪用 1 位主机地址可以得到 2^1（2）个子网络地址，挪用 2 位主机地址可以得到 2^2（4）个子网络地址，挪用 3 位主机地址可以得到 2^3（8）个子网络地址，因此本示例需要挪用 3 位主机地址。

（2）用二进制数为各个子网络分配地址。子网络 1 的地址为 200.210.95.00000000，子网络 2 的地址为 200.210.95.00100000，子网络 3 的地址为 200.210.95.01000000，子网络 4 的地址为 200.210.95.01100000，子网络 5 的地址为 200.210.95.10000000，子网络 6 的地址为 200.210.95.10100000，

（3）将用二进制数表示的子网络地址转换为十进制数的形式，使子网络地址成为能发布的地址。子网络 1 的地址为 200.210.95.0，子网络 2 的地址为 200.210.95.32，子网络 3 的地址为 200.210.95.64，子网络 4 的地址为 200.210.95.96，子网络 5 的地址为 200.210.95.128，子网络 6 的地址为 200.210.95.160。

（4）计算子网掩码。二进制的子网掩码为 11111111.11111111.11111111.11100000（下画线表示挪用的主机地址位），将其转换为十进制数的形式，成为对外发布的子网掩码，即 255.255.255.224。

（5）计算各个子网络的广播地址。先计算二进制数形式的子网络广播地址，然后将其转换成十进制数的形式。子网络 1 的广播地址为 200.210.95.00011111（200.210.95.31），子网络 2 的广播地址为 200.210.95.00111111（200.210.95.63），子网络 3 的广播地址为 200.210.95.01011111（200.210.95.95），子网络 4 的广播地址为 200.210.95.01111111（200.210.95.127），子网络 5 的广播地址为 200.210.95.10011111（200.210.95.159），子网络 6 的广播地址为 200.210.95.10111111（200.210.95.191）。

（6）列出各个子网络的主机 IP 地址的范围。子网络 1 的主机 IP 地址范围为 200.210.95.1～200.210.95.30，子网络 2 的主机 IP 地址范围为 200.210.95.33～200.210.95.62，子网络 3 的主机 IP 地址范围为 200.210.95.65～200.210.95.94，子网络 4 的主机 IP 地址范围为 200.210.95.97～200.210.95.126，子网络 5 的主机 IP 地址范围为 200.210.95.129～200.210.95.158，子网络 6 的主机 IP 地址范围为 200.210.95.161～200.210.95.190

每个子网络中的主机 IP 地址数量为 $2^5-2=30$，这是因为 C 类地址中主机地址被挪用了 3

位，还剩下5位可用，减2是因为子网络回送测试地址和子网络广播地址不能被分配给主机。

划分子网络会损失主机 IP 地址的数量。这是因为我们需要挪用一部分主机地址位来表示子网络地址、子网络广播地址。另外，连接各个子网络的路由器的每个接口也需要额外的 IP 地址。但是，为了网络的性能和管理的需要，我们不得不损失这些 IP 地址。

前期，子网络地址中是不允许使用全 0 和全 1 的地址，如不能使用 200.210.95.0，因为担心路由器分不清这是主网地址还是子网络地址。但近年来，为了节省 IP 地址，允许全 0 和全 1 的子网络地址。注意，主机地址仍然无法使用全 0 和全 1 的地址，全 0 和全 1 的地址被用于子网络地址和广播地址。

在实际的组网过程中，可以建立如表 5-5 和表 5-6 所示的表格，以便快速进行子网络的划分。

表 5-5 B 类地址的子网络划分

划分的子网络数量	网络地址位数/挪用主机地址位数	子 网 掩 码	每个子网络中可分配的 IP 地址数
2	17/1	255.255.128.0	32766
4	18/2	255.255.192.0	16382
8	19/3	255.255.224.0	8190
16	20/4	255.255.240.0	4094
32	21/5	255.255.248.0	2046
64	22/6	255.255.252.0	1022
128	23/7	255.255.254.0	510
256	24/8	255.255.255.0	254
512	25/9	255.255.255.128	126
1024	26/10	255.255.255.192	62
2048	27/11	255.255.255.224	30

表 5-6 C 地址的子网络划分表

划分的子网络数量	网络地址位数/挪用主机地址位数	子网掩码	每个子网络中可分配的 IP 地址数
2	25/1	255.255.255.128	126
4	26/2	255.255.255.192	62
8	27/3	255.255.255.224	30
16	28/4	255.255.255.240	14

在对企业、单位网络进行子网络划分的过程中，会遇到设计网络地址的问题。设计的核心是从 IP 地址的主机地址位中挪用部分位来为子网络编址，学会并理解本节介绍的方法，就可以很容易地进行子网络划分并创建子网络。

每台主机都需要配置 IP 地址，动态分配 IP 地址是指主机不用事先配置 IP 地址，在其启动时由网络中的 IP 地址分配服务器负责为其分配 IP 地址。当这台主机关闭后，IP 地址分配服务器将收回为其分配的 IP 地址。

常用的动态分配 IP 地址的协议有 3 个，即 RARP、BOOTP 和 DHCP，它们的工作原理基本相同。这里以 DHCP 为例来介绍动态分配 IP 地址的过程，如图 5-96 所示。

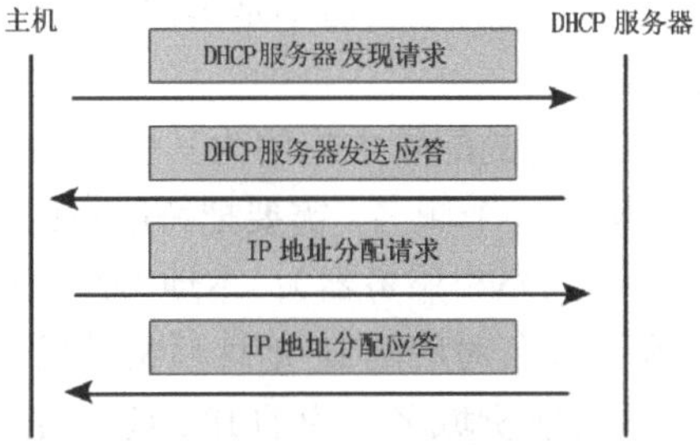

图 5-96　动态分配 IP 地址的过程

当一台主机开机后发现自己没有 IP 地址，就将启动 DHCP 程序，以动态获得 IP 地址。DHCP 程序首先发送 DHCP 服务器发现请求（广播），寻找网络中的 DHCP 服务器；其次，DHCP 服务器收到这个请求后，向请求主机发送应答（单播）；接着，请求主机这时就可以向 DHCP 服务器发送 IP 地址分配请求（单播）；最后，DHCP 服务器就可以在自己的 IP 地址池中取出一个 IP 地址，分配给请求主机。

由于用点分十进制数形式表示的 IP 地址不易记忆，因此使用域名服务（Domain Name Service，DNS）来为 WWW 服务器起一个域名。域名是一串字符、数字和点号，DNS 用来将域名转换成相应的 IP 地址。例如，电子工业出版社的域名是 www.phei.com.cn，通过 DNS 可解析出其 IP 地址。

网络寻址是通过 IP 地址、物理地址和端口地址完成的。为了把数据传输到目标主机，域名需要被翻译成为 IP 地址，供源主机封装在数据帧的报头中。负责将域名翻译成为 IP 地址的是域名服务器。为此我们需要在类似图 5-94 所示的界面中设置为自己服务的 DNS 服务器的 IP 地址。

需要注意的是，域名是某台主机的名字。我们知道 www.phei.com.cn 是电子工业出版社的域名，也应当把它理解成电子工业出版社中某台主机的名字。

域名是一个有层次的主机地址名，层次由“.”来划分。越在后面的部分，所在的层次越高。在 www.phei.com.cn 这个域名中，cn 代表中国，com 表示商业机构，phei 表示电子工业出版社。

域名的层次化不仅能使域名表示更多的信息，而且为域名解析带来了方便。域名解析是依靠一个大规模的数据库完成的。数据库中存放了大量域名与 IP 地址的对应记录。域名解析需要快速完成，层次化的结构可以在大规模的数据库中加快检索速度。

我国有自己的中文域名系统，为了追求名称简单、短小，采用了非层次结构，常用机构的简称来代替其完整名称。

常见的国家和地区域名有 cn（中国）、us（美国）、uk（英国）、jp（日本）等。

常见的机构域名有 com（商业机构）、edu（教育）、net（网络服务）、org（非营利性机构）、mil（军事机构）、gov（政府机构）等。

不带国家域名层的域名被称为顶级域名，顶级域名需要在美国注册。

在进行通信时，主机的应用程序不仅需要把数据交给 TCP 程序，还需要把目标端口地址、源端口地址和目标主机 IP 地址交给 TCP 程序。目标端口地址和源端口地址供 TCP 程序封装 TCP 报头使用，目标主机 IP 地址由 TCP 程序转交给 IP 程序，供 IP 程序封装 IP 报头使用。

如果 TCP 程序得到的是目标主机的域名而不是其 IP 地址，就需要调用 DNS 程序将目标主机的域名翻译成 IP 地址。

为了支持域名解析，需要在主机的配置中指明为其服务的 DNS 服务器。DNS 的工作原理如图 5-97 所示，主机 A 为了解析一个域名，需要把待解析的域名发送到该主机的 DNS 服务器（一般都为主机配置一个本地 DNS 服务器）；本地 DNS 服务器收到待解析的域名后，便查询自己的域名数据库，查到该域名对应的 IP 地址后将其发送给主机 A。如果在本地 DNS 服务器的域名数据库中无法找到待解析域名对应的 IP 地址，则将该域名交给上级 DNS 服务器解析，直到成功解析该域名为止。

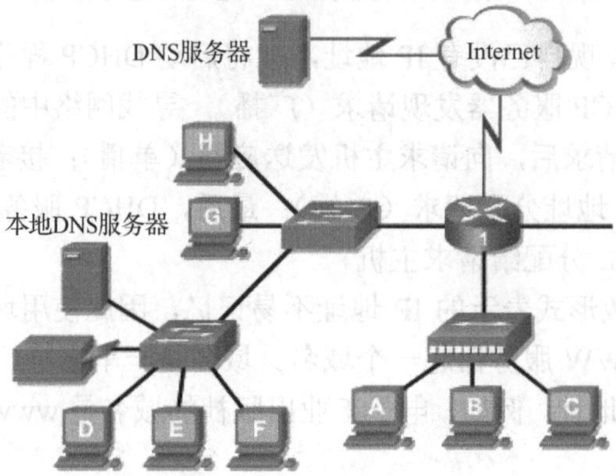

图 5-97　DNS 的工作原理

本地 DNS 服务器中的域名数据库可以从上级 DNS 服务器中下载，并得到上级 DNS 服务器的一种称为区域传输（Zone Transfer）的维护。本地 DNS 服务器可以添加本地化的域名解析。

5.5 课后练习

1．操作部分练习

（1）在配置 SW-1 时，需要双击 SW-1 进入________视图，关闭交换机的信息中心，将交换机命名为 SW-1。

（2）在创建 VLAN 时，需要将 Ethernet 接口类型设置为________，并划入 VLAN。

（3）在 SW-2 上创建 vlan 13 及 vlan 14，将 GE 0/0/1 接口的类型设置为________，并允许 vlan 13 和 vlan 14 的数据帧通过。

（4）在配置路由接口地址时，需要在路由器上配置________。

（5）通过 display interface 命令可显示路由器的接口信息，并从中查到接口的________。

（6）在跨路由器通信中，路由器会对数据帧进行解封装和________。

（7）数据帧从路由器的某个接口发出时，________是路由器出接口的 MAC 地址。

（8）________是路由表中相应的下一跳路由接口的 MAC 地址。

（9）在整个通信过程中，________和________始终保持不变，从而确保路由器在收到数据帧时，能够知道正确的目的地。

（10）在路由器 R-3 上，删除到达目标网络 192.168.64.0/22 的________，并保存配置，保存之后可以发现，Host-1 不能正常访问 Host-8。

2．基础知识部分练习

（1）A 类地址的第 1 个字节的取值范围为 1 到________。

（2）B 类地址的第 1 个字节的取值范围为________到 191。

（3）C 类地址的第 1 个字节的取值范围为 192 到________。

（4）一个 IP 地址分为两部分：网络地址和________。

（5）ARP 程序可以完成________功能。

（6）________是指主机不用事先配置 IP 地址，在其启动时由网络中的 IP 地址分配服务器负责为其分配 IP 地址。

（7）目标端口地址和________地址供 TCP 程序封装 TCP 报头使用。

（8）________由 TCP 程序转交给 IP 程序，供 IP 程序封装 IP 报头使用。

（9）主机为了支持________，需要在其配置中指明为其服务的 DNS 服务器。

（10）如果本地 DNS 服务器的域名数据库中无法找到待解析域名对应的 IP 地址，则将该域名交给________，直到完成该域名的解析为止。

项目 6
基于 DHCP 的 IP 地址配置与管理

6.1 典型应用场景

在完成校园网的规划及其组网后，校园网可以实现各部门间的寻址及其数据通信，但由于使用静态地址进行网络地址部署，使得连接校园网的主机配置工作非常烦琐，还不能有效利用有限的 IP 地址资源。为解决这个问题，小 A 计划采用动态主机配置协议（Dynamic Host Configuration Protocol，DHCP）对校园网的 IP 地址进行规划。本项目将基于 DHCP 的 IP 地址配置与管理分解为以下 4 个任务：

任务 6.1：部署校园网。

任务 6.2：部署 DHCP 服务器。

任务 6.3：在校园网中实现 DHCP 服务。

任务 6.4：DHCP 报文分析。

6.2 本项目实训目标

（1）熟悉部署校园网的过程。

（2）掌握部署 DHCP 服务器的过程。

（3）掌握在校园网中实现 DHCP 服务的技术要点。

（4）理解 DHCP 报文分析的过程。

6.3 实训过程

6.3.1 任务 6.1：部署校园网

（任务 6.1）

步骤 1：创建并保存网络拓扑

（1）双击桌面上的 eNSP 图标，进入 eNSP 界面，单击工具栏中的“”（新建拓扑）按钮创建网络拓扑，按照图 6-1 所示的配置说明构建网络拓扑。

序号	设备线路	设备类型	规格型号
1	Host-1～Host-8	用户主机	PC
2	SW-1～SW-4	交换机	S3700
3	RS-1～RS-5	三层交换机	S5700
4	R-1～R-3	路由器	—
5	L-1～L-12	双绞线	1000Base-T

图 6-1　任务 6.1 步骤 1 的操作示意图（一）

（2）构建网络拓扑后启动设备，如图 6-2 所示。

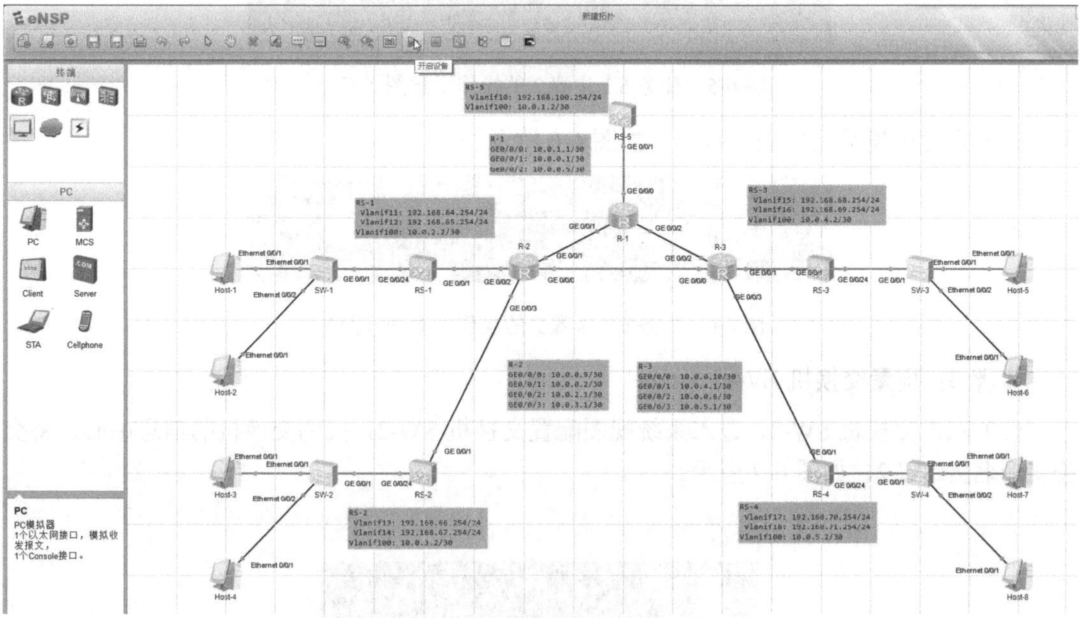

图 6-2　任务 6.1 步骤 1 的操作示意图（二）

步骤 2：配置交换机 SW-1

（1）双击交换机 SW-1，进入系统视图配置交换机 SW-1，关闭交换机的信息中心，将交换机命名为 SW-1，如图 6-3 所示。

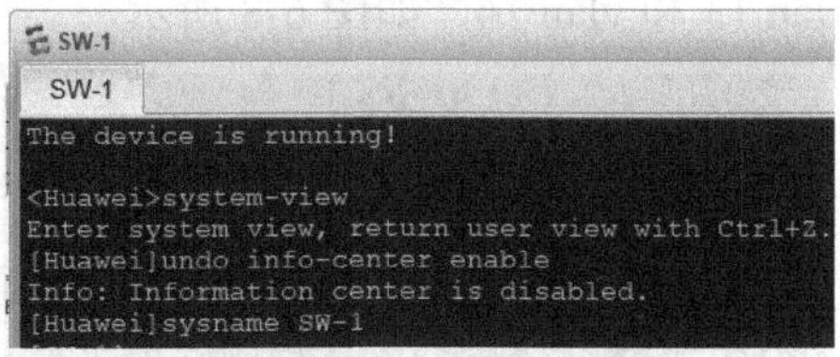

图 6-3　任务 6.1 步骤 2 的操作示意图（一）

（2）在 SW-1 上创建 vlan 11 与 vlan 12，将 Ethernet 0/0/1 和 Ethernet 0/0/2 接口的类型设置为 Access，并分别划入 vlan 11 和 vlan 12，如图 6-4 所示。

```
[SW-1]vlan batch 11 12
[illegible]
[SW-1]interface Ethernet0/0/1
[SW-1-Ethernet0/0/1]port link-type access
[SW-1-Ethernet0/0/1]port default vlan 11
[SW-1-Ethernet0/0/1]quit
[SW-1]interface Ethernet0/0/2
[SW-1-Ethernet0/0/2]port link-type access
[SW-1-Ethernet0/0/2]port default vlan 12
[SW-1-Ethernet0/0/2]quit
```

图 6-4 任务 6.1 步骤 2 的操作示意图（二）

（3）将 SW-1 连接 RS-1 的 GE 0/0/1 接口的类型设置为 Trunk，并允许 vlan 11 和 vlan 12 的数据帧通过，如图 6-5 所示。

```
[SW-1]interface GigabitEthernet0/0/1
[SW-1-GigabitEthernet0/0/1]port link-type trunk
[SW-1-GigabitEthernet0/0/1]port trunk allow-pass vlan 11 12
[SW-1-GigabitEthernet0/0/1]quit
[SW-1]quit
```

图 6-5 任务 6.1 步骤 2 的操作示意图（三）

（4）保存配置后退出系统视图，如图 6-6 所示。

```
<SW-1>save
The current configuration will be written to the device.
Are you sure to continue?[Y/N]y
Info: Please input the file name ( *.cfg, *.zip ) [vrpcfg.zip]:
Now saving the current configuration to the slot 0.
Save the configuration successfully.
```

图 6-6 任务 6.1 步骤 2 的操作示意图（四）

步骤 3：配置交换机 SW-2

（1）双击交换机 SW-2，进入系统视图配置交换机 SW-2，关闭交换机的信息中心，将交换机命名为 SW-2，如图 6-7 所示。

```
SW-2
SW-2
The device is running!

<Huawei>
<Huawei>system-view
Enter system view, return user view with Ctrl+Z.
[Huawei]undo info-center enable
Info: Information center is disabled.
[Huawei]sysname SW-2
```

图 6-7 任务 6.1 步骤 3 的操作示意图（一）

（2）在 SW-2 上创建 vlan 13 与 vlan 14，将 Ethernet 0/0/1 和 Ethernet 0/0/2 接口的类型设置为 Access，并分别划入 vlan 13 和 vlan 14，如图 6-8 所示。

```
[SW-2]vlan batch 13 14
Info: This operation may take a few seconds.
[SW-2]interface Ethernet0/0/1
[SW-2-Ethernet0/0/1]port link-type access
[SW-2-Ethernet0/0/1]port default vlan 13
[SW-2-Ethernet0/0/1]quit
[SW-2]interface Ethernet0/0/2
[SW-2-Ethernet0/0/2]port link-type access
[SW-2-Ethernet0/0/2]port default vlan 14
[SW-2-Ethernet0/0/2]quit
```

图 6-8 任务 6.1 步骤 3 的操作示意图（二）

（3）将 SW-2 连接 RS-2 的 GE 0/0/1 接口的类型设置为 Trunk，并允许 vlan 13 和 vlan 14 的数据帧通过，如图 6-9 所示。

```
[SW-2]interface GigabitEthernet0/0/1
[SW-2-GigabitEthernet0/0/1]port link-type trunk
[SW-2-GigabitEthernet0/0/1]port trunk allow-pass vlan 13 14
[SW-2-GigabitEthernet0/0/1]quit
[SW-2]quit
```

图 6-9　任务 6.1 步骤 3 的操作示意图（三）

（4）保存配置后退出系统视图，如图 6-10 所示。

```
<SW-2>save
The current configuration will be written to the device.
Are you sure to continue?[Y/N]y
Info: Please input the file name ( *.cfg, *.zip ) [vrpcfg.zip]:
Now saving the current configuration to the slot 0.
Save the configuration successfully.
```

图 6-10　任务 6.1 步骤 3 的操作示意图（四）

步骤 4：配置交换机 SW-3

（1）双击交换机 SW-3，进入系统视图配置交换机 SW-3，关闭交换机的信息中心，将交换机命名为 SW-3，如图 6-11 所示。

```
SW-3
SW-3
<Huawei>
<Huawei>system-view
Enter system view, return user view with Ctrl+Z.
[Huawei]undo info-center enable
Info: Information center is disabled.
[Huawei]sysname SW-3
```

图 6-11　任务 6.1 步骤 4 的操作示意图（一）

（2）在 SW-3 上创建 vlan 15 与 vlan 16，将 Ethernet 0/0/1 和 Ethernet 0/0/2 接口的类型设置为 Access，并分别划入 vlan 15 和 vlan 16，如图 6-12 所示。

```
[SW-3]vlan batch 15 16
Info: This operation may take a few seconds.
[SW-3]interface Ethernet0/0/1
[SW-3-Ethernet0/0/1]port link-type access
[SW-3-Ethernet0/0/1]port default vlan 15
[SW-3-Ethernet0/0/1]quit
[SW-3]interface Ethernet0/0/2
[SW-3-Ethernet0/0/2]port link-type access
[SW-3-Ethernet0/0/2]port default vlan 16
[SW-3-Ethernet0/0/2]quit
```

图 6-12　任务 6.1 步骤 4 的操作示意图（二）

（3）将 SW-3 连接 RS-3 的 GE 0/0/1 接口的类型设置为 Trunk，并允许 vlan 15 和 vlan 16 的数据帧通过，如图 6-13 所示。

```
[SW-3]interface GigabitEthernet0/0/1
[SW-3-GigabitEthernet0/0/1]port link-type trunk
[SW-3-GigabitEthernet0/0/1]port trunk allow-pass vlan 15 16
[SW-3-GigabitEthernet0/0/1]quit
[SW-3]quit
```

图 6-13　任务 6.1 步骤 4 的操作示意图（三）

（4）保存配置后退出系统视图，如图 6-14 所示。

```
<SW-3>save
The current configuration will be written to the device.
Are you sure to continue?[Y/N]y
Info: Please input the file name ( *.cfg, *.zip ) [vrpcfg.zip]:
Now saving the current configuration to the slot 0.
Save the configuration successfully.
<SW-3>
```

图 6-14　任务 6.1 步骤 4 的操作示意图（四）

步骤 5：配置交换机 SW-4

（1）双击交换机 SW-4，进入系统视图配置交换机 SW-4，关闭交换机的信息中心，将交换机命名为 SW-4，如图 6-15 所示。

```
SW-4
Enter system view, return user view with Ctrl+Z.
[Huawei]undo info-center enable
Info: Information center is disabled.
[Huawei]sysname SW-4
```

图 6-15　任务 6.1 步骤 5 的操作示意图（一）

（2）在 SW-4 上创建 vlan 17 与 vlan 18，将 Ethernet 0/0/1 和 Ethernet 0/0/2 接口的类型设置为 Access，并分别划入 vlan 17 和 vlan 18，如图 6-16 所示。

```
[SW-4]vlan batch 17 18
Info: This operation may take a few seconds.
[SW-4]interface Ethernet0/0/1
[SW-4-Ethernet0/0/1]port link-type access
[SW-4-Ethernet0/0/1]port default vlan 17
[SW-4-Ethernet0/0/1]quit
[SW-4]interface Ethernet0/0/2
[SW-4-Ethernet0/0/2]port link-type access
[SW-4-Ethernet0/0/2]port default vlan 18
[SW-4-Ethernet0/0/2]quit
```

图 6-16　任务 6.1 步骤 5 的操作示意图（二）

（3）将 SW-4 连接 RS-4 的 GE 0/0/1 接口的类型设置为 Trunk，并允许 vlan 17 和 vlan 18 的数据帧通过，如图 6-17 所示。

```
[SW-4]interface GigabitEthernet0/0/1
[SW-4-GigabitEthernet0/0/1]port link-type trunk
[SW-4-GigabitEthernet0/0/1]port trunk allow-pass vlan 17 18
[SW-4-GigabitEthernet0/0/1]quit
[SW-4]quit
```

图 6-17　任务 6.1 步骤 5 的操作示意图（三）

（4）保存配置后退出系统视图，如图 6-18 所示。

```
<SW-4>save
The current configuration will be written to the device.
Are you sure to continue?[Y/N]y
Info: Please input the file name ( *.cfg, *.zip ) [vrpcfg.zip]:
Now saving the current configuration to the slot 0.
Save the configuration successfully.
<SW-4>
```

图 6-18　任务 6.1 步骤 5 的操作示意图（四）

步骤 6：配置三层交换机 RS-1

（1）双击 RS-1，进入系统视图配置 RS-1，关闭三层交换机的信息中心，将三层交换机命名为 RS-1，如图 6-19 所示。

```
RS-1
The device is running!

<Huawei>system-view
Enter system view, return user view with Ctrl+Z.
[Huawei]undo info-center enable
Info: Information center is disabled.
[Huawei]sysname RS-1
```

图 6-19　任务 6.1 步骤 6 的操作示意图（一）

（2）在 RS-1 上创建 vlan 11、vlan 12 和 vlan 100，创建虚拟接口 vlanif 11、vlanif 12、vlanif

100 并为其配置 IP 地址，如图 6-20 所示。

```
[RS-1]vlan batch 11 12 100
Info: This operation may take a few seconds.
[RS-1]interface vlanif 11
[RS-1-Vlanif11]ip address 192.168.64.254 24
[RS-1-Vlanif11]quit
[RS-1]interface vlanif 12
[RS-1-Vlanif12]ip address 192.168.65.254 24
[RS-1-Vlanif12]quit
[RS-1]interface vlanif 13
Error: The VLAN does not exist.
[RS-1]interface vlanif 100
[RS-1-Vlanif100]ip address 10.0.2.2 30
[RS-1-Vlanif100]quit
```

图 6-20　任务 6.1 步骤 6 的操作示意图（二）

（3）将连接 R-2 的 GE 0/0/1 接口的类型设置为 Access，将连接 SW-1 的 GE 0/0/24 接口的类型设置为 Trunk，如图 6-21 所示。

```
[RS-1]interface GigabitEthernet0/0/1
[RS-1-GigabitEthernet0/0/1]port link-type access
[RS-1-GigabitEthernet0/0/1]port default vlan 100
[RS-1-GigabitEthernet0/0/1]quit
[RS-1]interface GigabitEthernet0/0/24
[RS-1-GigabitEthernet0/0/24]port link-type trunk
[RS-1-GigabitEthernet0/0/24]port trunk allow-pass vlan 11 12
[RS-1-GigabitEthernet0/0/24]quit
```

图 6-21　任务 6.1 步骤 6 的操作示意图（三）

（4）开启 OSPF 进程，此处为 area 1（区域 1），宣告当前区域中的直连网络，注意需要配置子网掩码，如图 6-22 所示。

```
[RS-1]ospf 1
[RS-1-ospf-1]area 1
[RS-1-ospf-1-area-0.0.0.1]network 192.168.64.0 0.0.0.255
[RS-1-ospf-1-area-0.0.0.1]network 192.168.65.0 0.0.0.255
[RS-1-ospf-1-area-0.0.0.1]network 10.0.2.0 0.0.0.3
[RS-1-ospf-1-area-0.0.0.1]quit
[RS-1-ospf-1]quit
[RS-1]quit
```

图 6-22　任务 6.1 步骤 6 的操作示意图（四）

（5）保存当前配置后退出系统视图，如图 6-23 所示。

```
<RS-1>save
The current configuration will be written to the device.
Are you sure to continue?[Y/N]y
Info: Please input the file name ( *.cfg, *.zip ) [vrpcfg.zip]:
Now saving the current configuration to the slot 0.
Save the configuration successfully.
<RS-1>
```

图 6-23　任务 6.1 步骤 6 的操作示意图（五）

步骤 7：配置三层交换机 RS-2

（1）双击 RS-2，进入系统视图配置 RS-2，关闭三层交换机的信息中心，将三层交换机命名为 RS-2，如图 6-24 所示。

```
RS-2
RS-2
The device is running!

<Huawei>
<Huawei>system-view
Enter system view, return user view with Ctrl+Z.
[Huawei]undo info-center enable
Info: Information center is disabled.
[Huawei]sysname RS-2
```

图 6-24　任务 6.1 步骤 7 的操作示意图（一）

（2）在 RS-2 上创建 vlan 13、vlan 14 和 vlan 100，创建虚拟接口 vlanif 13、vlanif 14、vlanif 100 并为其配置 IP 地址，如图 6-25 所示。

```
[RS-2]vlan batch 13 14 100
Info: This operation may take a few seconds.
[RS-2]interface vlanif 13
[RS-2-Vlanif13]ip address 192.168.66.254 24
[RS-2-Vlanif13]quit
[RS-2]interface vlanif 14
[RS-2-Vlanif14]ip address 192.168.67.254 24
[RS-2-Vlanif14]quit
[RS-2]interface vlanif 100
[RS-2-Vlanif100]ip address 10.0.3.2 30
[RS-2-Vlanif100]quit
```

图 6-25　任务 6.1 步骤 7 的操作示意图（二）

（3）将连接 R-2 的 GE 0/0/1 接口的类型设置为 Access，将连接 SW-2 的 GE 0/0/24 接口的类型设置为 Trunk，如图 6-26 所示。

```
[RS-2]interface GigabitEthernet0/0/1
[RS-2-GigabitEthernet0/0/1]port link-type access
[RS-2-GigabitEthernet0/0/1]port default vlan 100
[RS-2-GigabitEthernet0/0/1]quit
[RS-2]interface GigabitEthernet0/0/24
[RS-2-GigabitEthernet0/0/24]port link-type trunk
[RS-2-GigabitEthernet0/0/24]port trunk allow-pass vlan 13 14
[RS-2-GigabitEthernet0/0/24]quit
```

图 6-26　任务 6.1 步骤 7 的操作示意图（三）

（4）开启 OSPF 进程，此处为 area 1（区域 1），宣告当前区域中的直连网络，注意需要配置子网掩码，如图 6-27 所示。

```
[RS-2]ospf 1
[RS-2-ospf-1]area 1
[RS-2-ospf-1-area-0.0.0.1]network 192.168.66.0 0.0.0.255
[RS-2-ospf-1-area-0.0.0.1]network 192.168.67.0 0.0.0.255
[RS-2-ospf-1-area-0.0.0.1]network 10.0.3.0 0.0.0.3
[RS-2-ospf-1-area-0.0.0.1]quit
[RS-2-ospf-1]quit
[RS-2]quit
```

图 6-27　任务 6.1 步骤 7 的操作示意图（四）

（5）保存当前配置后退出系统视图，如图 6-28 所示。

```
<RS-2>save
The current configuration will be written to the device.
Are you sure to continue?[Y/N]y
Info: Please input the file name ( *.cfg, *.zip ) [vrpcfg.zip]:
Now saving the current configuration to the slot 0.
Save the configuration successfully.
```

图 6-28　任务 6.1 步骤 7 的操作示意图（五）

步骤 8：配置三层交换机 RS-3

（1）双击 RS-3，进入系统视图配置 RS-3，关闭三层交换机的信息中心，将三层交换机命名为 RS-3，如图 6-29 所示。

```
RS-3
RS-3
The device is running!

<Huawei>system-view
Enter system view, return user view with Ctrl+Z.
[Huawei]undo info-center enable
Info: Information center is disabled.
[Huawei]sysname RS-3
```

图 6-29　任务 6.1 步骤 8 的操作示意图（一）

(2)在 RS-3 上创建 vlan 15、vlan 16 和 vlan 100，创建虚拟接口 vlanif 15、vlanif 16、vlanif 100 并为其配置 IP 地址，如图 6-30 所示。

```
[RS-3]vlan batch 15 16 100
Info: This operation may take a few seconds.
[RS-3]interface vlanif 15
[RS-3-Vlanif15]ip address 192.168.68.254 24
[RS-3-Vlanif15]quit
[RS-3]interface vlanif 16
[RS-3-Vlanif16]ip address 192.168.69.254 24
[RS-3-Vlanif16]quit
[RS-3]interface vlanif 100
[RS-3-Vlanif100]ip address 10.0.4.2 30
[RS-3-Vlanif100]quit
```

图 6-30　任务 6.1 步骤 8 的操作示意图（二）

（3）将连接 R-3 的 GE 0/0/1 接口的类型设置为 Access，将连接 SW-3 的 GE 0/0/24 接口的类型设置为 Trunk，如图 6-31 所示。

```
[RS-3]interface GigabitEthernet0/0/1
[RS-3-GigabitEthernet0/0/1]port link-type access
[RS-3-GigabitEthernet0/0/1]port default vlan 100
[RS-3-GigabitEthernet0/0/1]quit
[RS-3]interface GigabitEthernet0/0/24
[RS-3-GigabitEthernet0/0/24]port link-type trunk
[RS-3-GigabitEthernet0/0/24]port trunk allow-pass vlan 15 16
[RS-3-GigabitEthernet0/0/24]quit
```

图 6-31　任务 6.1 步骤 8 的操作示意图（三）

（4）开启 OSPF 进程，此处为 area 2（区域 2），宣告当前区域中的直连网络，注意需要配置子网掩码，如图 6-32 所示。

```
[RS-3]ospf 1
[RS-3-ospf-1]area 2
[RS-3-ospf-1-area-0.0.0.2]network 192.168.68.0 0.0.0.255
[RS-3-ospf-1-area-0.0.0.2]network 192.168.69.0 0.0.0.255
[RS-3-ospf-1-area-0.0.0.2]network 10.0.4.0 0.0.0.3
[RS-3-ospf-1-area-0.0.0.2]quit
[RS-3-ospf-1]quit
[RS-3]quit
```

图 6-32　任务 6.1 步骤 8 的操作示意图（四）

（5）保存当前配置后退出系统视图，如图 6-33 所示。

```
<RS-3>save
The current configuration will be written to the device.
Are you sure to continue?[Y/N]y
Info: Please input the file name ( *.cfg, *.zip ) [vrpcfg.zip]:
Now saving the current configuration to the slot 0.
Save the configuration successfully.
```

图 6-33　任务 6.1 步骤 8 的操作示意图（五）

步骤 9：配置三层交换机 RS-4

（1）双击 RS-4，进入系统视图配置 RS-4，关闭三层交换机的信息中心，将三层交换机命名为 RS-4，如图 6-34 所示。

```
RS-4
RS-4
The device is running!

<Huawei>system-view
Enter system view, return user view with Ctrl+Z.
[Huawei]undo info-center enable
Info: Information center is disabled.
[Huawei]sysname RS-4
```

图 6-34　任务 6.1 步骤 9 的操作示意图（一）

（2）在 RS-4 上创建 vlan 17、vlan 18 和 vlan 100，创建虚拟接口 vlanif 17、vlanif 18、vlanif 100 并为其配置 IP 地址，如图 6-35 所示。

```
[RS-4]vlan batch 17 18 100
Info: This operation may take a few seconds.
[RS-4]interface vlanif 17
[RS-4-Vlanif17]ip address 192.168.70.254 24
[RS-4-Vlanif17]quit
[RS-4]interface vlanif 18
[RS-4-Vlanif18]ip address 192.168.71.254 24
[RS-4-Vlanif18]quit
[RS-4]interface vlanif 100
[RS-4-Vlanif100]ip address 10.0.5.2 30
[RS-4-Vlanif100]quit
```

图 6-35　任务 6.1 步骤 9 的操作示意图（二）

（3）将连接 R-3 的 GE 0/0/1 接口的类型设置为 Access，将连接 SW-4 的 GE 0/0/24 接口的类型设置为 Trunk，如图 6-36 所示。

```
[RS-4]interface GigabitEthernet0/0/1
[RS-4-GigabitEthernet0/0/1]port link-type access
[RS-4-GigabitEthernet0/0/1]port default vlan 100
[RS-4-GigabitEthernet0/0/1]quit
[RS-4]interface GigabitEthernet0/0/24
[RS-4-GigabitEthernet0/0/24]port link-type trunk
[RS-4-GigabitEthernet0/0/24]port trunk allow-pass vlan 17
[RS-4-GigabitEthernet0/0/24]quit
```

图 6-36　任务 6.1 步骤 9 的操作示意图（三）

（4）开启 OSPF 进程，此处为 area 2（区域 2），宣告当前区域中的直连网络，注意需要配置子网掩码，如图 6-37 所示。

```
[RS-4]ospf 1
[RS-4-ospf-1]area 2
[RS-4-ospf-1-area-0.0.0.2]network 192.168.70.0 0.0.0.255
[RS-4-ospf-1-area-0.0.0.2]network 192.168.71.0 0.0.0.255
[RS-4-ospf-1-area-0.0.0.2]network 10.0.5.0 0.0.0.3
[RS-4-ospf-1-area-0.0.0.2]quit
[RS-4-ospf-1]quit
[RS-4]quit
```

图 6-37　任务 6.1 步骤 9 的操作示意图（四）

（5）保存当前配置后退出系统视图，如图 6-38 所示。

```
<RS-4>save
The current configuration will be written to the device.
Are you sure to continue?[Y/N]y
Info: Please input the file name ( *.cfg, *.zip ) [vrpcfg.zip]:
Now saving the current configuration to the slot 0.
Save the configuration successfully.
<RS-4>
```

图 6-38　任务 6.1 步骤 9 的操作示意图（五）

步骤 10：配置三层交换机 RS-5

（1）双击 RS-5，进入系统视图配置 RS-5，关闭三层交换机的信息中心，将三层交换机命名为 RS-5，如图 6-39 所示。

```
RS-5
RS-5
The device is running!

<Huawei>
<Huawei>system-view
Enter system view, return user view with Ctrl+Z.
[Huawei]undo info-center enable
Info: Information center is disabled.
[Huawei]sysname RS-5
```

图 6-39　任务 6.1 步骤 10 的操作示意图（一）

（2）在 RS-5 上 vlanif 10、vlanif 100 并为其配置 IP 地址，如图 6-40 所示。

```
[RS-5]vlan 100
[RS-5-vlan100]interface vlanif 100
[RS-5-Vlanif100]ip address 10.0.1.2 30
[RS-5-Vlanif100]quit
[RS-5]vlan 10
[RS-5-vlan10]quit
[RS-5]interface vlanif 10
[RS-5-Vlanif10]ip address 192.168.100.254 24
[RS-5-Vlanif10]quit
```

图 6-40　任务 6.1 步骤 10 的操作示意图（二）

（3）将连接 R-1 的 GE 0/0/1 接口的类型设置为 Access，如图 6-41 所示。

```
[RS-5]interface GigabitEthernet0/0/2
[RS-5-GigabitEthernet0/0/2]port link-type access
[RS-5-GigabitEthernet0/0/2]port default vlan 10
[RS-5-GigabitEthernet0/0/2]quit
[RS-5]interface GigabitEthernet0/0/1
[RS-5-GigabitEthernet0/0/1]port link-type access
[RS-5-GigabitEthernet0/0/1]port default vlan 100
[RS-5-GigabitEthernet0/0/1]quit
```

图 6-41　任务 6.1 步骤 10 的操作示意图（三）

（4）开启 OSPF 进程，此处为 area 3（区域 3），宣告当前区域中的直连网络，注意需要配置子网掩码，如图 6-42 所示。

```
[RS-5]ospf 1
[RS-5-ospf-1]area 3
[RS-5-ospf-1-area-0.0.0.3]network 10.0.1.0 0.0.0.3
[RS-5-ospf-1-area-0.0.0.3]network 192.168.100.0 0.0.0.255
[RS-5-ospf-1-area-0.0.0.3]quit
[RS-5-ospf-1]quit
[RS-5]quit
```

图 6-42　任务 6.1 步骤 10 的操作示意图（四）

（5）保存当前配置后退出系统视图，如图 6-43 所示。

```
<RS-5>save
The current configuration will be written to the device.
Are you sure to continue?[Y/N]y
Info: Please input the file name ( *.cfg, *.zip ) [vrpcfg.zip]:
Now saving the current configuration to the slot 0.
Save the configuration successfully.
<RS-5>
```

图 6-43　任务 6.1 步骤 10 的操作示意图（五）

步骤 11：配置路由器 R-1

（1）双击 R-1，进入系统视图配置 R-1，将路由器命名为 R-1，如图 6-44 所示。

```
R-1
R-1
The device is running!

<Huawei>system-view
Enter system view, return user view with Ctrl+Z.
[Huawei]undo info-center enable
Info: Information center is disabled.
[Huawei]sysname R-1
```

图 6-44　任务 6.1 步骤 11 的操作示意图（一）

（2）配置各接口的 IP 地址，如图 6-45 所示。

```
[R-1]interface GigabitEthernet0/0/0
[R-1-GigabitEthernet0/0/0]ip address 10.0.1.1 30
[R-1-GigabitEthernet0/0/0]quit
[R-1]interface GigabitEthernet0/0/1
[R-1-GigabitEthernet0/0/1]ip address 10.0.0.1 30
[R-1-GigabitEthernet0/0/1]quit
[R-1]interface Gigabit
                      ^
Error:Incomplete command found at '^' position.
[R-1]interface GigabitEthernet0/0/2
[R-1-GigabitEthernet0/0/2]ip address 10.0.0.5 30
[R-1-GigabitEthernet0/0/2]quit
```

图 6-45 任务 6.1 步骤 11 的操作示意图（二）

（3）开启 OSPF 进程，并分别创建 area 0（区域 0）与 area 3（区域 3），宣告当前区域中的直连网络，注意需要配置子网掩码，如图 6-46 所示。

```
[R-1]ospf 1
[R-1-ospf-1]area 0
[R-1-ospf-1-area-0.0.0.0]network 10.0.0.0 0.0.0.3
[R-1-ospf-1-area-0.0.0.0]network 10.0.0.4 0.0.0.3
[R-1-ospf-1-area-0.0.0.0]quit
[R-1-ospf-1]area 3
[R-1-ospf-1-area-0.0.0.3]network 10.0.1.0 0.0.0.3
[R-1-ospf-1-area-0.0.0.3]quit
[R-1-ospf-1]quit
[R-1]quit
```

图 6-46 任务 6.1 步骤 11 的操作示意图（三）

（4）保存配置后退出系统视图，如图 6-47 所示。

```
<R-1>save
The current configuration will be written to the device.
Are you sure to continue?[Y/N]y
Info: Please input the file name ( *.cfg, *.zip ) [vrpcfg.zip]:
Now saving the current configuration to the slot 17.
Save the configuration successfully.
```

图 6-47 任务 6.1 步骤 11 的操作示意图（四）

步骤 12：配置路由器 R-2

（1）双击 R-2，进入系统视图配置 R-2，将路由器命名为 R-2，如图 6-48 所示。

```
R-2
R-2
The device is running!

<Huawei>system-view
Enter system view, return user view with Ctrl+Z.
[Huawei]undo info-center enable
Info: Information center is disabled.
[Huawei]sysname R-2
```

图 6-48 任务 6.1 步骤 12 的操作示意图（一）

（2）配置各接口的 IP 地址，如图 6-49 所示。

```
[R-2]interface GigabitEthernet0/0/0
[R-2-GigabitEthernet0/0/0]ip address 10.0.0.9 30
[R-2-GigabitEthernet0/0/0]quit
[R-2]interface GigabitEthernet0/0/1
[R-2-GigabitEthernet0/0/1]ip address 10.0.0.2 30
[R-2-GigabitEthernet0/0/1]quit
[R-2]interface GigabitEthernet0/0/2
[R-2-GigabitEthernet0/0/2]ip address 10.0.2.1 30
[R-2-GigabitEthernet0/0/2]quit
[R-2]interface GigabitEthernet0/0/3
[R-2-GigabitEthernet0/0/3]ip address 10.0.3.1 30
[R-2-GigabitEthernet0/0/3]quit
```

图 6-49 任务 6.1 步骤 12 的操作示意图（二）

（3）开启 OSPF 进程，并分别创建 area 0（区域 0）与 area 1（区域 1），宣告当前区域中的直连网络，注意需要配置子网掩码，如图 6-50 所示。

```
[R-2]ospf 1
[R-2-ospf-1]area 0
[R-2-ospf-1-area-0.0.0.0]network 10.0.0.0 0.0.0.3
[R-2-ospf-1-area-0.0.0.0]network 10.0.0.8 0.0.0.3
[R-2-ospf-1-area-0.0.0.0]quit
[R-2-ospf-1]area 1
[R-2-ospf-1-area-0.0.0.1]network 10.0.2.0 0.0.0.3
[R-2-ospf-1-area-0.0.0.1]network 10.0.3.0 0.0.0.3
[R-2-ospf-1-area-0.0.0.1]quit
[R-2-ospf-1]quit
[R-2]quit
```

图 6-50　任务 6.1 步骤 12 的操作示意图（三）

（4）保存配置后退出系统视图，如图 6-51 所示。

```
<R-2>save
The current configuration will be written to the device.
Are you sure to continue?[Y/N]y
Info: Please input the file name ( *.cfg, *.zip ) [vrpcfg.zip]:
Now saving the current configuration to the slot 17.
Save the configuration successfully.
<R-2>
```

图 6-51　任务 6.1 步骤 12 的操作示意图（四）

步骤 13：配置路由器 R-3

（1）双击 R-3，进入系统视图配置 R-3，将路由器命名为 R-3，如图 6-52 所示。

```
R-3
R-3
The device is running!

<Huawei>
<Huawei>system-view
Enter system view, return user view with Ctrl+Z.
[Huawei]undo info-center enable
Info: Information center is disabled.
[Huawei]sysname R-3
```

图 6-52　任务 6.1 步骤 13 的操作示意图（一）

（2）配置各接口的 IP 地址，如图 6-53 所示。

```
[R-3]interface GigabitEthernet0/0/0
[R-3-GigabitEthernet0/0/0]ip address 10.0.0.10 30
[R-3-GigabitEthernet0/0/0]quit
[R-3]interface GigabitEthernet0/0/1
[R-3-GigabitEthernet0/0/1]ip address 10.0.4.1 30
[R-3-GigabitEthernet0/0/1]quit
[R-3]interface GigabitEthernet0/0/2
[R-3-GigabitEthernet0/0/2]ip address 10.0.0.6 30
[R-3-GigabitEthernet0/0/2]quit
[R-3]interface GigabitEthernet0/0/3
[R-3-GigabitEthernet0/0/3]ip address 10.0.5.1 30
[R-3-GigabitEthernet0/0/3]quit
```

图 6-53　任务 6.1 步骤 13 的操作示意图（二）

（3）开启 OSPF 进程，并分别创建 area 0（区域 0）与 area 2（区域 2），宣告当前区域中的直连网络，注意需要配置子网掩码，如图 6-54 所示。

```
[R-3]ospf 1
[R-3-ospf-1]area 0
[R-3-ospf-1-area-0.0.0.0]network 10.0.0.4 0.0.0.3
[R-3-ospf-1-area-0.0.0.0]network 10.0.0.8 0.0.0.3
[R-3-ospf-1-area-0.0.0.0]quit
[R-3-ospf-1]area 2
[R-3-ospf-1-area-0.0.0.2]network 10.0.4.0 0.0.0.3
[R-3-ospf-1-area-0.0.0.2]network 10.0.5.0 0.0.0.3
[R-3-ospf-1-area-0.0.0.2]quit
[R-3-ospf-1]quit
[R-3]quit
```

图 6-54　任务 6.1 步骤 13 的操作示意图（三）

（1）保存配置后退出系统视图，如图 6 55 所示。

```
<R-3>save
The current configuration will be written to the device.
Are you sure to continue?[Y/N]y
Info: Please input the file name ( *.cfg, *.zip ) [vrpcfg.zip]:
Now saving the current configuration to the slot 17.
Save the configuration successfully.
<R-3>
```

图 6-55　任务 6.1 步骤 13 的操作示意图（四）

步骤 14：启用 DHCP 服务

依次打开 Host-1～Host-8 的系统视图，在“IPv4 配置”中选择“DHCP”，如图 6-56 到图 6-63 所示。

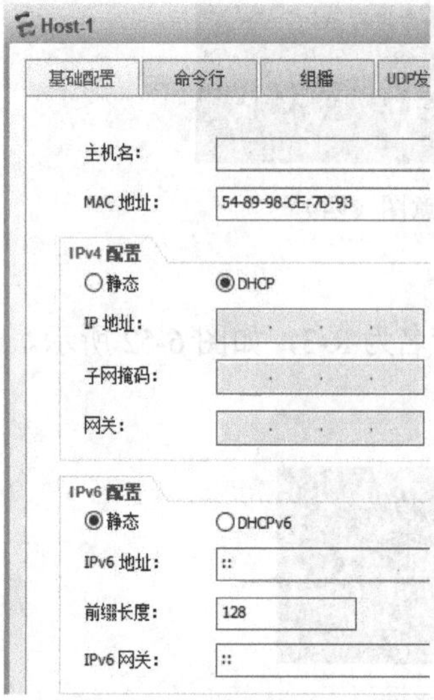

图 6-56　任务 6.1 步骤 14 的操作示意图（一）

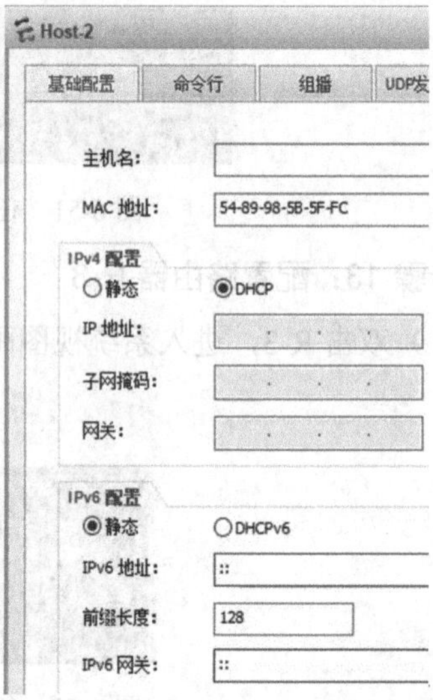

图 6-57　任务 6.1 步骤 14 的操作示意图（二）

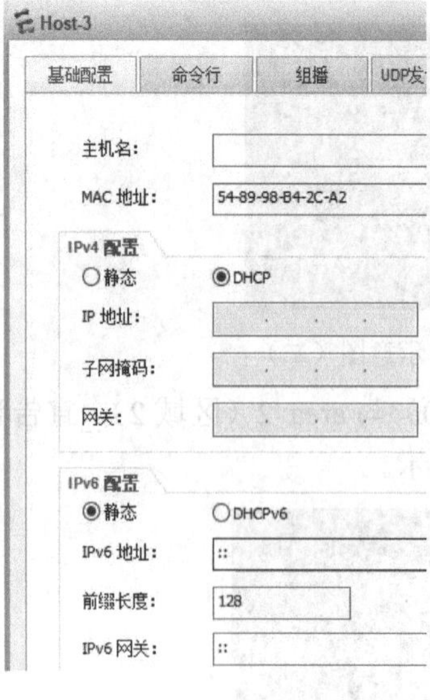

图 6-58　任务 6.1 步骤 14 的操作示意图（三）

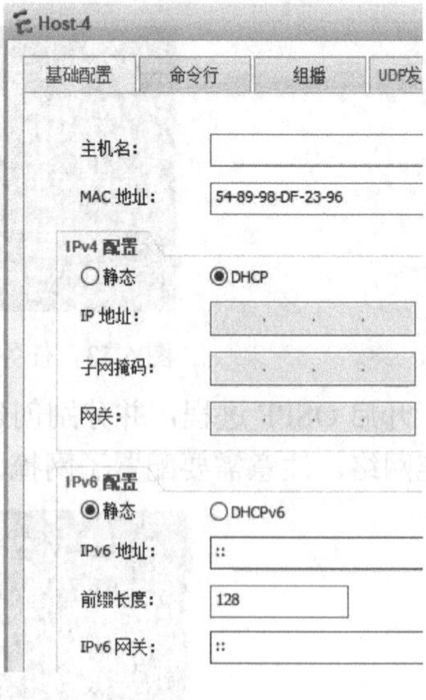

图 6-59　任务 6.1 步骤 14 的操作示意图（四）

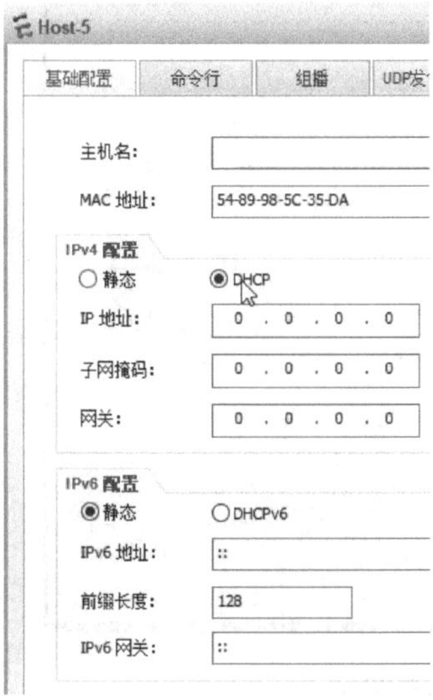

图 6-60　任务 6.1 步骤 14 的操作示意图（五）

图 6-61　任务 6.1 步骤 14 的操作示意图（六）

图 6-62　任务 6.1 步骤 14 的操作示意图（七）

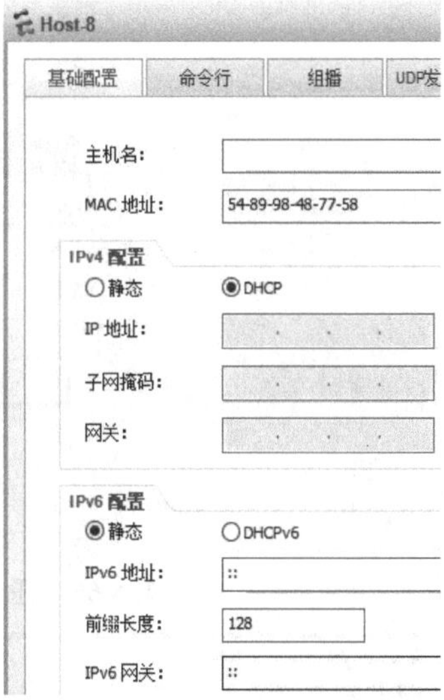

图 6-63　任务 6.1 步骤 14 的操作示意图（八）

6.3.2　任务 6.2：部署 DHCP 服务器

（任务 6.2）

步骤 1：在 Oracle VM VirtualBox 创建虚拟机

（1）双击桌面上的“Oracle VM VirtualBox”图标，打开 Oracle VM VirtualBox，单击工具栏中的“ ”（新建）按钮，如图 6-64 所示。

（2）在“新建虚拟电脑”对话框中进行配置，输入图 6-65 所示的名称，选择版本后，一直单击“下一步”按钮即可生成虚拟电脑（虚拟机），如图 6-66 所示。

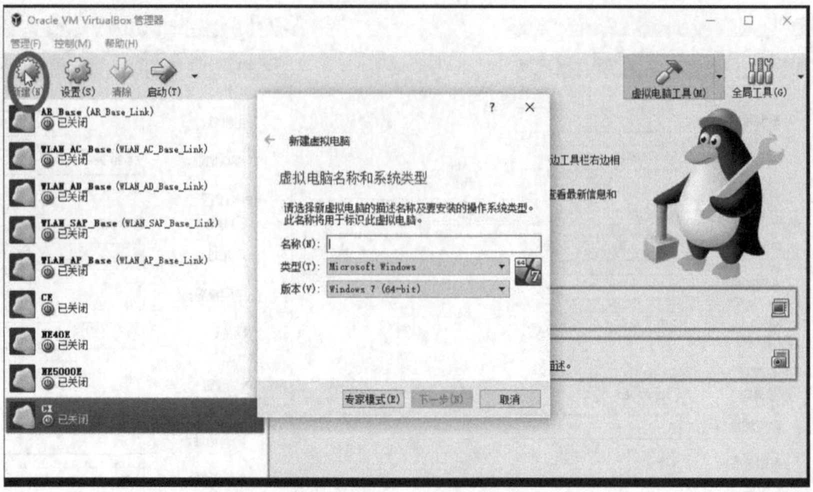

图 6-64　任务 6.2 步骤 1 的操作示意图（一）

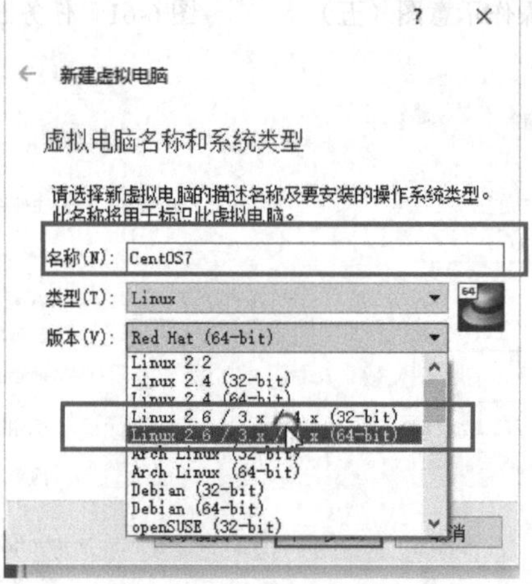

图 6-65　任务 6.2 步骤 1 的操作示意图（二）

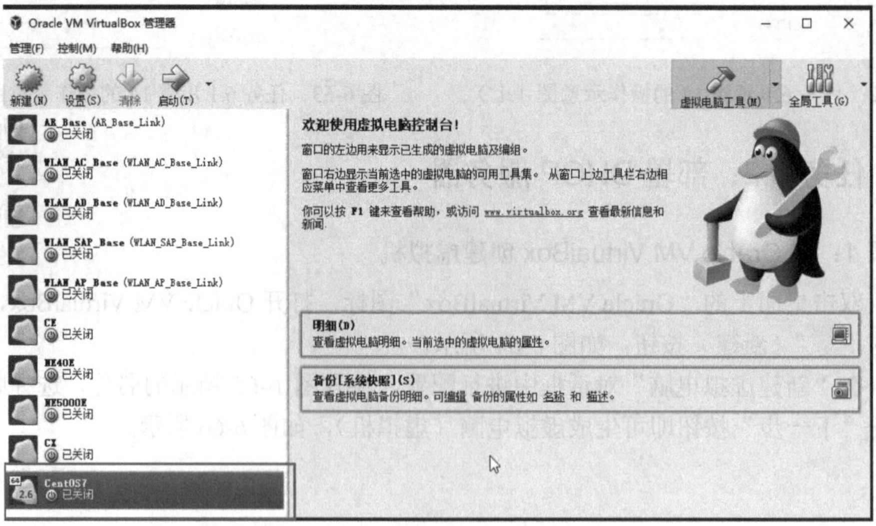

图 6-66　任务 6.2 步骤 1 的操作示意图（三）

步骤 2：安装 CentOS 7 操作系统

（1）在 Oracle VM VirtualBox 中新建虚拟机并安装 CentOS 7，如图 6-67 与图 6-68 所示。

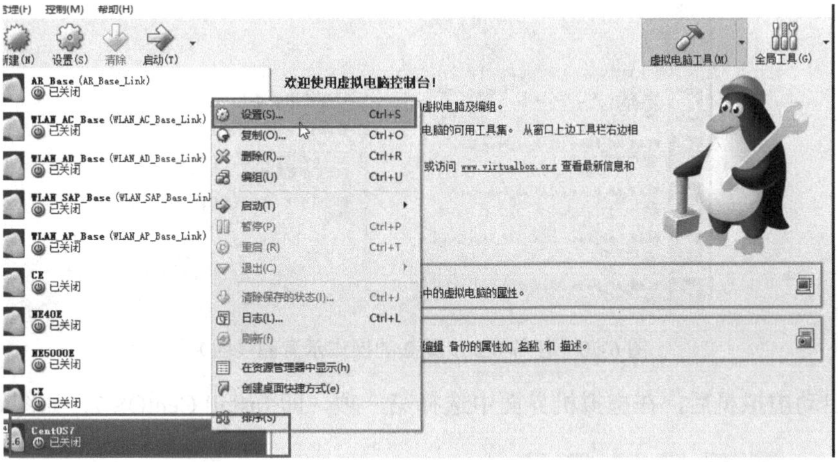

图 6-67　任务 6.2 步骤 2 的操作示意图（一）

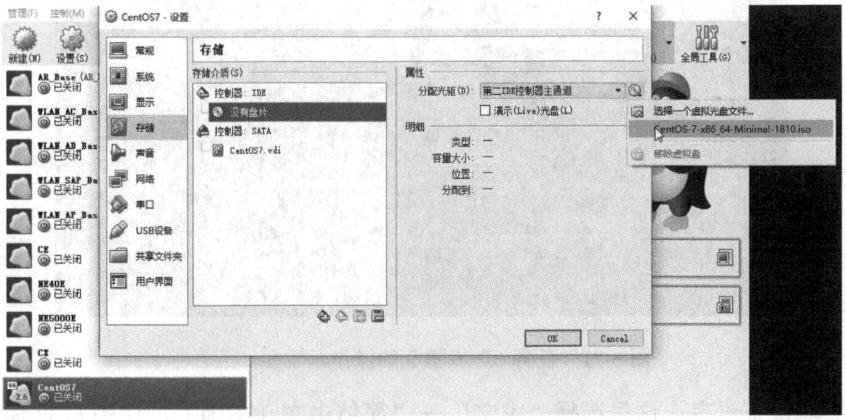

图 6-68　任务 6.2 步骤 2 的操作示意图（二）

（2）由于要在 CentOS 7 操作系统中在线安装 DHCP 服务，因此必须保证在 Oracle VM VirtualBox 中新建的虚拟机能够连接互联网，所以将虚拟机网络连接方式设置为“网络地址转换（NAT）”，如图 6-69 所示。

图 6-69　任务 6.2 步骤 2 的操作示意图（三）

（3）单击工具栏的“ ”（启动）按钮来启动虚拟机，如图 6-70 所示。

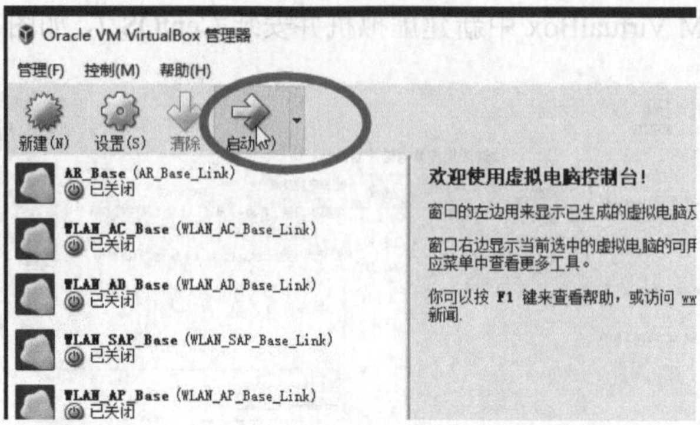

图 6-70　任务 6.2 步骤 2 的操作示意图（四）

（4）启动虚拟机后，在虚拟机界面中选择第一项，即 Install CentOS 7，如图 6-71 所示。

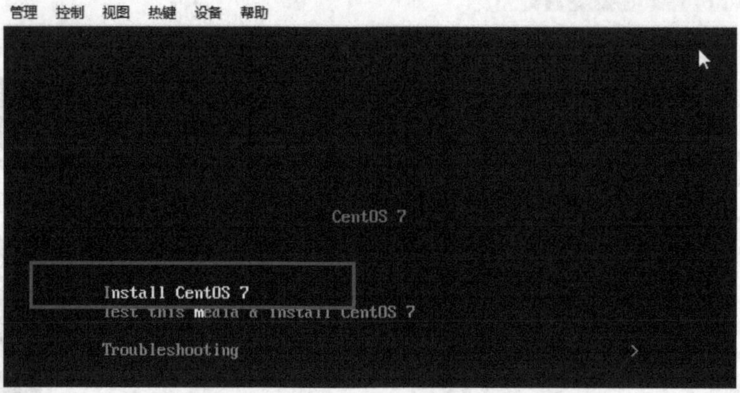

图 6-71　任务 6.2 步骤 2 的操作示意图（五）

（5）选项系统语言，这里选择“中文”→“简体中文（中国）”，如图 6-72 所示。

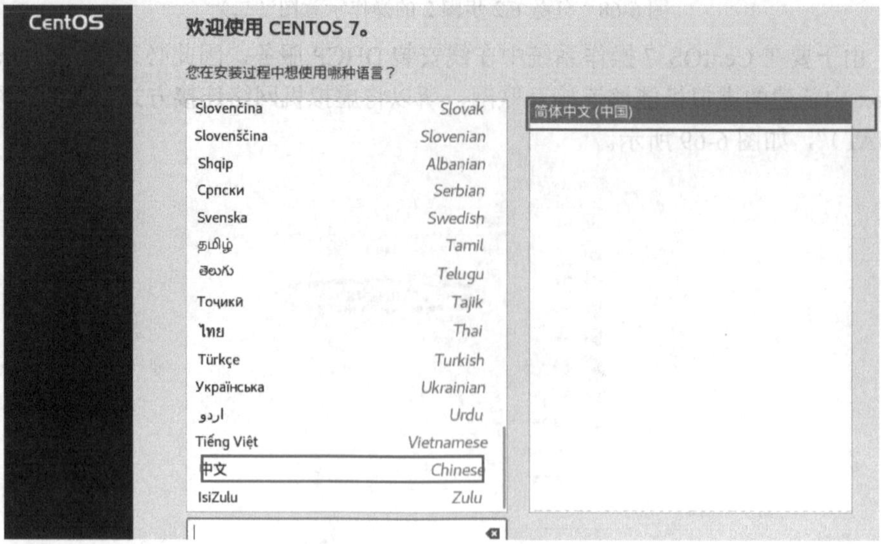

图 6-72　任务 6.2 步骤 2 的操作示意图（六）

（6）确认系统的安装位置后单击“开始安装”按钮，如图 6-73 所示。

图 6-73　任务 6.2 步骤 2 的操作示意图（七）

（7）系统安装完成后需要配置 Root 密码，密码设置完成后单击左“完成”按钮，如图 6-74 所示，然后重启系统。

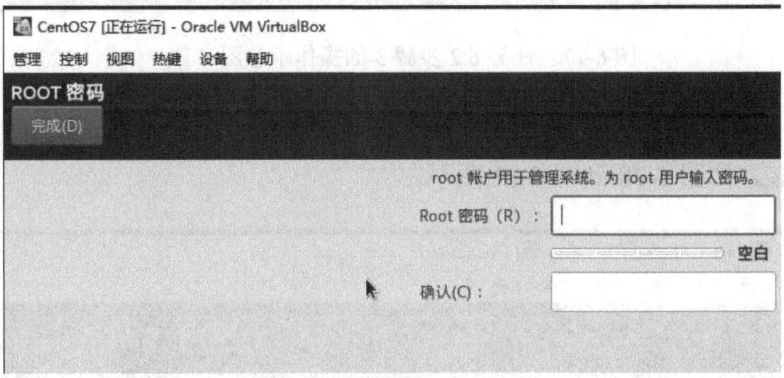

图 6-74　任务 6.2 步骤 2 的操作示意图（八）

步骤 3：安装 DHCP 服务

（1）启动 CentOS 7 后，使用 vi 命令编辑网卡配置文件（此处为 ifcfg -enp0s3），如图 6-75 所示。

图 6-75　任务 6.2 步骤 3 的操作示意图（一）

（2）将 ONBOOT 的值改为“yes”，表示将上述配置修改为开机启动时激活网卡，如图 6-76 所示。

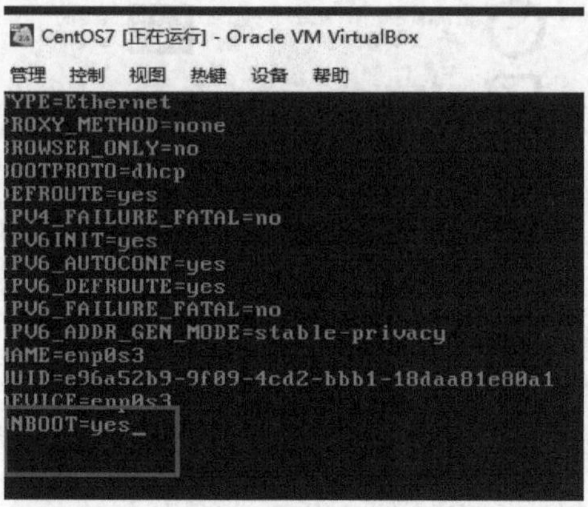

图 6-76 任务 6.2 步骤 3 的操作示意图（二）

（3）退出编辑状态，执行:wq 命令保存配置，使用 systemctl restart net-work 重启网络服务，使配置改生效，从而使 Oracle VM VirtualBox 创建的虚拟机接入互联网，如图 6-77 所示。

图 6-77 任务 6.2 步骤 3 的操作示意图（三）

（4）使用 yum 工具在线安装 DHCP 服务，在安装过程中出现提示信息时输入“y”，按回车键继续安装，如图 6-78 到图 6-81 所示。

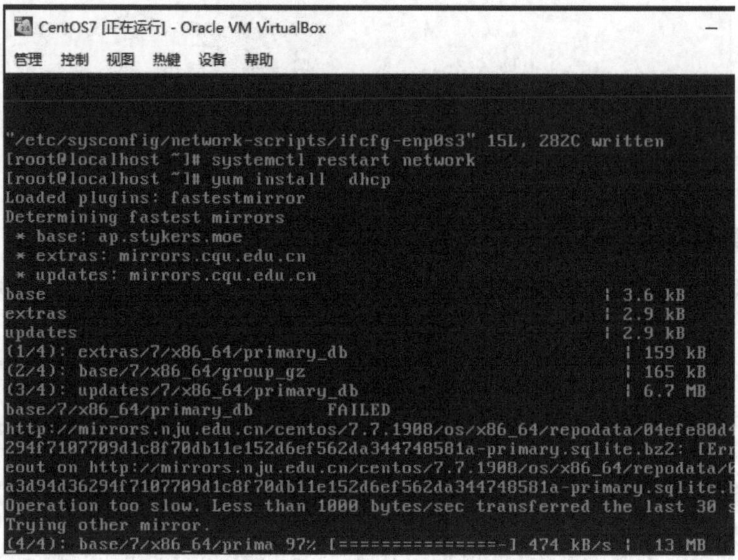

图 6-78 任务 6.2 步骤 3 的操作示意图（四）

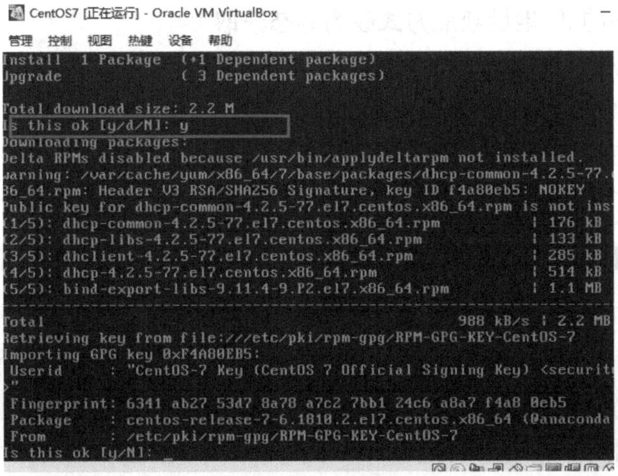

图 6-79　任务 6.2 步骤 3 的操作示意图（五）

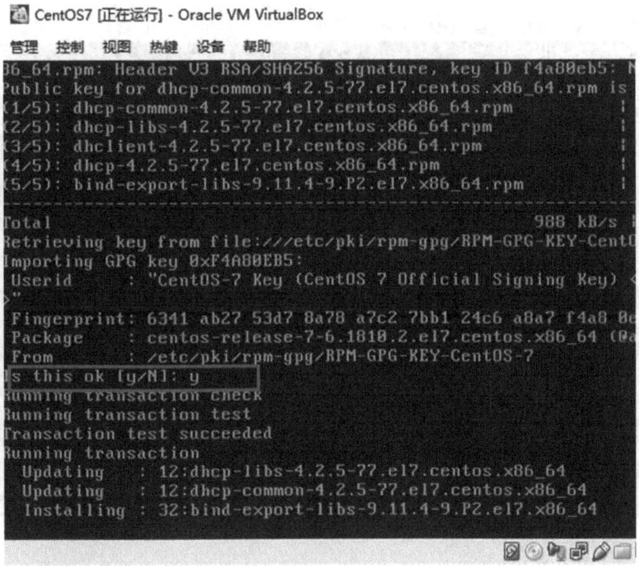

图 6-80　任务 6.2 步骤 3 的操作示意图（六）

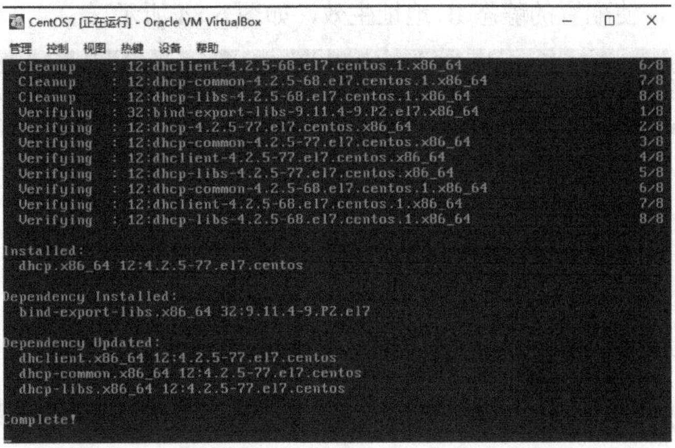

图 6-81　任务 6.2 步骤 3 的操作示意图（七）

步骤 4：将网络的 IP 地址获取方式改为静态获取

在 Oracle VM VirtualBox 创建的虚拟机上在线安装 DHCP 服务后，还需要将 DHCP 服务器的 IP 地址改为指定的静态 IP 地址。本项目中，为了在线安装方便，DHCP 服务器需要在安装 DHCP 服务时接入互联网，在提供 DHCP 服务时不需要接入互联网。

（1）使用 vi 命令编辑网卡配置文件（此处为 ifcfg -enp0s3），如图 6-82 所示。

[root@localhost ~]# vi /etc/sysconfig/network-scripts/ifcfg-enp0s3

图 6-82　任务 6.2 步骤 4 的操作示意图（一）

（2）使用 BOOTPROTO=static 命令将 IP 地址的获得方式改为静态获取，使用 IPADDR=192.168.100.200 命令来配置静态 IP 地址，使用 NETMASK=255.255.255.0 命令来配置子网掩码，使用 GATEWAY=192.168.100.254 命令来配置默认网关。配置完成后退出编辑状态，并用:wq 命令保存配置，如图 6-83 所示。

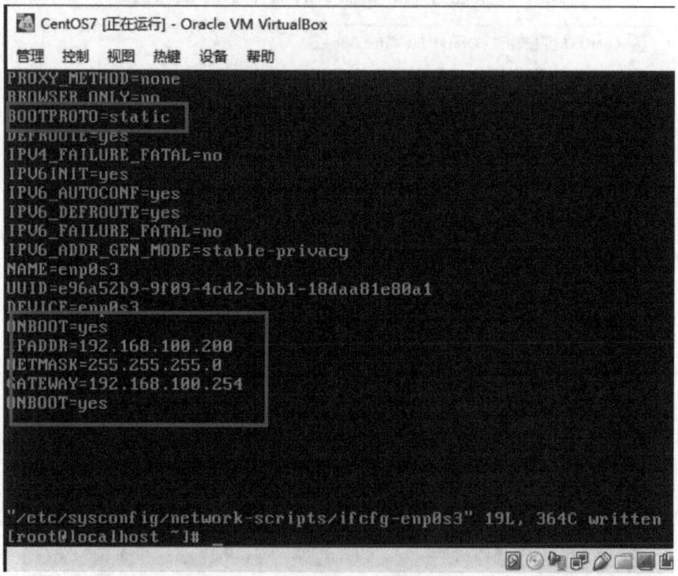

图 6-83　任务 6.2 步骤 4 的操作示意图（二）

（3）重启网络，使配置的静态 IP 地址生效，如图 6-84 所示。

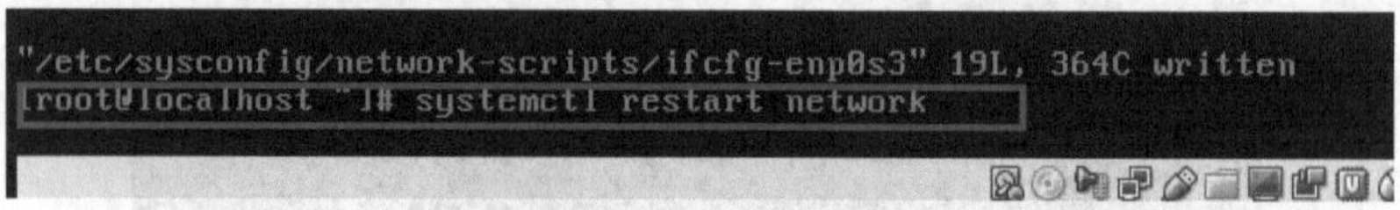

"/etc/sysconfig/network-scripts/ifcfg-enp0s3" 19L, 364C written
[root@localhost ~]# systemctl restart network

图 6-84　任务 6.2 步骤 4 的操作示意图（三）

步骤 5：配置 DHCP 服务

（1）针对每一个 VLAN（即网段），在 DHCP 服务器上配置 VLAN 对应的作用域（即 IP 地址池），通过 DHCP 配置文件增加地址池，如图 6-85 所示。

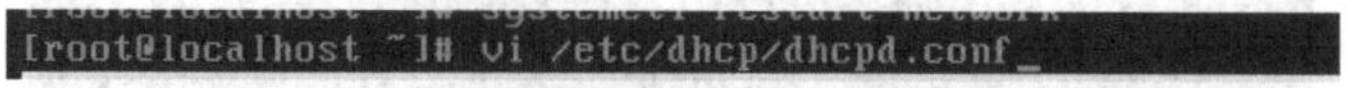

图 6-85　任务 6.2 步骤 5 的操作示意图（一）

（2）配置最大的租赁时间（单位为秒），如图 6-86 所示。

```
max-lease-time 7200;
```

图 6-86　任务 6.2 步骤 5 的操作示意图（二）

（3）配置 192.168.100.0/24 网络的 IP 地址范围和默认网关，如图 6-87 所示。

```
subnet 192.168.100.0 netmask 255.255.255.0{
        range 192.168.100.10 192.168.100.20;
        option routers 192.168.100.254;
}
```

图 6-87　任务 6.2 步骤 5 的操作示意图（三）

（4）配置 192.168.64.0/24 网络的 IP 地址范围和默认网关，如图 6-88 所示。

```
subnet 192.168.64.0 netmask 255.255.255.0{
        range 192.168.64.10 192.168.64.20;
        option routers 192.168.64.254;
}
```

图 6-88　任务 6.2 步骤 5 的操作示意图（四）

（5）配置 192.168.65.0/24 网络的 IP 地址范围和默认网关，如图 6-89 所示。

```
subnet 192.168.65.0 netmask 255.255.255.0{
        range 192.168.65.10 192.168.65.20;
        option routers 192.168.65.254;
}
```

图 6-89　任务 6.2 步骤 5 的操作示意图（五）

（6）配置 192.168.66.0/24 网络的 IP 地址范围和默认网关，如图 6-90 所示。

```
subnet 192.168.66.0 netmask 255.255.255.0{
        range 192.168.66.10 192.168.66.20;
        option routers 192.168.66.254;
}
```

图 6-90　任务 6.2 步骤 5 的操作示意图（六）

（7）配置 192.168.67.0/24 网络的 IP 地址范围和默认网关，如图 6-91 所示。

```
subnet 192.168.67.0 netmask 255.255.255.0{
        range 192.168.67.10 192.168.67.20;
        option routers 192.168.67.254;
}
```

图 6-91　任务 6.2 步骤 5 的操作示意图（七）

（8）配置 192.168.68.0/24 网络的 IP 地址范围和默认网关，如图 6-92 所示。

```
subnet 192.168.68.0 netmask 255.255.255.0{
        range 192.168.68.10 192.168.68.20;
        option routers 192.168.68.254;
}
```

图 6-92　任务 6.2 步骤 5 的操作示意图（八）

（9）配置 192.168.69.0/24 网络的 IP 地址范围和默认网关，如图 6-93 所示。

```
subnet 192.168.69.0 netamsk 255.255.255.0{
        range 192.168.69.10 192.168.69.20;
        option routers 192.168.69.254;
}
```

图 6-93　任务 6.2 步骤 5 的操作示意图（九）

（10）配置 192.168.70.0/24 网络的 IP 地址范围和默认网关，如图 6-94 所示。

```
subnet 192.168.70.0 netmask 255.255.255.0{
        range 192.168.70.10 192.168.70.20;
        option routers 192.168.70.254;
}
```

图 6-94　任务 6.2 步骤 5 的操作示意图（十）

（11）配置 192.168.71.0/24 网络的 IP 地址范围和默认网关，如图 6-95 所示。

```
subnet 192.168.71.0 netmask 255.255.255.0{
        range 192.168.71.10 192.168.71.20;
        option routers 192.168.71.254;
}
```

图 6-95　任务 6.2 步骤 5 的操作示意图（十一）

（12）使用:wq 命令保存配置并退出系统，如图 6-96 所示。

```
:wq
```

图 6-96　任务 6.2 步骤 5 的操作示意图（十二）

在上述配置过程中，需要注意以下几点：

① 当配置文件中缺少 192.168.100.0/24 这个网段的配置内容时，会造成 DHCP 服务启动失败。

② 每一行必须以半角分号“;”结尾。

③ 全局参数在全局范围内生效，当全局参数与局部参数冲突时，局部参数将覆盖全局参数。

（13）使 DHCP 服务随着系统启动而自动启动，如图 6-97 到图 6-99 所示。

```
[root@localhost ~]# systemctl enable dhcpd
```

图 6-97　任务 6.2 步骤 5 的操作示意图（十三）

```
Created symlink from /etc/systemd/system/multi-user.target.wants/dhcpd.service t
o /usr/lib/systemd/system/dhcpd.service.
```

图 6-98　任务 6.2 步骤 5 的操作示意图（十四）

```
[root@localhost ~]# systemctl start dhcpd
```

图 6-99　任务 6.2 步骤 5 的操作示意图（十五）

6.3.3　任务 6.3：在校园网中实现 DHCP 服务

（任务 6.3）

步骤 1：在校园网中部署 DHCP 服务器

（1）启动 Oracle VM VirtualBox，在其中新建 DHCP 服务器虚拟机，如图 6-100 所示。

（2）将在 Oracle VM VirtualBox 中新建的 DHCP 服务器虚拟机的网络连接方式更改为“仅主机（Host-Only）网络”，操作如图 6-101 到图 6-103 所示。

图 6-100　任务 6.3 步骤 1 的操作示意图（一）

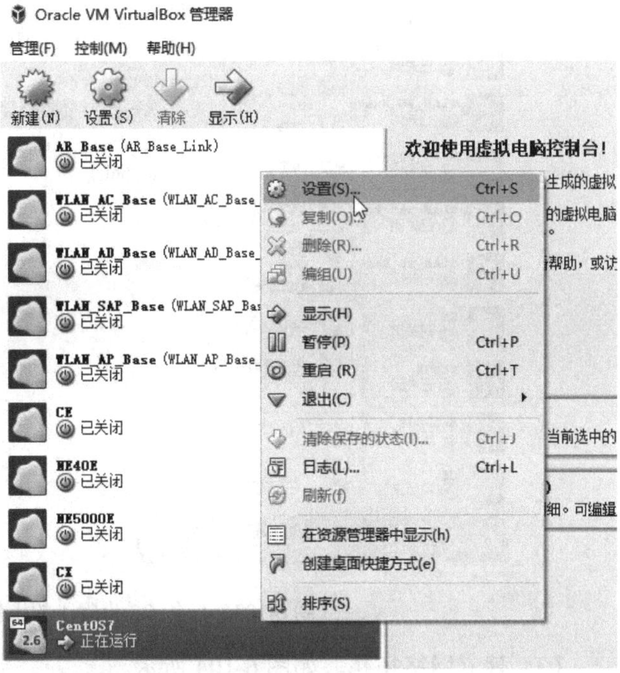

图 6-101　任务 6.3 步骤 1 的操作示意图（二）

图 6-102　任务 6.3 步骤 1 的操作示意图（三）

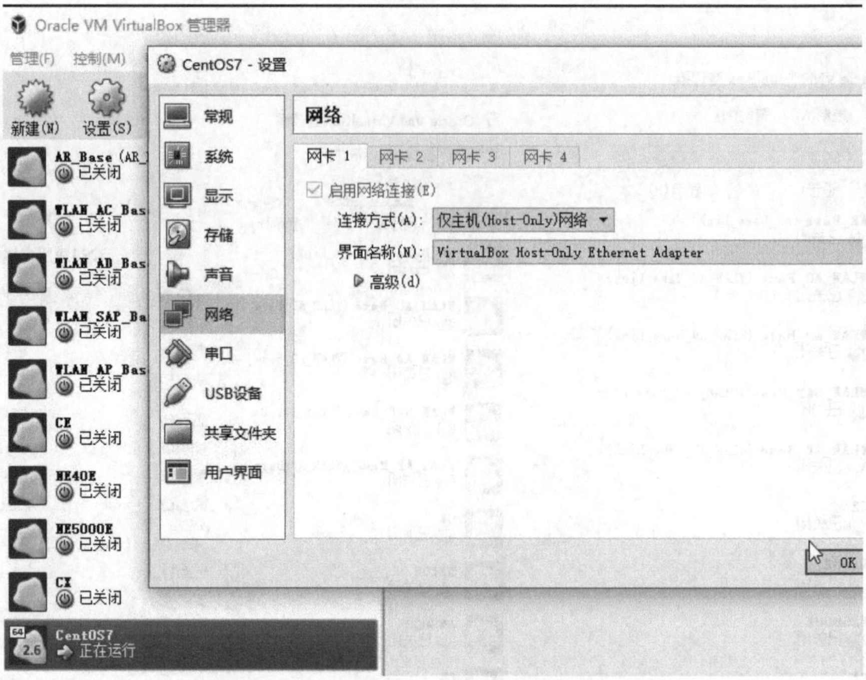

图 6-103 任务 6.3 步骤 1 的操作示意图（四）

（3）建立网络拓扑，如图 6-104 所示。

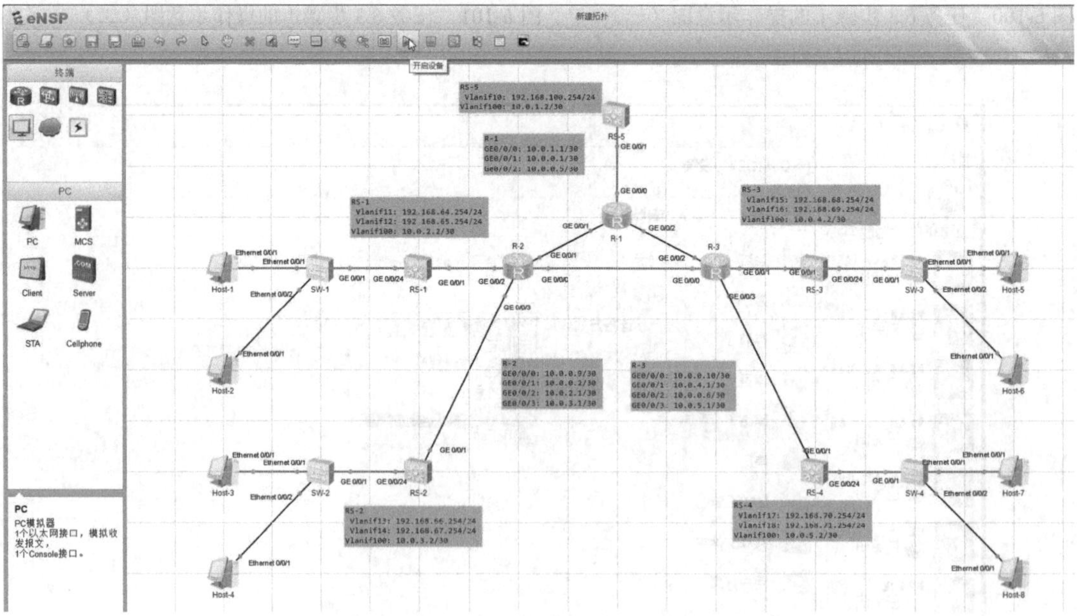

图 6-104 任务 6.3 步骤 1 的操作示意图（五）

（4）首先在拓扑图中添加一个云设备，将其命名为 Cloud-1；然后在 eNSP 中访问 Oracle VM VirtualBox 虚拟机，完成 Cloud-1 的配置，如图 6-105 和图 6-106 所示。

（5）连接 Cloud-1 的 Ethernet 0/0/1 接口与 RS-5 的 GE 0/0/2 接口，将 DHCP 服务器接入校园网，如图 6-107 所示。

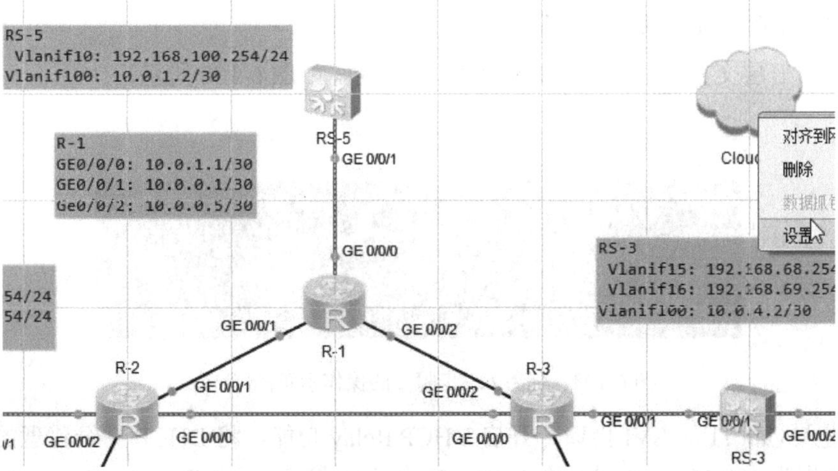

图 6-105 任务 6.3 步骤 1 的操作示意图（六）

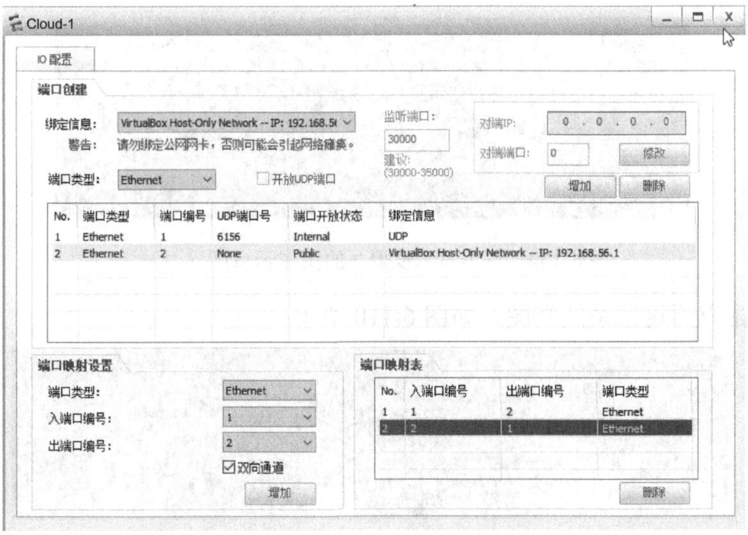

图 6-106 任务 6.3 步骤 1 的操作示意图（七）

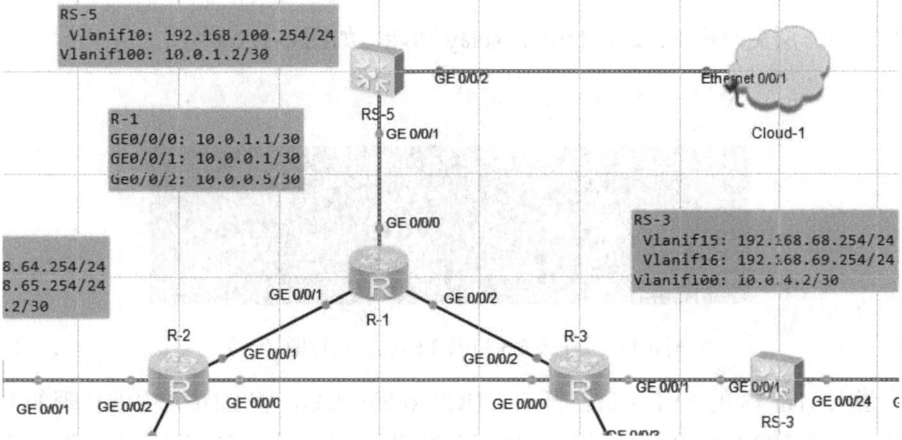

图 6-107 任务 6.3 步骤 1 的操作示意图（八）

步骤 2：配置三层交换机 RS-1

（1）开启三层交换机 RS-1 的 DHCP Relay 功能，如图 6-108 所示。

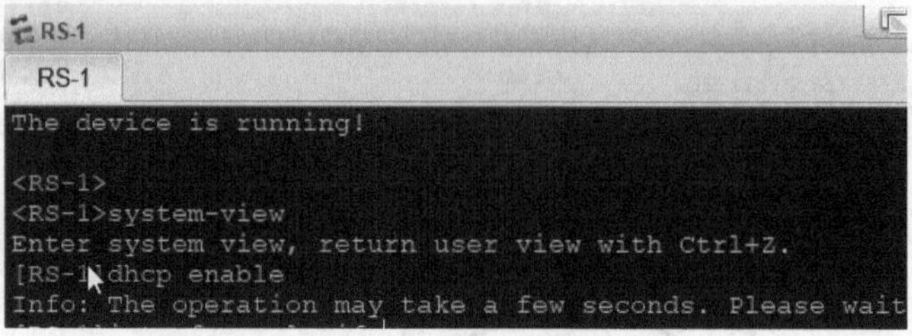

图 6-108　任务 6.3 步骤 2 的操作示意图（一）

（2）进入 vlan 11 的 SVI 接口，开启 DHCP Relay 功能，将 DHCP 中继代理的 DHCP 服务器地址设置为 192.168.100.200；进入 vlan 12 的 SVI 接口，开启 DHCP Relay 功能，将 DHCP 中继代理的 DHCP 服务器地址设置为 192.168.100.200，如图 6-109 所示。

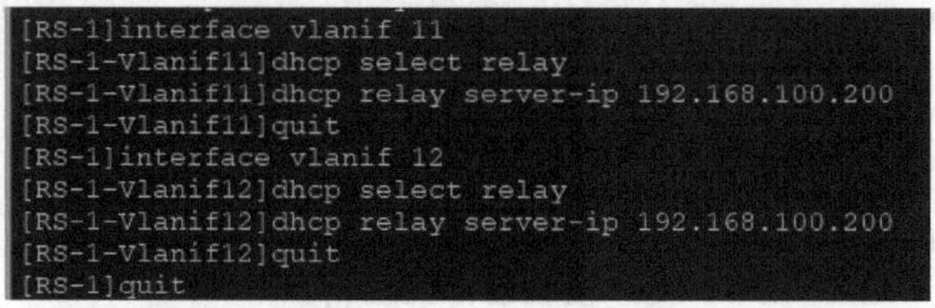

图 6-109　任务 6.3 步骤 2 的操作示意图（二）

（3）保存配置后退出系统视图，如图 6-110 所示。

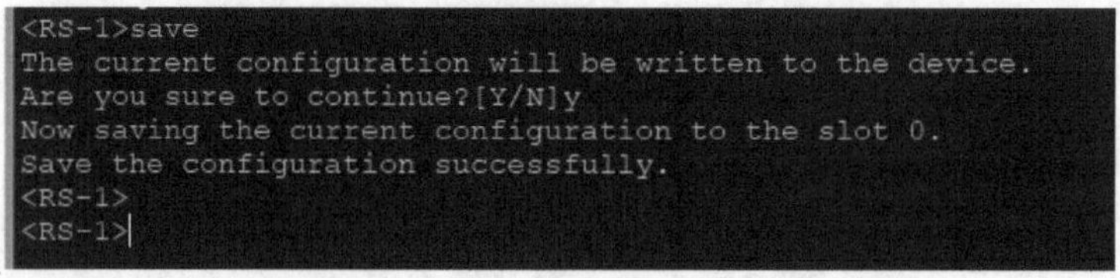

图 6-110　任务 6.3 步骤 2 的操作示意图（三）

步骤 3：配置三层交换机 RS-2

（1）开启三层交换机 RS-2 的 DHCP Relay 功能，如图 6-111 所示。

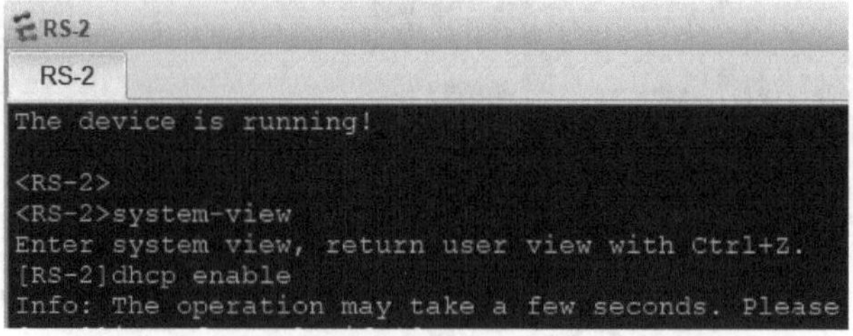

图 6-111　任务 6.3 步骤 3 的操作示意图（一）

（2）进入 vlan 13 的 SVI 接口，开启 DHCP Relay 功能，将 DHCP 中继代理的 DHCP 服务器地址设置为 192.168.100.200；进入 vlan 14 的 SVI 接口，开启 DHCP Relay 功能，将 DHCP 中继代理的 DHCP 服务器地址设置为 192.168.100.200，如图 6-112 所示。

```
[RS-2]interface vlanif 13
[RS-2-Vlanif13]dhcp select relay
[RS-2-Vlanif13]dhcp relay server-ip 192.168.100.200
[RS-2-Vlanif13]quit
[RS-2]interface vlanif 14
[RS-2-Vlanif14]dhcp select relay
[RS-2-Vlanif14]dhcp relay server-ip 192.168.100.200
[RS-2-Vlanif14]quit
[RS-2]quit
<RS-2>save
The current configuration will be written to the device
Are you sure to continue?[Y/N]y
Now saving the current configuration to the slot 0.
```

图 6-112　任务 6.3 步骤 3 的操作示意图（二）

（3）保存配置后退出系统视图，如图 6-113 所示。

```
<RS-2>save
The current configuration will be written to the device
Are you sure to continue?[Y/N]y
Now saving the current configuration to the slot 0.
Save the configuration successfully.
<RS-2>
```

图 6-113　任务 6.3 步骤 3 的操作示意图（三）

步骤 4：配置三层交换机 RS-3

（1）开启三层交换机 RS-3 的 DHCP Relay 功能，如图 6-114 所示。

```
RS-3
RS-3
The device is running!

<RS-3>system-view
Enter system view, return user view with Ctrl+Z.
[RS-3]dhcp enable
Info: The operation may take a few seconds. Please
```

图 6-114　任务 6.3 步骤 4 的操作示意图（一）

（2）进入 vlan 15 的 SVI 接口，开启 DHCP Relay 功能，将 DHCP 中继代理的 DHCP 服务器地址设置为 192.168.100.200；进入 vlan 16 的 SVI 接口，开启 DHCP Relay 功能，将 DHCP 中继代理的 DHCP 服务器地址设置为 192.168.100.200，如图 6-115 所示。

```
[RS-3]interface vlanif 15
[RS-3-Vlanif15]dhcp select relay
[RS-3-Vlanif15]dhcp relay server-ip 192.168.100.200
[RS-3-Vlanif15]quit
[RS-3]interface vlanif 16
[RS-3-Vlanif16]dhcp select relay
[RS-3-Vlanif16]dhcp relay server-ip 192.168.100.200
[RS-3-Vlanif16]quit
[RS-3]quit
```

图 6-115　任务 6.3 步骤 4 的操作示意图（二）

（3）保存配置后退出系统视图，如图 6-116 所示。

```
<RS-3>save
The current configuration will be written to the device.
Are you sure to continue?[Y/N]y
Now saving the current configuration to the slot 0.
Save the configuration successfully.
<RS-3>
```

图 6-116　任务 6.3 步骤 4 的操作示意图（三）

步骤 5：配置三层交换机 RS-4

（1）开启三层交换机 RS-4 的 DHCP Relay 功能，如图 6-117 所示。

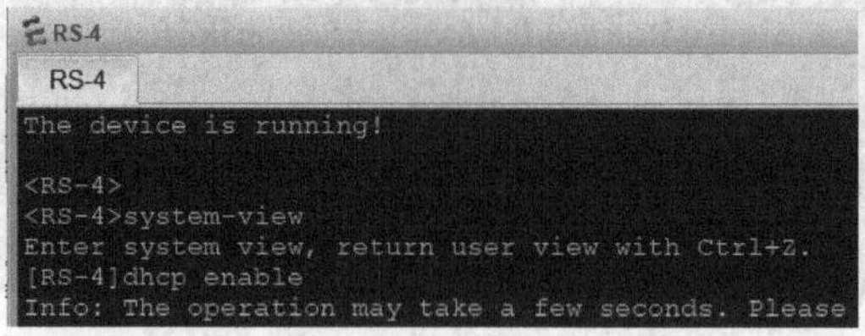

图 6-117　任务 6.3 步骤 5 的操作示意图（一）

（2）进入 vlan 17 的 SVI 接口，开启 DHCP Relay 功能，将 DHCP 中继代理的 DHCP 服务器地址设置为 192.168.100.200；进入 vlan 18 的 SVI 接口，开启 DHCP Relay 功能，将 DHCP 中继代理的 DHCP 服务器地址设置为 192.168.100.200，如图 6-118 所示。

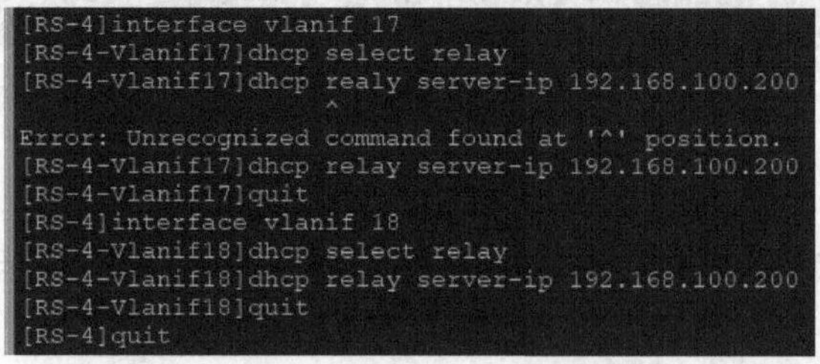

图 6-118　任务 6.3 步骤 5 的操作示意图（二）

（3）保存配置后退出系统视图，如图 6-119 所示。

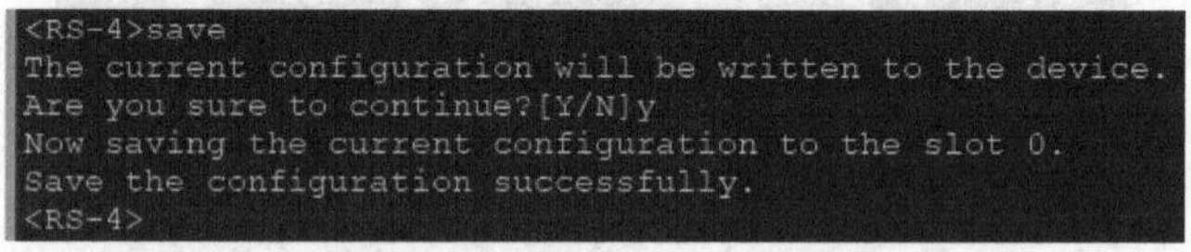

图 6-119　任务 6.3 步骤 5 的操作示意图（三）

步骤 6：查看主机地址

（1）双击 Host-1，打开系统视图，在“命令行”选项卡中输入“ipconfig”查看主机的 IP 地址，可以看到，Host-1 从 DHCP 服务器获取的 IP 地址是 192.168.64.10/24，如图 6-120 所示。

图 6-120　任务 6.3 步骤 6 的操作示意图（一）

（2）参照查看 Host-1 的 IP 地址的方法，查看 Host-2～Host-8 的 IP 地址，如图 6-121 到图 6-127 所示。

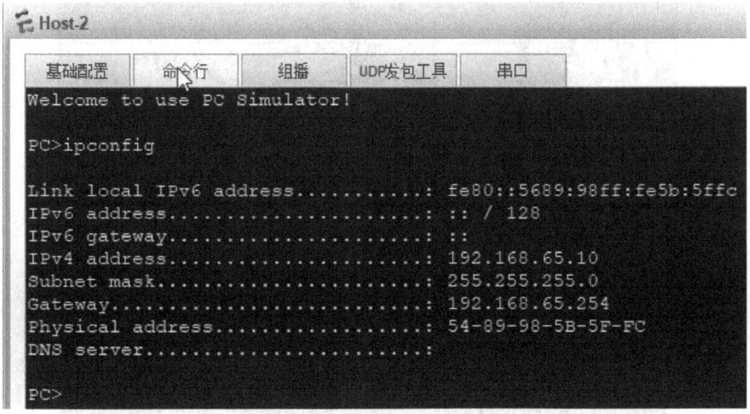

图 6-121　任务 6.3 步骤 6 的操作示意图（二）

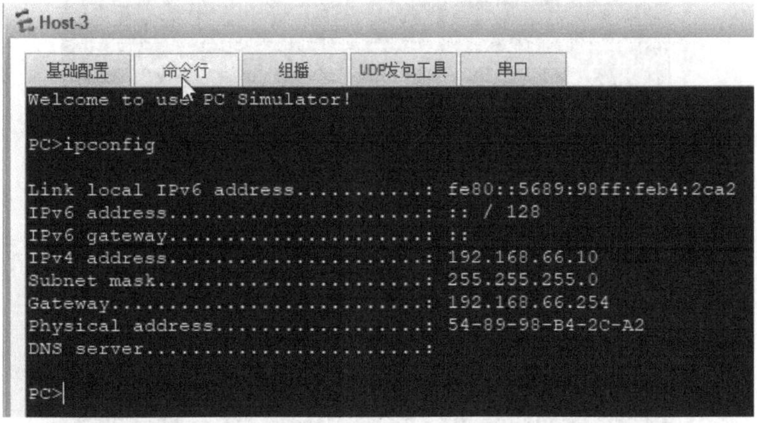

图 6-122　任务 6.3 步骤 6 的操作示意图（三）

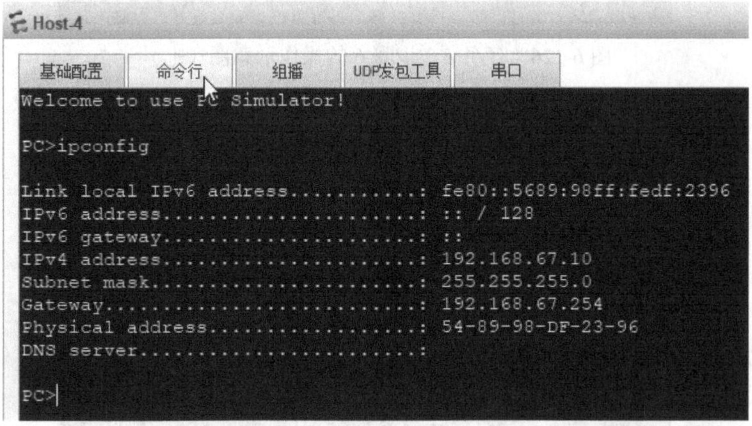

图 6-123　任务 6.3 步骤 6 的操作示意图（四）

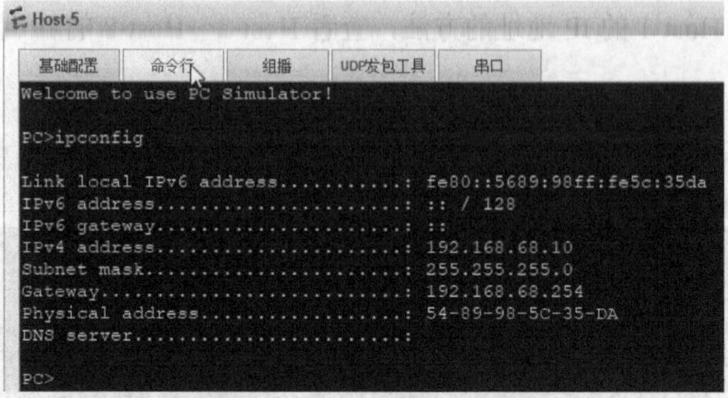

图 6-124　任务 6.3 步骤 6 的操作示意图（五）

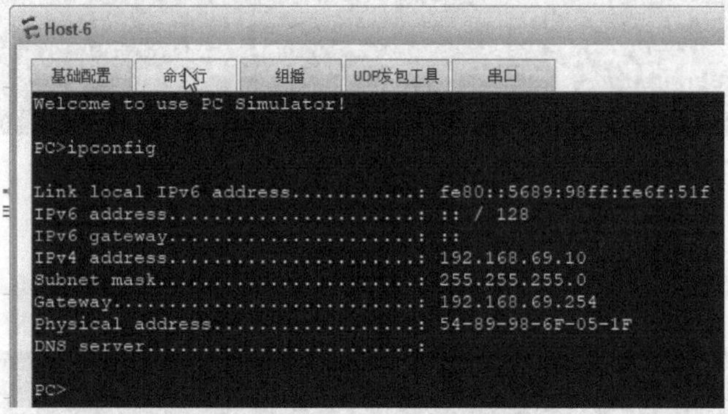

图 6-125　任务 6.3 步骤 6 的操作示意图（六）

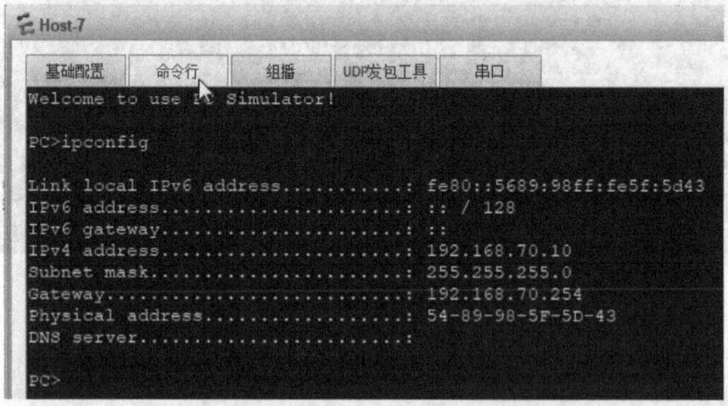

图 6-126　任务 6.3 步骤 6 的操作示意图（七）

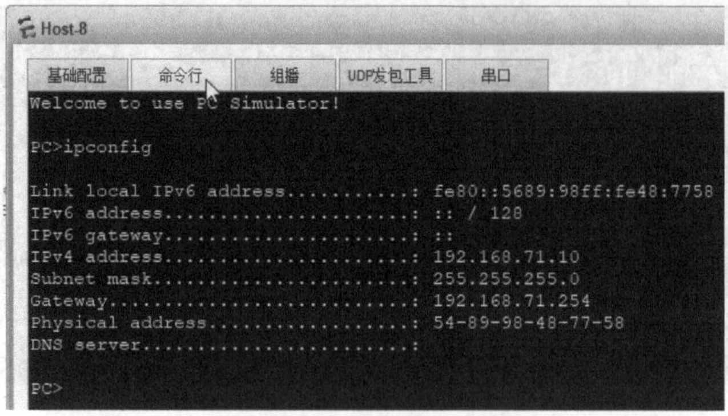

图 6-127　任务 6.3 步骤 6 的操作示意图（八）

步骤 7：通信测试

在 Host-1 上进行通信测试，结果为都可以正常通信，如图 6-128 到图 6-131 所示。

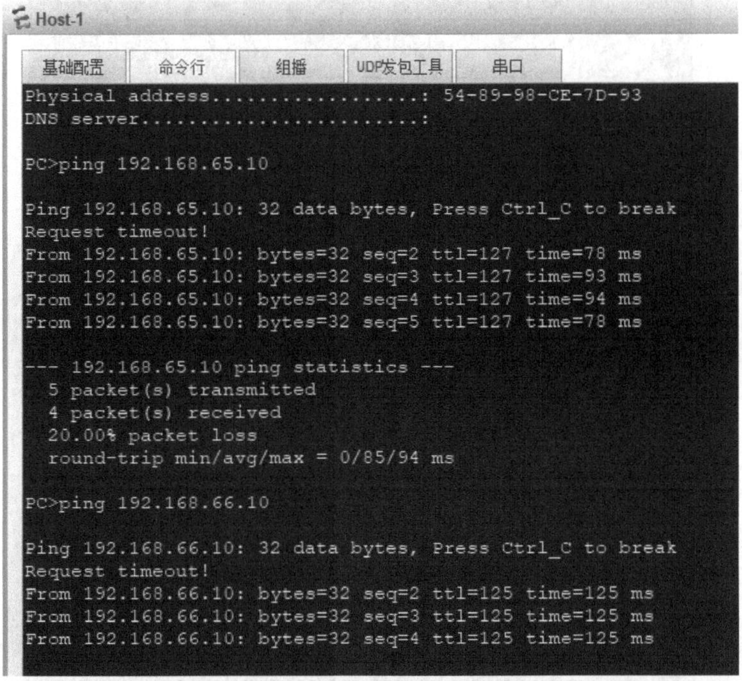


```
Physical address..................: 54-89-98-CE-7D-93
DNS server........................:

PC>ping 192.168.65.10

Ping 192.168.65.10: 32 data bytes, Press Ctrl_C to break
Request timeout!
From 192.168.65.10: bytes=32 seq=2 ttl=127 time=78 ms
From 192.168.65.10: bytes=32 seq=3 ttl=127 time=93 ms
From 192.168.65.10: bytes=32 seq=4 ttl=127 time=94 ms
From 192.168.65.10: bytes=32 seq=5 ttl=127 time=78 ms

--- 192.168.65.10 ping statistics ---
  5 packet(s) transmitted
  4 packet(s) received
  20.00% packet loss
  round-trip min/avg/max = 0/85/94 ms

PC>ping 192.168.66.10

Ping 192.168.66.10: 32 data bytes, Press Ctrl_C to break
Request timeout!
From 192.168.66.10: bytes=32 seq=2 ttl=125 time=125 ms
From 192.168.66.10: bytes=32 seq=3 ttl=125 time=125 ms
From 192.168.66.10: bytes=32 seq=4 ttl=125 time=125 ms
```

图 6-128　任务 6.3 步骤 7 的操作示意图（一）

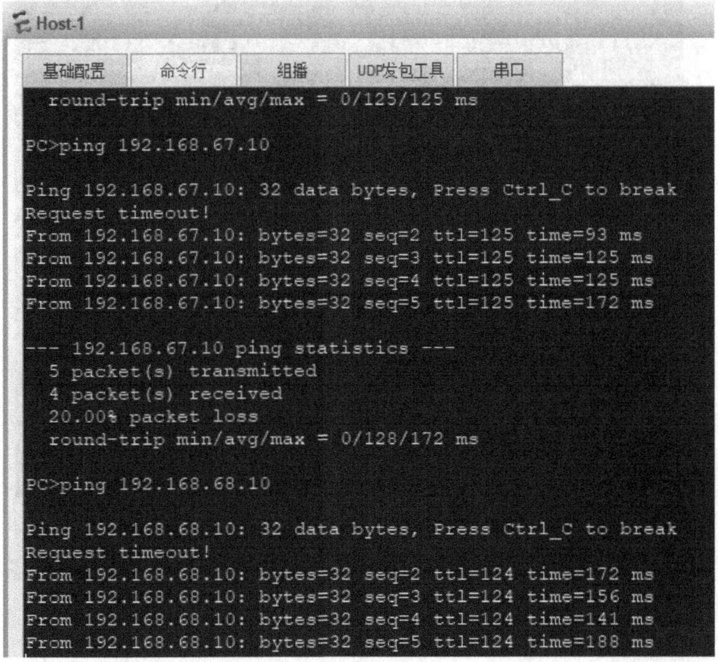


```
  round-trip min/avg/max = 0/125/125 ms

PC>ping 192.168.67.10

Ping 192.168.67.10: 32 data bytes, Press Ctrl_C to break
Request timeout!
From 192.168.67.10: bytes=32 seq=2 ttl=125 time=93 ms
From 192.168.67.10: bytes=32 seq=3 ttl=125 time=125 ms
From 192.168.67.10: bytes=32 seq=4 ttl=125 time=125 ms
From 192.168.67.10: bytes=32 seq=5 ttl=125 time=172 ms

--- 192.168.67.10 ping statistics ---
  5 packet(s) transmitted
  4 packet(s) received
  20.00% packet loss
  round-trip min/avg/max = 0/128/172 ms

PC>ping 192.168.68.10

Ping 192.168.68.10: 32 data bytes, Press Ctrl_C to break
Request timeout!
From 192.168.68.10: bytes=32 seq=2 ttl=124 time=172 ms
From 192.168.68.10: bytes=32 seq=3 ttl=124 time=156 ms
From 192.168.68.10: bytes=32 seq=4 ttl=124 time=141 ms
From 192.168.68.10: bytes=32 seq=5 ttl=124 time=188 ms
```

图 6-129　任务 6.3 步骤 7 的操作示意图（二）

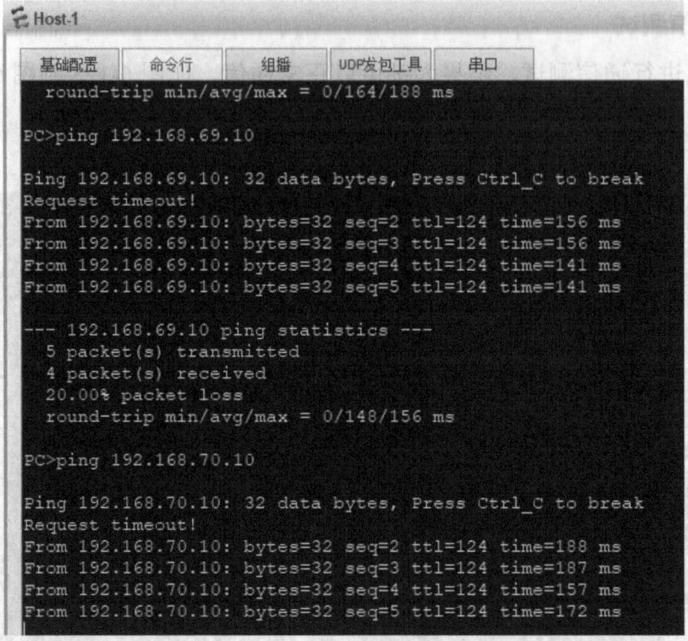
Host-1
基础配置
命令行
组播
UDP发包工具
串口
round-trip min/avg/max = 0/164/188 ms
PC>ping 192.168.69.10
Ping 192.168.69.10: 32 data bytes, Press Ctrl_C to break
Request timeout!
From 192.168.69.10: bytes=32 seq=2 ttl=124 time=156 ms
From 192.168.69.10: bytes=32 seq=3 ttl=124 time=156 ms
From 192.168.69.10: bytes=32 seq=4 ttl=124 time=141 ms
From 192.168.69.10: bytes=32 seq=5 ttl=124 time=141 ms
--- 192.168.69.10 ping statistics ---
5 packet(s) transmitted
4 packet(s) received
20.00% packet loss
round-trip min/avg/max = 0/148/156 ms
PC>ping 192.168.70.10
Ping 192.168.70.10: 32 data bytes, Press Ctrl_C to break
Request timeout!
From 192.168.70.10: bytes=32 seq=2 ttl=124 time=188 ms
From 192.168.70.10: bytes=32 seq=3 ttl=124 time=187 ms
From 192.168.70.10: bytes=32 seq=4 ttl=124 time=157 ms
From 192.168.70.10: bytes=32 seq=5 ttl=124 time=172 ms

图 6-130　任务 6.3 步骤 7 的操作示意图（三）

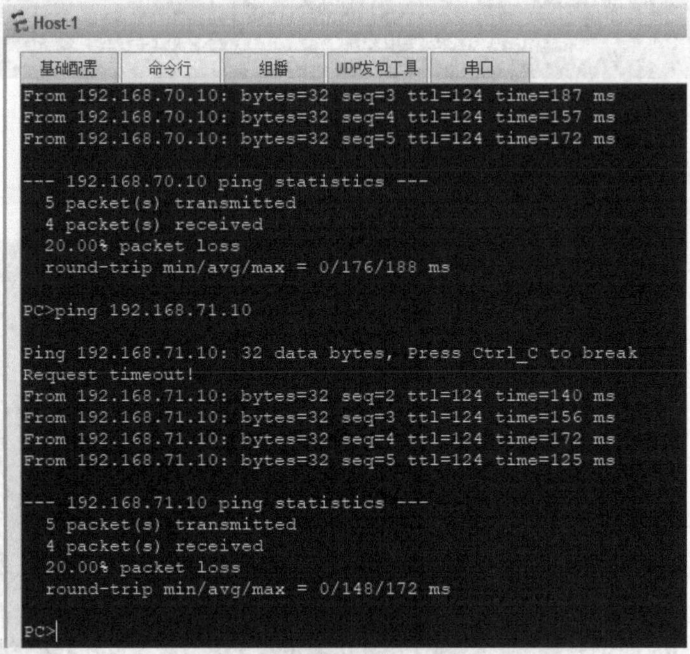
Host-1
基础配置
命令行
组播
UDP发包工具
串口
From 192.168.70.10: bytes=32 seq=3 ttl=124 time=187 ms
From 192.168.70.10: bytes=32 seq=4 ttl=124 time=157 ms
From 192.168.70.10: bytes=32 seq=5 ttl=124 time=172 ms
--- 192.168.70.10 ping statistics ---
5 packet(s) transmitted
4 packet(s) received
20.00% packet loss
round-trip min/avg/max = 0/176/188 ms
PC>ping 192.168.71.10
Ping 192.168.71.10: 32 data bytes, Press Ctrl_C to break
Request timeout!
From 192.168.71.10: bytes=32 seq=2 ttl=124 time=140 ms
From 192.168.71.10: bytes=32 seq=3 ttl=124 time=156 ms
From 192.168.71.10: bytes=32 seq=4 ttl=124 time=172 ms
From 192.168.71.10: bytes=32 seq=5 ttl=124 time=125 ms
--- 192.168.71.10 ping statistics ---
5 packet(s) transmitted
4 packet(s) received
20.00% packet loss
round-trip min/avg/max = 0/148/172 ms
PC>

图 6-131　任务 6.3 步骤 7 的操作示意图（四）

6.3.4　任务 6.4：DHCP 报文分析

（任务 6.4）

步骤 1：设置抓包位置

（1）在圆圈的位置进行抓包分析，如图 6-132 到图 6-134 所示。

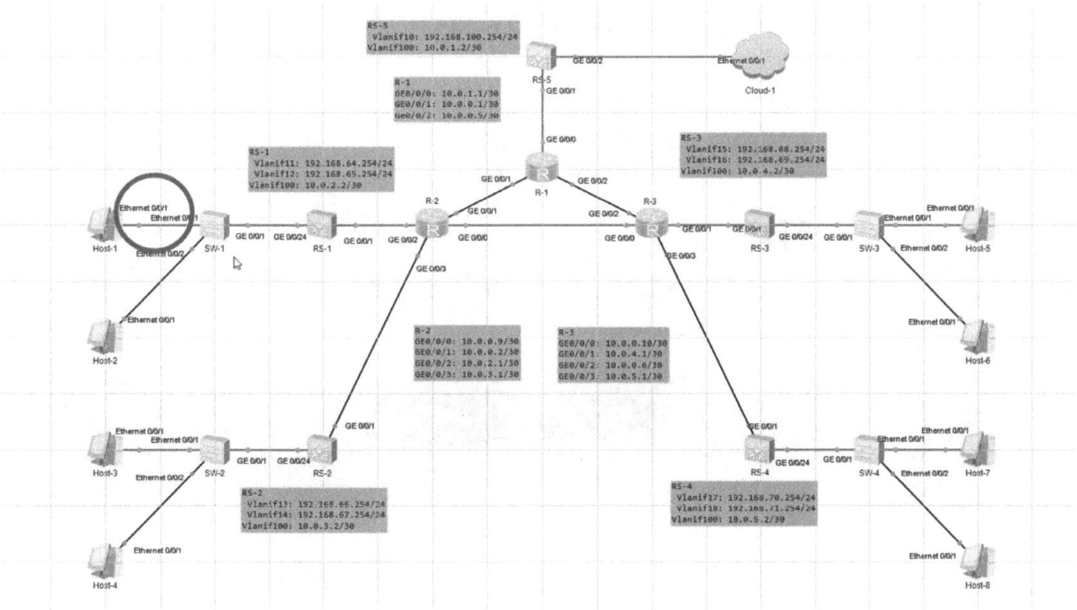

图 6-132　任务 6.4 步骤 1 的操作示意图（一）

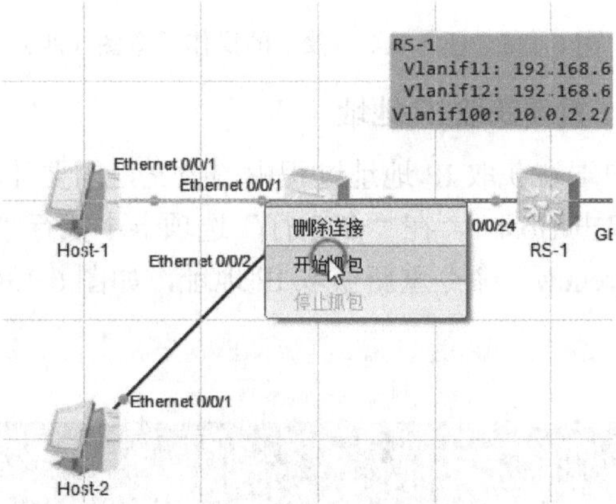

图 6-133　任务 6.4 步骤 1 的操作示意图（二）

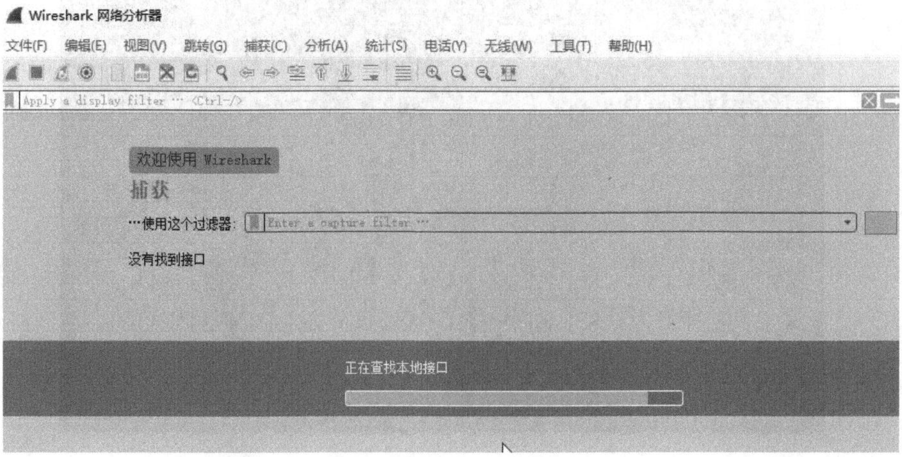

图 6-134　任务 6.4 步骤 1 的操作示意图（三）

（2）在另一个圆圈位置进行抓包分析，如图 6-135 所示。

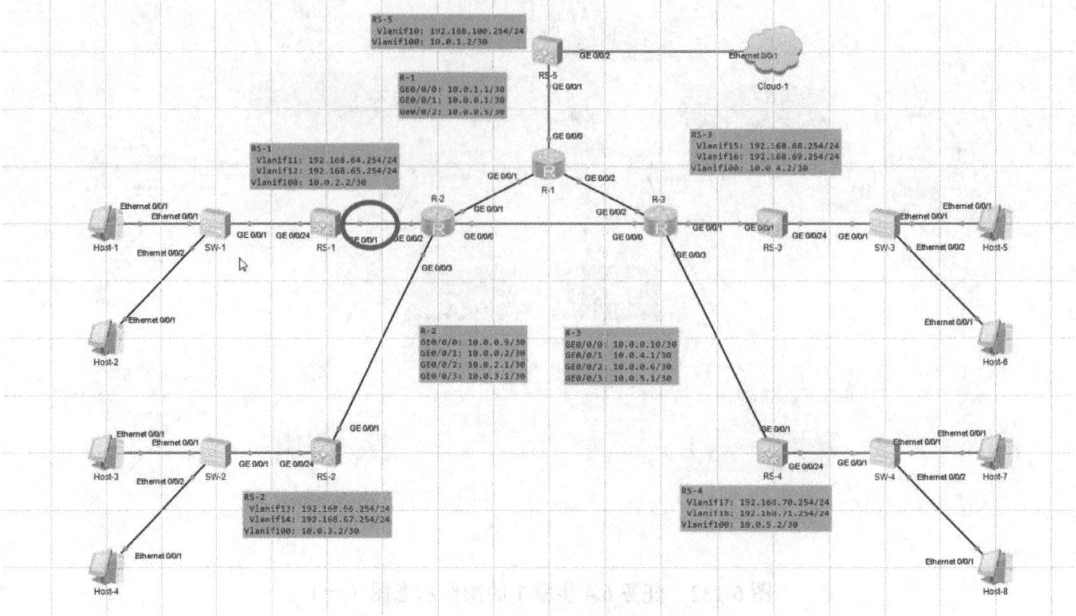

图 6-135　任务 6.4 步骤 1 的操作示意图（四）

步骤 2：设置 Host- 1 重新获取 IP 地址

为了抓取 DHCP 客户端在获取 IP 地址过程中的报文，需要让客户端先释放已经获取的 IP 地址，再重新获取。双击 Host-1，在“命令行”选项卡中执行“ipconfig /release”来释放 IP，然后执行“ipconfig /renew”命令重新获取 IP 地址，如图 6-136 与图 6-137 所示。

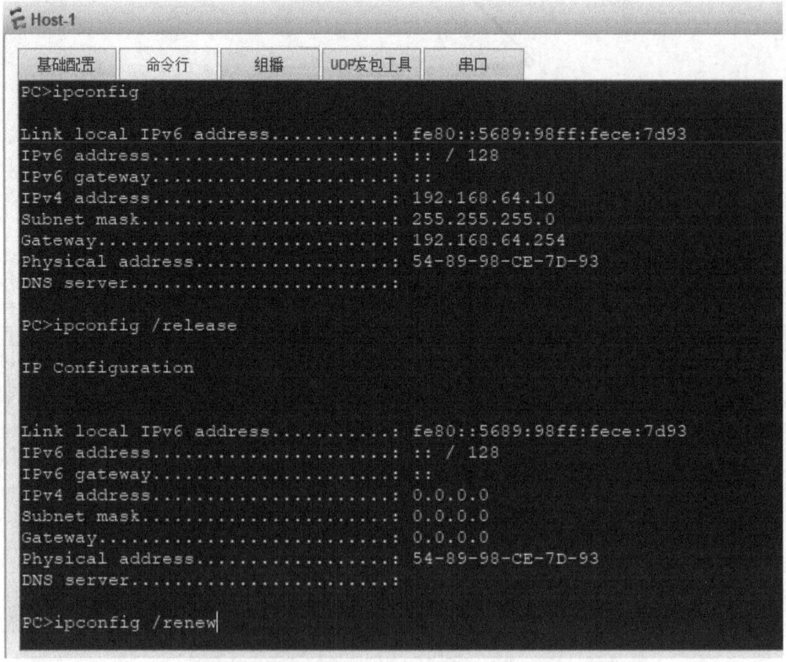

图 6-136　任务 6.4 步骤 2 的操作示意图（一）

```
PC>ipconfig /renew

IP Configuration


Link local IPv6 address...........: fe80::5689:98ff:fece:7d93
IPv6 address......................: :: / 128
IPv6 gateway......................: ::
IPv4 address......................: 192.168.64.10
Subnet mask.......................: 255.255.255.0
Gateway...........................: 192.168.64.254
Physical address..................: 54-89-98-CE-7D-93
DNS server........................:

PC>
```

图 6-137　任务 6.4 步骤 2 的操作示意图（二）

步骤 3：验证 DHCP 客户端获取 IP 地址的过程

在过滤栏输入 bootp 或者 dhcp 来过滤 DHCP 报文，可以看出，主机 Host-1 释放 IP 地址时，发送出 DHCP Release 报文；重新获取 IP 地址的过程包含 4 个报文，分别是 DHCP Discover、DHCP Offer、DHCP Request、DHCP ACK，如图 6-138 所示。

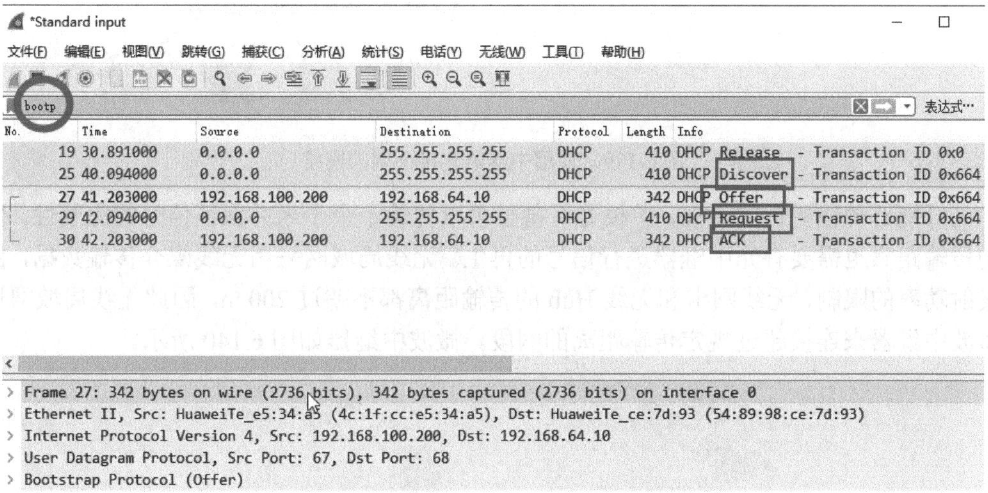

图 6-138　任务 6.4 步骤 3 的操作示意图

6.4 基础知识拓展：网络互联

完成网络互联的设备有中继器、交换机和路由器。在早期的网络中，通常还使用一种称为网桥的设备，但交换机不仅能完成网桥的所有功能，而且功能更全面、更灵活，所以网桥已经被淘汰了。

由于所有传输媒介（如电缆、光纤、无线媒介）都有衰减性，数据信号会因衰减而无法在接收端恢复，因而限制了网络节点之间的传输距离。中继器接收从一个网段传来的信号，重新生成信号后再发送到另一个网段，使信号在另一个网段中能够保证完整。这种接力式的传输方式延长了传输距离。

从 OSI 参考模型来看，中继器是物理层设备，因为它并不分析接收到的数据包地址，也不对数据包进行校验，只是简单地再生信号，并把信号转发到另一个网段。

在使用 UTP 电缆和 STP 电缆时，传输距离不超过 100 m。如果需要传输到更远的地方，就需要使用中继器来连接不同的网段，如图 6.139 所示。

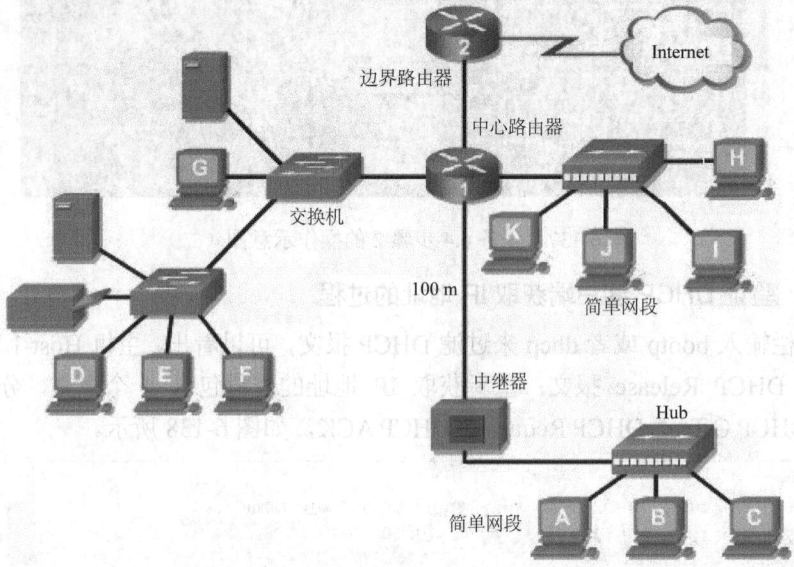

图 6-139 使用中继器连接不同的网络

光纤能够传输更远的距离，单模光纤甚至可以传输十余千米并保证信号的完整性。但更远的传输距离也需要有光中继器进行信号的再生。无线局域网采用无线媒介传输数据，由于对发射功率的限制，无线网卡和无线 Hub 的传输距离都不超过 200 m，因此无线局域网也使用微波中继器来连接超过规定传输距离的网段。微波中继器如图 6.140 所示。

图 6-140 微波中继器

回忆一下项目 2 中讨论的集线器（Hub）的工作原理。Hub 在接收到一帧数据后会向所有的端口转发，这与中继器收到一帧数据后向指定端口转发的功能和工作原理完全相同，只是 Hub 转发的端口多一些，因此也把 Hub 称为多口中继器（Multiport Repeater）。

由于 Hub 价格的直线下降，在需要延长 UTP 电缆的传输距离时，人们不再使用中继器，而使用 Hub。中继器和 Hub 都是工作在物理层的设备。

在使用 Hub 连接的网络中，当一个主机发送数据时，集线器会把数据转发到所有的端口，这时其他主机的通信就需要等待，会浪费网络带宽。冲突域是指主机同时使用传输媒介和交换设备时会发生冲突的区域。通常，把一组处于同一共享、争用的网络区域称为冲突域。

早期的网络使用一种称为网桥的设备来把大的冲突域分割成为较小的冲突域，如图 6-141 所示。图中，网桥监听其两侧网段中的数据，如果发现某个网段有需要跨越网段的数据，就转发到另一个网段上。换句话说，一个网段内部的通信，由于网桥的隔离作用，不会与另外一个网段的通信发生冲突，因此，网桥是一种分割冲突域、改善网络性能的设备。

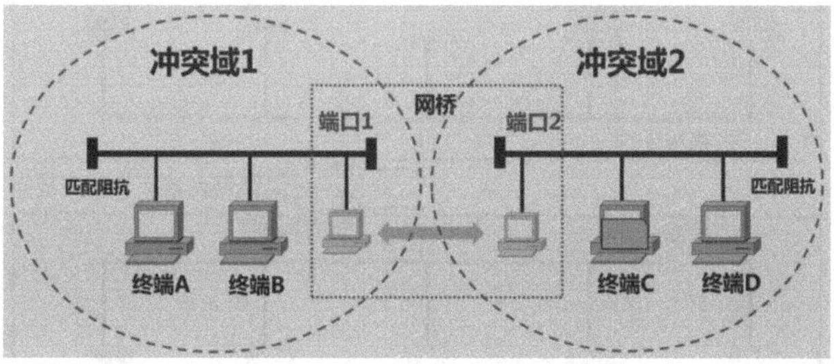

图 6-141　使用网桥分割冲突域

交换机的出现及其价格的不断下降，使它成为替代网桥来切割冲突域的设备。交换机不像 Hub 那样把数据转发到所有的端口，只向目标主机所在的端口转发数据。这样，当一对主机在通过交换机进行通信时，其他主机仍然可以通信，避免了媒介访问冲突。

交换机能够避免一对主机的通信对其他主机通信的影响，完成了网桥所完成的隔离媒介访问冲突功能。交换机不是把网络分成多个网段，而是为一对待通信的主机动态分配一对端口，所以人们也称交换机是一种微分段的网桥。

根据项目 2 介绍的交换机工作原理可知，交换机是通过分析数据帧中的 MAC 地址，以及查找交换表来决定将数据帧转发到哪个端口的。由于交换机要分析 OSI 参考模型中的链路层地址并完成链路层的工作（如校验数据），所以人们将交换机称为一种链路层的网络设备。

交换机成功地隔离了网络中主机通信的媒介访问冲突，分割了冲突域，如图 6-142 所示，能够有效提高网络的性能。

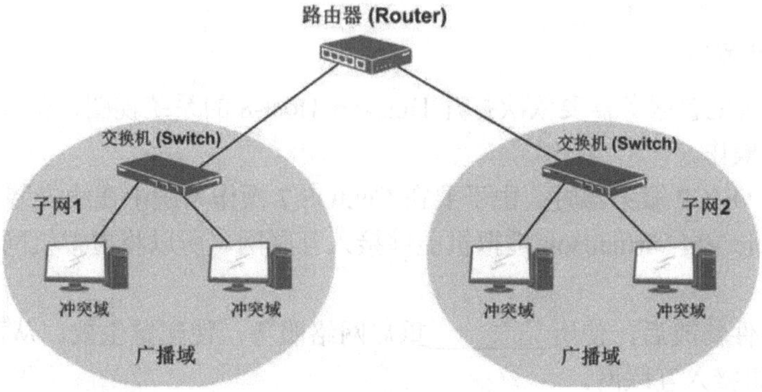

图 6-142　交换机分割冲突域

网络中往往存在大量广播，广播需要发送到网络的所有通信链路，以便有可能需要收听广播的主机都能收到该广播。即使有些通信链路不需要接收广播，集线器、中继器、交换机等网络设备也会把广播转发过去，这样就会浪费网络带宽。另外，与某个广播无关的主机，也需要花费一定的时间和资源来阅读广播，才能知道该广播是否与自己有关。

如果一组主机可以互相收听到其他主机的广播，我们称这组主机处于同一广播域中。一个有大量主机的广播域，会严重降低网络性能。对于一个大型网络而言，如果把所有主机都连接在一起，其广播甚至会淹没整个网络。因此，需要把一个大的局域网分割成多个广播域来改善网络性能，如图 6-143 所示。

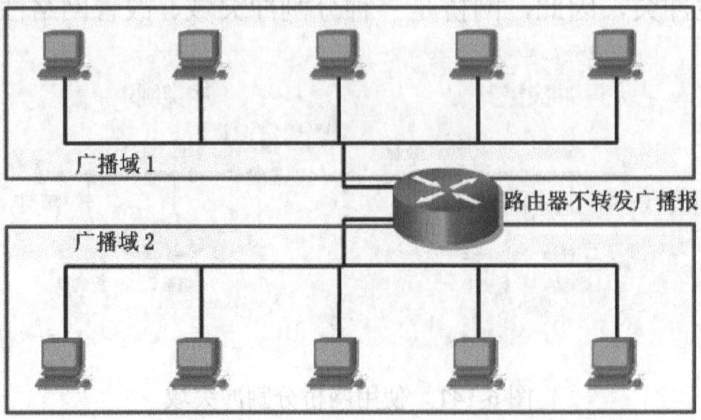

图 6-143 分割广播域

集线器、中继器、交换机不隔离广播。路由器不转发广播报，是连接各个广播域的网络设备。

随着局域网规模的增大，局域网中容纳的主机数量越来越多。每增加一个工作站或服务器，维持带宽的工作就越困难，网络的负担就越重。合理分割冲突域和广播域，将大网络分为若干分离的子网（由路由器完成）和网段（由网桥和交换机完成），可以有效改善网络性能，最大限度地提高带宽的利用率。

6.5 课后练习

1．操作部分练习

（1）动态主机配置服务需要依次打开 Host-1～Host-8 的系统视图，在“IPv4 配置”中需要进行________操作。

（2）在部署 DHCP 服务器时，由于要在 CentOS 7 操作系统中在线安装 DHCP 服务，因此必须保证 Oracle VM VirtualBox 虚拟机能够接入互联网，所以将虚拟机网络连接方式更改为________。

（3）配置文件修改后，使用________重启网络服务，使配置生效，从而使 Oracle VM VirtualBox 虚拟机接入互联网。

（4）可使用________工具在线安装 DHCP 服务，安装过程中出现提示信息，输入“y”后按回车键继续安装。

（5）在 Oracle VM VirtualBox 虚拟机上在线安装 DHCP 服务后，还需要将________改为________中指定的静态 IP 地址。

（6）全局参数在________生效，当全局配置与局部配置冲突时，局部参数将覆盖全局参数。

（7）在校园网中实现 DHCP 时，需要将在 Oracle VM VirtualBox 中创建的虚拟机的网络连接方式更改为________。

（8）在配置三层交换机时，需要进入 VLAN 的________接口，开启 DHCP Relay 功能。

（9）为了抓取 DHCP 客户端获取 IP 地址过程中的报文，需要让________先释放已经获得的 IP 地址，再重新获取。

（10）在验证 DHCP 客户端获取 IP 地址的过程时，需要在过滤栏输入________来过滤 DHCP 报文。

2．基础知识部分练习

（1）从 OSI 参考模型来看，中继器是________层设备，因为它并不分析接收到的数据帧的地址。

（2）UTP 电缆和 STP 电缆的传输距离不超过________米。

（3）无线网卡和无线 Hub 的传输距离都不超过________米。

（4）________是指主机同时使用传输媒介和交换设备会发生冲突的区域。

（5）________需要转发到网络的所有通信链路，以使有可能需要收听广播的主机都能收到广播。

附录 A
eNSP 的常用命令

（1）system-view

进入系统视图，打开命令行前面提示是尖括号<>，表示用户视图；执行 sys 后就可以进入系统视图来对路由器进行操作。

（2）interface + 接口名

用来设置接口。例如，路由器上有 FE 接口和 GE 接口，通过命令“interface g 0/0/0”可以设置指定的 GE 接口。

（3）ip address + IP 地址 + 子网掩码

用来添加 IP 地址。例如，在给 vlanif 1 添加一个 IP 地址时，可以用命令“ip address 192.168.1.1 24”，当然设置前需要先通过命令“interface vlanif 1”进入到该接口。

（4）undo + 原先配置时的命令

可以取消配置信息。

（5）rip

进入 rip 配置，rip 版本分为 rip1 和 rip2，rip1 使用广播，rip2 使用组播。

（6）ctrl + z

快速退出到用户模式。

（7）quit

退出当前设置。

（8）save

保存配置信息。

（9）display ip routing-table

查看路由表。

（10）命令+ ?

查看帮助命令。

参考文献

[1] 李畅，刘志平，张平安．网络互联技术（实践篇）[M]．北京：人民邮电出版社，2017．

[2] 孙秀英，史红彦．路由交换技术及应用[M]．3版．北京：人民邮电出版社，2018．

[3] 殷玉明．交换机与路由器配置项目式教程[M]．3版．北京：人民邮电出版社，2017．

[4] 陈晴．网络组建与维护[M]．2版．北京：电子工业出版社，2020．

[5] 杨文虎，刘志杰．网络安全技术与实训[M]．4版．北京：人民邮电出版社，2020．

[6] 黄晓芳．网络安全技术原理与实践[M]．西安：西安电子科技大学出版社，2018．

[7] 张国清．网络设备配置与调试项目实训[M]．4版．北京：电子工业出版社，2019．

[8] 孙光明，王硕．网络设备互联与配置教程[M]．北京：清华大学出版社，2019．

[9] 钮家伟，郭文普，吴强．基于eNSP路由错误配置的分析与解决实验[J]．实验室研究与探索，2022，41（01）：148-152，248．

[10] 王献宏，魏雁天．基于eNSP的IPSec双链路备份仿真实验[J]．电脑知识与技术，2021，17（21）：51-52，55．

[11] 潘志安，冯燕茹，王金峰．基于eNSP的浮动静态路由设计与应用[J]．科学技术创新，2021（20）：91-93．

[12] 张晓桃．基于eNSP的LACP聚合仿真设计与实现[J]．数字通信世界，2021（04）：76-78．

[13] 许春玲，付帅．基于eNSP的DHCP仿真实验设计与分析[J]．电脑知识与技术，2021，17（08）：10-12．

[14] 周娟．基于eNSP的DHCP网络实验的设计与实施[J]．电脑知识与技术，2021，17（08）：34-36，48．

[15] 程铋峪，徐弢．基于华为eNSP综合性路由交换网络的设计与实现[J]．湖南邮电职业技术学院学报，2021，20（01）：12-15．

[16] 陈利．基于ENSP的多边界路由引入问题的分析与解决[J]．伊犁师范学院学报（自然科学版），2021，15（01）：58-66．

[17] 王献宏．基于eNSP的路由策略的实现[J]．电脑编程技巧与维护，2020（07）：172-173．

[18] 蒲宝卿，高庆芳，撒志敏．基于ENSP的《路由交换技术》课程改革与实践[J]．信息技术与信息化，2020（03）：127-129．

[19] 时晨，赵洪钢，余瑞丰，等．基于eNSP的高可靠性企业园区网设计与仿真[J]．实验室研究与探索，2020，39（02）：112-117．

[20] 徐鹏．在华为eNSP平台上实现企业级网络模拟与仿真[J]．电脑知识与技术，2019，15（36）：63-65．